· 数据处理与分析高手丛书 ·

Power Query
M函数语言

基于Excel和Power BI的数据清理进阶实战

侯翔宇 ◎ 编著

北京理工大学出版社
BEIJING INSTITUTE OF TECHNOLOGY PRESS

版权专有 侵权必究

图书在版编目(CIP)数据

Power Query M 函数语言：基于 Excel 和 Power BI 的数据清理进阶实战 / 侯翔宇编著. -- 北京：北京理工大学出版社，2023.12
（数据处理与分析高手丛书）
ISBN 978-7-5763-3119-6

Ⅰ. ①P… Ⅱ. ①侯… Ⅲ. ①表处理软件 Ⅳ. ①TP391.13

中国国家版本馆 CIP 数据核字(2023)第 224113 号

责任编辑：江　立	文案编辑：江　立
责任校对：周瑞红	责任印制：施胜娟

出版发行 / 北京理工大学出版社有限责任公司
社　　址 / 北京市丰台区四合庄路 6 号
邮　　编 / 100070
电　　话 /（010）68944451（大众售后服务热线）
　　　　　（010）68912824（大众售后服务热线）
网　　址 / http://www.bitpress.com.cn

版 印 次 / 2023 年 12 月第 1 版第 1 次印刷
印　　刷 / 三河市中晟雅豪印务有限公司
开　　本 / 787 mm × 1020 mm　1/16
印　　张 / 19.25
字　　数 / 421 千字
定　　价 / 99.00 元

图书出现印装质量问题，请拨打售后服务热线，负责调换

前言

Power Query 是微软 Power BI 商业分析软件中的一个数据获取与处理工具，它也是 Excel 的一个内置插件。有了它，可以轻松完成原本需要通过复杂公式或者 VBA 处理的数据整理工作。它可以通过规范化 Excel 中的数据来增强商业智能分析能力，从而提高用户的自助服务体验。而 Power Query M 函数是 Power Query 功能命令的控制函数，它也被称为 M 函数语言。M 函数语言是一种介于函数与编程之间的语言，因此也可以称其为函数式语言。借助 M 函数可以使数据处理更轻松，一些复杂的操作可以一次性编码完成，简洁、高效。

出版一本系统介绍 M 函数使用方法的图书是笔者一直以来的一个心愿。如今书稿已成，付梓在望，多年的心愿即将实现，笔者的内心自然也是激动的。在此，笔者先对本书的创作思路和基本情况做简单介绍，以便读者了解。笔者希望通过本书提供一套全面而系统的 M 函数语言知识体系，给即将踏上 Power Query 技术学习之路或者正走在 Power Query 技术学习之路上的人一些帮助，让他们少花点时间，少走点弯路就能学到更全面、更核心的 M 函数语言知识。因此笔者不会藏着掖着，而会毫无保留地将所学的 M 函数语言的相关知识倾囊而出，尽可能全面地将其呈现给读者。

需要提及的是，与 M 函数语言相关的知识点繁多，内容较为庞杂，完成后的初稿超过 600 页，这样的"大块头"让人颇有压力，携带与阅读也并不方便，而且不同读者需要掌握的内容和深度也不尽相同。于是在和编辑做了深入的沟通后，最终确定分成两本书出版，分别是《Power Query M 函数语言：基于 Excel 和 Power BI 的数据清理轻松入门》和《Power Query M 函数语言：基于 Excel 和 Power BI 的数据清理进阶实战》。这两本书总结了笔者多年在 Power Query 教学培训、课程开发和问题解答过程中积累的大量经验，可以帮助读者在较短的时间里掌握 M 函数的使用方法，而不用像笔者当年学习时磕磕绊绊，困难重重。希望读者朋友能够喜欢这两本书，并能从书中有所获益，帮助自己解决工作中的实际问题。

本书是进阶实战分册，重点在于帮助已经阅读了入门分册的读者或者本身就具备一定的 M 函数语言基础知识的读者进一步深入学习 M 函数语言，带领他们迈上 M 函数语言的一个新台阶，最终成为 M 函数语言领域的专家。

本书特色

- 内容深入：在入门分册的基础上进一步对运算符、关键字和函数做深入讲解，另外还对循环、迭代和递归等核心概念做深入讲解，并对错误数据、类型数据和高级参数等相关知识做深入讲解。
- 编排合理：知识结构编排合理，符合读者的学习规律，先从比较容易上手的技术开始讲解，然后逐步深入介绍较为复杂的技术，学习梯度比较平滑。
- 注重原理：不但介绍一些复杂功能的运行原理，而且还介绍与思维培养和后台运行理论等相关的知识，这在同类图书中是很少见到的。
- 图解教学：结合大量示意图进行讲解，并用导向箭头将操作流程标注在图上，从而帮助读者高效、直观地学习。
- 案例教学：讲解知识点时辅以实操案例，提高读者的动手能力，加深读者对知识的理解。
- 步骤详细：每个实操案例都给出详细的操作步骤，读者只要按照书中的步骤一步一步地进行实战演练，就能快速掌握核心知识。
- 查询方便：在讲解函数的用法时为相关函数配备基本用法表，并以使用目的为依据对其进行二级分类，这样可以极大地方便用户查询。

本书内容

第1篇 背景知识

本篇涵盖第1章，核心目标是承接入门分册并开启进阶实战分册的学习，带领读者简单回顾入门分册的整体脉络，展望进阶实战分册的知识体系。本篇首先介绍M函数语言的知识框架，然后介绍M函数语言的学习建议，以便让读者能够从整体上把握本书的内容和学习思路。

第2篇 语法进阶

本篇涵盖第2~6章，核心目标是带领读者全面掌握M函数语言的进阶语法知识。本篇首先介绍高级运算符的相关知识，然后重点介绍循环、迭代和递归的核心概念与应用，接着在入门分册的基础上进一步深入介绍关键字的相关知识，最后详细介绍错误数据和类型数据的相关知识。

第3篇 函数进阶

本篇涵盖第7~9章，核心目标是带领读者在入门分册的基础上进一步深入掌握M函数的相关知识。本篇首先系统地介绍M函数的相关高级参数，然后详细介绍M函数的进阶知识，最后详细介绍一些特殊M函数的用法。

读者对象

- 有一定 M 函数语言基础知识的读者；
- 人力资源、财务会计和税务等相关从业人员；
- 产品、运营和数据决策相关从业人员；
- 数据分析与可视化从业人员；
- 数据汇总、整理和分析相关的从业人员；
- Excel 与 Power BI 爱好者和发烧友；
- 相关培训机构的学员；
- 高校相关专业的学生。

本书约定

本书在编写和组织上有以下惯例和约定，了解这些惯例和约定对读者更好地阅读本书有很大的帮助。

- 软件版本：本书采用 Windows 系统下的 Microsoft Excel 365 中文版（2021）写作。虽然其操作界面和早期版本的 Excel 有所不同，但差别不大，书中介绍的大多数操作、命令和代码均可在其他版本的 Excel 中使用，也可以在 Power BI Desktop 及其他版本的 Power Query 编辑器中使用。
- 菜单命令：Power Query 编辑器类似于 Excel 软件，其大量功能是通过命令实现的，其功能按钮在软件界面上部的菜单栏中进行了层级划分，分为选项卡、分组和命令三个层级。其中，开始、转换、添加列、视图等被称为选项卡，功能类似的按钮集中形成分组，如查询组和常规组等，读者可以据此快速找到按钮所在位置。
- 快捷操作：本书中出现的快捷键主要分为两种类型：一种是同时按键，如复制快捷键 Ctrl+C，指同时按下两个按键，书中使用加号相连；另一种是连续按键，如排序快捷键 Alt-A-S-A，指依次连续按 4 个键，书中使用减号相连。除此之外，书中还有单次按键、长按、短按和滚轮等快捷操作方式，请根据书中的具体介绍进行操作。
- 特色段落：本书中有大量的特色段落，主要有说明、注意和技巧三种。其中："说明"是对正文内容进行的一些细节补充；"注意"是对常见错误进行的提示；"技巧"是对常规功能的特殊使用方式进行的补充。这些特色段落是笔者的知识、经验和思考的结晶，可以帮助读者更好地阅读本书。

配套资料

本书涉及的配套案例文件需要读者自行下载。请加入"麦克斯威儿 Power Query 学习交流群"（QQ 群号为 933620599，密码为 Maxwell）进行下载；也可关注微信公众号"方大卓越"，然后回复数字"14"，即可获取下载链接。

另外，在哔哩哔哩平台和微信公众号上的"麦克斯威儿"频道的 Power Query/Power BI 栏目有相关拓展学习资料，如教学视频、进阶教程、Power Query 操作案例、M 函数大全和应用案例等，读者可以通过搜索关键字查看，也可以通过收藏夹查找。

售后服务

虽然笔者在本书的编写过程中力求完美，但限于学识和能力水平，书中可能还有疏漏与不当之处，敬请读者朋友批评、指正。在阅读本书时若有疑问，可以发送电子邮件到 bookservice2008@163.com，或者在上述 QQ 学习交流群中提问，也可以在以下平台上发送消息，真诚期待您的宝贵意见和建议。

微信公众号：麦克斯威儿

哔哩哔哩（B 站）：麦克斯威儿

侯翔宇

目录

第1篇 背景知识

第1章 引言 2
1.1 PQM 函数语言知识框架 2
1.2 M 函数语言进阶学习方向 4

第2篇 语法进阶

第2章 高级运算符 8
2.1 句点运算符 8
2.1.1 单句点 8
2.1.2 双句点 9
2.1.3 三句点 9
2.2 问号运算符 11
2.2.1 单问号 11
2.2.2 双问号 13
2.2.3 问号运算符的组合写法 14
2.2.4 问号运算符的等效写法 14
2.3 特殊的文本处理符 15
2.3.1 构建特殊函数名称 16
2.3.2 复杂变量名的定义 16
2.3.3 特殊字符的输入 17
2.3.4 多参数文本格式化 18
2.3.5 文本格式化代码 19
2.4 递归符与递归运算 20
2.4.1 什么是递归 20
2.4.2 在 M 函数语言中使用递归 22
2.4.3 数字演化游戏案例 25
2.4.4 深入理解@运算符 28
2.5 本章小结 30

第 3 章 循环、迭代和递归 ... 31

3.1 M 函数语言的控制结构 ... 31
3.1.1 什么是语言的控制结构 ... 31
3.1.2 M 函数语言的控制结构简介 ... 32

3.2 循环的分类 ... 33
3.2.1 按次循环 ... 33
3.2.2 按次累积循环 ... 35
3.2.3 条件循环（LG） ... 37
3.2.4 条件循环（递归） ... 45
3.2.5 4 种循环的对比 ... 48

3.3 循环的应用 ... 49
3.3.1 数字演化游戏案例 1 ... 49
3.3.2 数字演化游戏案例 2 ... 51
3.3.3 数字演化游戏案例 3 ... 52
3.3.4 4 种方法的横向对比 ... 55

3.4 框架函数 ... 56
3.4.1 什么是框架函数 ... 56
3.4.2 框架函数的作用 ... 58

3.5 本章小结 ... 58

第 4 章 深入学习关键字 ... 60

4.1 结构 let…in ... 60
4.1.1 记录定义变量的特殊写法 ... 60
4.1.2 let…in 结构的等效写法 ... 61

4.2 条件分支 if…then…else ... 62
4.2.1 条件分支结构的嵌套 ... 63
4.2.2 SWITCH 逻辑的部署 ... 63
4.2.3 条件分支结构与问号运算符 ... 64

4.3 数据类型判断与约束 is…as ... 64
4.3.1 类型判断的一种典型用法 ... 64
4.3.2 类型约束的本质 ... 65
4.3.3 类型兼容性判断 ... 65

4.4 元数据 ... 66
4.4.1 元数据的基本操作 ... 66
4.4.2 使用元数据补充函数的帮助信息 ... 69

4.5 类型定义 ... 70

4.6 错误处理 ... 71

4.6.1	使用 try 关键字获取完整的错误信息	72
4.6.2	错误记录的信息结构	72
4.6.3	错误构建关键字	73
4.7	本章小结	73

第 5 章　错误数据 75

5.1	错误的分类	75
5.1.1	语法错误	75
5.1.2	单值错误	76
5.1.3	阻断错误	76
5.2	常见错误提示	77
5.2.1	语法错误	77
5.2.2	名称错误	77
5.2.3	类型错误	78
5.2.4	信息缺失错误	79
5.2.5	参数数量不匹配错误	79
5.2.6	使用错误提示的建议	80
5.3	主动构建错误的方法	80
5.3.1	利用类型转换构建错误	80
5.3.2	利用省略号构建错误	81
5.3.3	利用关键字构建自定义错误	81
5.4	错误值的运行逻辑	83
5.4.1	瞬间触发停止运行代码	83
5.4.2	错误包裹及其意义	85
5.4.3	错误值的影响范围	86
5.5	错误的处理方法	88
5.5.1	try…otherwise 关键字	88
5.5.2	错误处理函数	89
5.6	错误的运用技巧	91
5.6.1	主动构造错误移除非目标数据	92
5.6.2	错误信息的运用	92
5.7	本章小结	93

第 6 章　类型数据 95

6.1	类型概述	95
6.1.1	隐形的类型数据	95
6.1.2	所有数据值都有类型	96
6.1.3	类型数据也有数据类型	97

- 6.1.4 如何理解类型数据的存在 ·············· 97
- 6.2 原始类型 ·············· 98
  - 6.2.1 原始类型的组成 ·············· 99
  - 6.2.2 Any、Anynonnull 和 None 数据类型 ·············· 100
  - 6.2.3 可空 nullable 性质 ·············· 102
  - 6.2.4 类型间的兼容关系 ·············· 103
  - 6.2.5 抽象类型与具象类型 ·············· 105
- 6.3 类型装饰 ·············· 105
  - 6.3.1 什么是类型装饰 ·············· 106
  - 6.3.2 内置装饰类型 ·············· 108
  - 6.3.3 类型装饰只进行信息标识 ·············· 115
  - 6.3.4 简单类型装饰（类型附加信息） ·············· 117
  - 6.3.5 装饰类型的关系 ·············· 120
  - 6.3.6 装饰类型的查看 ·············· 122
- 6.4 构建类型数据 ·············· 126
  - 6.4.1 构建类型数据基础 ·············· 126
  - 6.4.2 自定义列表类型的构建 ·············· 127
  - 6.4.3 自定义记录类型的构建 ·············· 129
  - 6.4.4 自定义表格类型的构建 ·············· 131
  - 6.4.5 自定义方法类型的构建 ·············· 136
  - 6.4.6 自定义复合类型的构建 ·············· 139
  - 6.4.7 类型定义上下文 ·············· 139
  - 6.4.8 自定义类型综述 ·············· 140
- 6.5 本章小结 ·············· 141

第3篇 函数进阶

第7章 高级参数 ·············· 144

- 7.1 附加特性类高级参数 ·············· 144
  - 7.1.1 附加精确度特性 ·············· 145
  - 7.1.2 附加返回所有结果特性 ·············· 145
  - 7.1.3 附加修约模式选择特性 ·············· 147
  - 7.1.4 附加特性类高级参数小结 ·············· 147
- 7.2 虚拟辅助类高级参数 ·············· 148
  - 7.2.1 排序的虚拟辅助列 ·············· 148
  - 7.2.2 去重的虚拟辅助列 ·············· 150

		7.2.3 虚拟辅助高级参数小结	152
	7.3	条件判断类高级参数	153
		7.3.1 条件抓取前 N 项元素（位置）	153
		7.3.2 条件抓取前 N 项元素（大小）1	156
		7.3.3 条件判断高级参数小结	158
	7.4	虚拟辅助类高级参数（进阶）	159
		7.4.1 复杂条件的定位匹配	159
		7.4.2 表格行数据的匹配移除	165
		7.4.3 虚拟辅助高级参数小结	167
	7.5	复合高级参数的配合应用	168
		7.5.1 条件抓取前 N 项元素（大小）2	168
		7.5.2 筛选销售员最高销售记录案例	172
		7.5.3 复合高级参数的配合应用小结	174
	7.6	本章小结	174
第 8 章	进阶函数		176
	8.1	文本进阶函数	176
		8.1.1 提取分隔符之间的文本	176
		8.1.2 局部文本字符串的定位	179
	8.2	列表进阶函数	181
		8.2.1 多列表自定义转换	181
		8.2.2 列表元素包含判定	190
	8.3	表格进阶函数	192
		8.3.1 表格列表相互转换函数	192
		8.3.2 将其他值转化为表格类型的函数	201
		8.3.3 表格类型转换函数总结	203
		8.3.4 表格分组函数	205
		8.3.5 表格拆解与组合函数	219
		8.3.6 表格拆分合并列函数 Table.SplitColumn 和 CombineColumns	229
		8.3.7 表格值替换函数 Table.ReplaceValue	231
		8.3.8 表格透视与逆透视函数	240
	8.4	本章小结	248
第 9 章	特殊函数		250
	9.1	拆分器函数	250
		9.1.1 拆分器函数概述	250
		9.1.2 按条件拆分	251
		9.1.3 按位置拆分	264

9.2 合并器函数 270
 9.2.1 合并器函数概述 270
 9.2.2 按条件合并 270
 9.2.3 按位置合并 272
9.3 替换器函数 278
 9.3.1 独立使用替换器 278
 9.3.2 替换器的参数 279
9.4 比较器函数 280
 9.4.1 比较器函数简介 280
 9.4.2 Comparer.Equals 精准比较 280
 9.4.3 Comparer.Ordinal 按序比较 281
 9.4.4 Comparer.OrdinalIgnoreCase 按序比较 282
 9.4.5 Comparer.FromCulture 考虑地区文化的比较 283
 9.4.6 Culture.Current 当前地区代码获取函数 284
 9.4.7 比较器函数在高级参数中的运用 286
9.5 其他类别的特殊函数 287
 9.5.1 Expression.Evaluate 代码计值函数 287
 9.5.2 List.Buffer 和 Table.Buffer 数据缓存函数 290
9.6 本章小结 293

后记 294

第1篇
背景知识

▶▶ 第1章 引言

第 1 章 引　　言

嘿！我们又再次相遇了，我是这本书的作者侯翔宇，这次的"游玩"向导依旧由我担任，大家可以直接叫我麦克斯。在接下来的旅程中将由我陪同大家在 Power Query M 函数语言（简称 PQM 或 M 函数语言）的世界中进行深度遨游。与上一段旅程不同的是，这一次我们会更加深入 PQM 技术的内部，了解更为高级的进阶理论知识和实操运用，这也是 M 函数语言高级应用人员的必修之路。希望我们能有一次愉快的学习之旅！期待你成为 M 技术专家的那一天，让我们赶紧出发吧！

本章是全书的开篇章节，也是连接入门分册与进阶实战分册内容的章节。因此本章我们将从整体上了解一下目前所掌握的 Power Query M 函数语言的基础知识，包括 Power Query M 函数语言的背景知识和多个核心板块，明确本次旅程的起点；同时我们也会在本章介绍一下后续章节的内容分布情况，了解进阶内容在入门的基础上往哪些方向延伸，以便心中有数，有条不紊地完成学习。

本章分为两个部分讲解：第一部分简单回顾一下入门分册介绍的 PQM 的基础知识，做一个简单的复习；第二部分则明确进阶实战分册的内容安排，以了解本书的整体内容规划。

本章的主要内容如下：
- 入门分册介绍的 M 函数语言的知识框架回顾。
- M 函数语言的进阶学习方向。

1.1　PQM 函数语言知识框架

入门分册介绍了 M 函数语言的基础知识，可能大家有些遗忘，下面让我们一起通过绘制 Power Query M 函数语言知识框架图来完成一次简单的复习吧！明确目前所掌握的知识，才可以更好地进行后续的进阶学习。

首先我们来一起回顾一下，假如你现在是一名 PQM 函数语言的初学者，在你对 PQM 什么都不懂的情况下，首先要了解的是 PQM 函数语言能够完成什么工作，它的作用是什么，这部分的内容是在入门分册前两章中重点介绍的知识。虽然难度不大，但是这些内容是了解和使用 PQM 必不可少的。

在完成了 PQM 背景知识的介绍后，我们便开启了 Power Query M 函数语言"四大知识板块"的学习，这四大知识板块分别是数据类型、运算符、关键字和 M 函数。通过对这四个板块的学习，我们掌握了可以用于存储与展示数据，以及用于组织代码并控制数据执行特定运算的运算符、关键字和函数。通过上面的简单回顾，我们可以得到一个简单的 PQM 的基础知识框架，如图 1-1 所示。

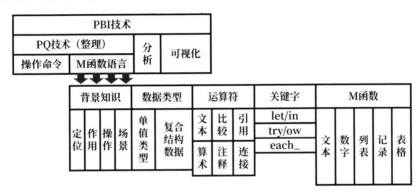

图 1-1　PQM 函数语言基础知识框架

如果你对如图 1-1 所示的 PQM 函数语言知识框架已经理解了，那么说明你基本掌握了 PQM 的基础知识。在入门分册中还有一些专项的知识点同样重要，只不过没有在图 1-1 中出现。例如，复合性数据的嵌套、函数语法、函数嵌套使用、上下文环境及穿透、自定义函数的四种呈现形式等，如果读者对这部分内容有些模糊，可以在入门分册中再复习一下。更完整的 PQM 函数语言基础知识框架如图 1-2 所示。

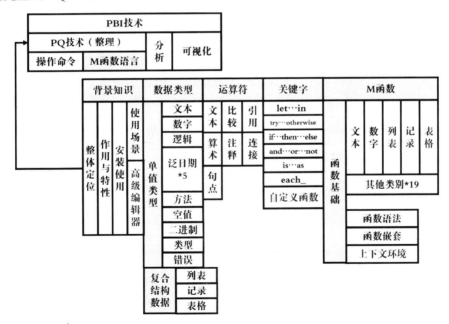

图 1-2　PQM 函数语言基础知识框架（完整）

📖技巧：读者可以检索图 1-2 中的关键词，在脑海中回忆一下相关的知识点，确保自己可以独立构建这样的 M 函数语言知识框架，熟知该框架可以有效提高后续知识点的学习。

1.2　M 函数语言进阶学习方向

完成对知识框架的简单复习后，我们明确了学习的方向。后续所有的学习都是在这个基础知识框架上进行细化和拓展的。让我们先来从整体上做一个简单的预览吧！

进阶学习从整体上可以分为两个大方向：理论和实践，这两个方面在本书后续的内容中都会有所涉及，其中，理论部分是基于上述基础知识框架提到的内容进行深化和拓展而来的。例如，在入门分册中一笔带过的类型和错误数据将会在本书中有独立的章节进行讲解，同时也会提供性能更加强大的问号与递归等运算符，将复杂的代码逻辑以更简洁的形式呈现等。实践方面的进阶学习则是帮助读者加深对现有知识的理解，同时借助于典型案例掌握面对问题时的通用分析思路及常用的处理技巧，以提升综合应用能力。对于理论的深化可以夯实基础，对于思维技巧的学习则可以提升实践能力，两手都要抓，学习效果更好。

对于进阶实战分册的学习而言，我们更加注重的是对理论的进阶学习，辅以部分案例和技巧来强化实操思维能力和熟练度。因此在后面的 8 章中也是以理论知识的拓展和深化为导向进行讲解的。拓展后的知识图谱如图 1-3 所示。

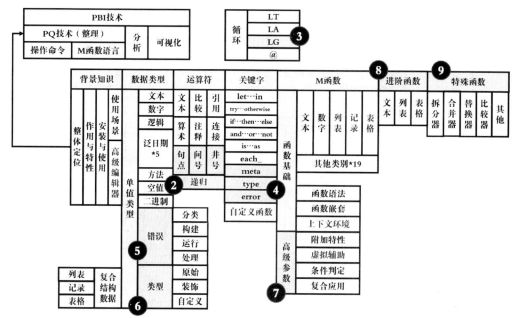

图 1-3　PQM 函数语言进阶实战分册完整知识图谱

如图 1-3 所示，后续 8 个章节都有对应的主题，而且也可以采取入门分册中将 PQM 知识分为 4 个核心板块"数据类型、运算符、关键字、M 函数"进行讲解的方法。例如，在第 2 章中我们会展开介绍 PQM 函数语言更为高级的运算符的使用，在第 5 章和第 6 章中会展开介绍数据类型的两个特殊类型，即"错误值和类型值"，在函数部分则划分为 3 章，分别提升读者对函数、高级参数及特殊函数的运用。

第 2 篇
语法进阶

▶▶ 第 2 章　高级运算符

▶▶ 第 3 章　循环、迭代和递归

▶▶ 第 4 章　深入学习关键字

▶▶ 第 5 章　错误数据

▶▶ 第 6 章　类型数据

第 2 章 高级运算符

本章将正式开启我们的进阶实战分册之旅,首先要介绍的是高级运算符,可以将其视为普通的算术运算符、比较运算符和连接运算符内容的一个增补篇章。本章我们将会介绍功能更强大的四种运算符,分别为句点运算符、问号运算符、特殊文本处理运算符和递归运算符。虽然这四类运算符的功能各不相同,但是它们都有一个共同点:可以满足特殊场景下的运算需求,因此使用频次相较于普通的运算符不会很高。它们在特殊场景下及其他参考代码中可能会出现,因此即使无法熟练使用,知悉其基本运行逻辑和含义,对于进阶 M 函数语言的使用者而言也是必不可少的。

本章共分为四个部分讲解,每个部分对应上述高级运算符中的一类,其中,递归运算是本章的重点及难点,将会花费较大篇幅展开介绍。

本章的主要内容如下:
- 三类句点运算符的使用。
- 两类问号运算符的使用。
- 一系列特殊文本处理符的使用。
- 递归的含义。
- M 函数语言的递归代码的编写。

2.1 句点运算符

句点运算符(./../...)是一种小巧的、发挥特殊作用的运算符。其中,单句点在函数名称中用于分隔对象名称和功能名称,双句点用于数字序列的构造,三句点可以构造省略代码。

2.1.1 单句点

单句点(.)从性质上来说不属于运算符,但是它经常在代码中使用,因此这里介绍一下。单句点常出现于函数名称中,用于分隔函数的类型/对象名称和功能名称。例如常见的 List.Sum 函数被句点分割为对象 List 部分和 Sum 求和的功能名称部分。此外,句点在数字构建中表示小数点,在文本格式化代码中表示小数点。不论在什么位置出现,单句点应用都是固定的,并不会像一元和二元运算符那样在它的单侧或两侧有选择性地添加需要参与运算的"运算元",再按照某种指定的逻辑执行运算。因此,我们一般不会将单句点视为一种运算符。

> **说明**:在函数名中单句点常常会让部分有面向对象编程经验的人误以为前者为 M 函数语言中定义的对象。实际上在 M 函数语言中没有部署这种逻辑,对于代码编写者而言这仅仅是命名的一种规范,方便用户理解、区分和使用大量不同功能的 M 函数。另外,在系统内置的函数名称中增加句点也可以很好地避免与用户自定义函数产生"同名问题"。

2.1.2 双句点

双句点(..)可以列为运算符,而且是高频使用的一种运算符,使用它可以方便、快捷地构建数字序列和字符列表(如英文字符表和文本数字列表等),并且可以构建复杂的数据结构。双句点运算符的用法如表 2-1 所示,该运算符的使用在入门分册中已详细讲解,在此不再赘述。

表 2-1 高频使用的构造列表清单

序号	序列名称	序列代码	说明
1	数字序列	{1..999}	常用的序列,可以使用逗号分隔为多段
2	文本数字序列	{"0".."9"}	文本数字序列与数字序列的区别是该序列代码输出文本列表,而数字序列输出的是数字列表
3	大写字母	{"A".."Z"}	
4	小写字母	{"a".."z"}	使用{"A".."z"}可以一次性表示大小写字母,但并非只有52个字符,因为大小写字母之间还存在其他字符,因此推荐写为{"A".."Z","a".."z"}
5	汉字字符	{"一".."顫"}	序列代码中的两个中文字符为Unicode编码中汉字序列的起止位置字符,构建序列几乎囊括所有的中文汉字字符。其中,"顫"念yù,属于生僻字,使用拼音难以输入,可以通过按住Alt键后在小键盘上输入40869或64923完成输入
6	符号	{" ".."~"}	空格至波浪号之间的常用字符包括大量的符号,同时也囊括字母表和数字
7	中文标点	{",","。","、","!","?",";","《","》",":","(",")"}	常用的中文标点在编码中存储较为分散,可以通过单独输入的方式来使用
……	……	……	……

2.1.3 三句点

三句点(...)可以视为一种特殊的运算符,它的作用是"合法"地省略代码结构。这是什么意思呢？举个例子。假如我们正在编写一个复杂的代码结构，其中需要使用 if…then…else 条件分支结构关键字，因为其逻辑较为复杂，我们希望真假分支独立编写并独立测试。此时可以在编写真分支结果时对假分支 else 部分暂未决定如何编写的代码用三句点（即省略号）替代，表示这部分代码"还没考虑好，暂无"。虽然实际上确实没有编写，但是因为使用了三句点，系统会认为用户是刻意省略了此部分代码而给予语法检测通过的结论，否则会判错。对比效果如图 2-1 所示。

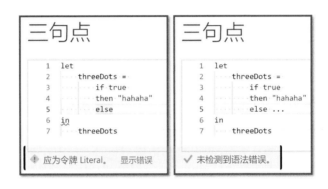

图 2-1　未使用三句点和使用三句点省略代码对比演示

> **注意**：虽然我们可以将三句点称为"省略号"，但是麦克斯一直在避免这种叫法。从表面上看它像是一个省略号，也表示省略的意思，但实际上它是由三个独立的句点排列组成的，而非直接输入一个中文状态下的省略号。

在使用三句点时，虽然可以使代码正常通过语法检测器的检查而不报错，但是当真正运行到省略部分的代码时，系统依旧会提示错误，因为该部分代码"仍未构建"，系统自然不知道该返回什么结果。针对这一现象，Power Query 有一个专门的未指定值错误（Value was not specified），如图 2-2 所示。

图 2-2　未指定值错误

> **技巧**：在代码编写的过程中偶尔会存在需要主动构建错误值的情况，此时可以使用三句点替代相关的错误值生成关键字或函数，如 error 关键字、Error.Record 函数，这

样代码会更加简洁，这是一种特殊的用法。

2.2 问号运算符

与句点符相似，Power Query M 函数语言中的问号（?）也具有特殊的含义，它是一种特殊的运算符。问号运算符又分为单问号和双问号两种类型，虽然二者形式相似，但是作用不同，二者都可以帮助我们精简代码，下面一起来看看吧。

2.2.1 单问号

1. 基本用法

单问号（?）的使用逻辑相对较为简单，它属于一元运算符，常用于复合型结构数据按索引号检索数据超上限的场景。使用时在对应代码的尾部添加问号运算符即可，如图 2-3 所示。在提供的索引号超出数据上限后，使用单问号可以返回空值 null 而不是常规的"没有足够元素枚举"的错误值，因此它是高效处理异常情况的一种特殊运算符。

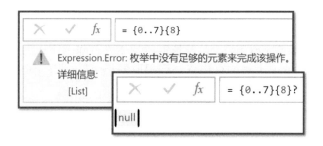

图 2-3　单问号运算符的基本用法（索引）

如图 2-3 所示，在原列表中一共有 8 个元素，因此利用索引位置提取其中任意数据的合理索引范围为 0~7，如果提供索引号 8 则无法检索到目标结果，在正常情况下会返回错误值。如果在常规检索代码中添加单问号运算符"?"，则超上限的索引号检索会自动返回空值作为替代。

除了可以将单问号应用于列表索引中抓取超上限问题外，也可以按照类似的逻辑将其应用于按照字段名从记录数据中抓取不存在的字段数据的问题，如图 2-4 所示。可以看到，在正常情况下，指定未包含的字段会返回找不到对应字段的错误，但在添加问号运算符后会自动转换为空值 null 并返回。

📖**技巧**：如图 2-4 所示，演示的第二组范例包含一个高级引用运算符使用技巧，利用嵌套方括号"[]"的结构配合逗号可以并列抓取记录中的多个字段数据，功能类似于函数 Record.SelectFields。因为本章并未安排对引用运算符的介绍，所以此处特别说明一下。

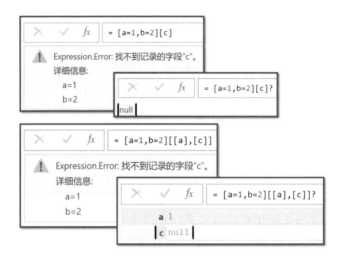

图 2-4　单问号运算符的基本用法（字段）

2. 特殊情况

有两种特殊情况需要特别注意：一种是单问号运算符除了常见的可以处理列表数据的检索和记录字段的抓取外，表格的行检索和列抓取同样可以适用，使用演示如图 2-5 所示。

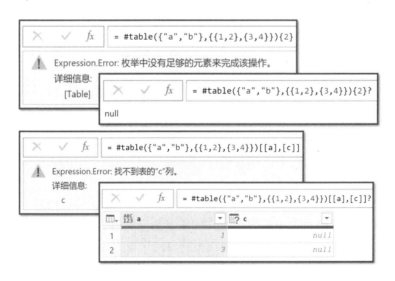

图 2-5　单问号运算符的使用（索引和检索均适用）

第二种是单问号运算符只针对检索索引超上限问题返回替代值 null，而对于超下限情况，如负值索引，则不进行任何处理，返回效果与不添加问号运算符相同，使用演示如图 2-6 所示。

图 2-6　单问号运算符的使用（负值索引不适用）

2.2.2　双问号

双问号（??）运算符相较于单问号而言使用上略微有些复杂。双问号运算符属于二元运算符，因此在其左右两侧均需要提供对应的数据参与运算。对于双问号运算符而言，当其左侧的运算元为空值 null 时，它可以自动使用位于其右侧的运算元将空值 null 替换并输出。第一次接触这个运算符的读者可能会觉得这种描述难以理解和记忆，让我们先来看一下如图 2-7 所示的使用演示，然后我们再提供给大家一个更加"通俗易懂"的说明。

技巧：双问号运算符使用时左右两侧的空格并不是必须要有的，但推荐保留，可以使代码结构更清晰。

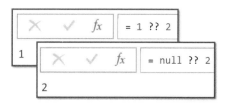

从图 2-7 中可以清晰地看出双问号运算符的运算逻辑，在代码"A ?? B"中，如果 A 不为空，则正常返回 A 的值；如果 A 为空值 null，则返回 B 值，因此两次示范分别返回 1 和 2。打个比方来说明，B 相当于标准的备胎，在 A 消失为空时才就位。

图 2-7　双问号运算符的使用

说明：双问号运算符的正式名称为 Coalesce Operator（联合运算符），不太好理解，因此我们直接称双问号更容易记忆。

2.2.3 问号运算符的组合写法

在介绍完单问号运算符和双问号运算符之后,很多读者会期待学习三问号运算符。对此麦克斯给出的回复是:确实有一个传说中的三问号运算逻辑,但严格地说那不是三问号运算符,而是单问号和双问号的组合写法。这种组合写法在日常编写代码和阅读代码时也会遇到,因此有必要掌握。

这里就以一个简单的需求为例进行说明。例如,当使用索引抓取列表元素时,如果索引超上限则返回"越界提示",应当如何完成呢?解答如图 2-8 所示。

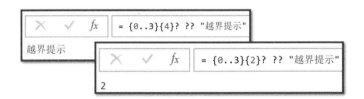

图 2-8 问号运算符的组合写法

注意:在使用单双问号组合写法时,一定要注意保留问号中间的空格,否则会因无法正确识别问号运算符而报错,如图 2-9 所示。这也是在讲解双问号运算符的使用时建议保留前后两个空格的原因。

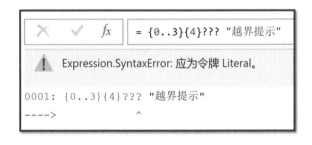

图 2-9 三连问号运算符无法识别问题

2.2.4 问号运算符的等效写法

通过前面对单问号和双问号运算符的讲解与使用演示,可能读者已经发现了一个细节,那就是这两个运算符所实现的功能也可以使用入门分册的知识框架的语法来完成,相似的运算效果可以轻松地被如图 2-10 所示的 M 函数代码所实现。

说明：下面仅在逻辑上进行大致模拟，并非完全等价的。

图 2-10　问号运算符的等效写法

从图 2-10 中可以很清晰地看到问号运算符更为深层的运行逻辑，这些逻辑可以使用基础的关键字和运算符组合完成。因此这里我们再次提及是"轮子"还是"零件"的问题，对于已经由微软开发团队设计好的"轮子"（这里指问号运算符），直接使用即可，没必要在每次使用的时候用零件（这里指基础关键字和运算符）去手动模拟。其他高级语法也可以像我们理解问号运算符的本质一样，将它们认为是针对某种特殊运算逻辑的"捷径"。这种行为还有一个可爱的名字叫作"语法糖"（Syntactic Sugar）。

说明：语法糖是由英国计算机科学家彼得·约翰·兰达（Peter J. Landin）发明的一个术语。它是指向计算机语言中添加的某种语法，这种语法对语言的功能并没有影响，但是更方便程序员使用。通常来说，使用语法糖可以增强代码的可读性，减少程序代码出错的概率。

2.3　特殊的文本处理符

本节将要介绍的特殊的文本处理符是井号"#"。这个符号经常在 PQM 函数语言的代码中出现，而且在不同的场景中与不同的字符搭配实现可以不同的效果。本节将会和大家一起总结井号"#"在 PQM 代码中出现的位置及其含义。

说明：井号运算符在入门分册的不同章节内都有涉及，但仅作为非重点内容简单提及，本节将会集中进行横向对比，帮助读者理解。

2.3.1 构建特殊函数名称

井号处理符在使用中不存在变化情况，井号有点类似于前面提到的单句点，其作用为构建特殊的内置函数名称，如#table、#binary、#date、#time、#datetime、#datetimezone 和#duration，以及比较少见的#section 和#shared。在这些函数中，#table 到#duration 函数用于构建对应类型的原始数据，而#shared 函数用于获取当前所有函数、变量和查询的清单数据，使用方法在入门分册中已说过，在此仅作为简单复习，不展开讲解。

📖 **技巧**：PQ（Power Query）中的特殊数据 NaN（Not a Number）可以使用#nan 主动构建。与之类似，正负无穷也可以使用#infinity 和-#infinity 构建，但日常使用较少，读者知悉即可。

2.3.2 复杂变量名的定义

1. 基础用法

使用井号处理符与文本双引号对组合可以帮助我们解决复杂变量名的定义问题，如常规的查询名称或步骤名称，在当用中文字符或英文字母时都可以正常运行，一旦涉及特殊字符（如中文字符中的标点符号和数字等）就会导致系统判定失误，无法依据名称抓取目标查询结果或步骤结果。此时只需要对该查询或步骤按照格式"#"复杂名称""进行调整即可正常工作，如图 2-11 所示。

图 2-11　复杂变量名的定义

可以看到，因为在步骤名称中出现了以数字作为开头的情况，所以该名称会被系统视为不合法，从而无法正确定义和调用，在使用" #"复杂名称" "格式调整后就可以正常使用了。

2. 其他情况

除了最常见的步骤名称外，该特性还可以推广应用至查询名称的调用、表格字段的调用、记录字段的调用等场景，不仅限于步骤名称的使用。在这些场景下的基本使用原理也是类似的，可以参考图 2-12 的演示进行理解并举一反三。

图 2-12　复杂变量名的定义拓展使用（记录字段）

技巧：如果目标变量名需要包含双引号，则可以使用两个双引号表示一个双引号，这并不会影响 " #"" " 结构作用的正常发挥。例如，变量名 " 包含"双引号"的名称 "，应当写为 " #"包含""双引号""的名称" "，但建议日常使用的尽量避免这种情况的发生。

2.3.3　特殊字符的输入

除了前面介绍的两种在代码中使用"#"号处理符的场景外，还有三种在文本字符串中应用#号处理符的情况，分别是特殊字符的输入、参数文本格式化和作为格式化字符出现。先来看其中的第一种情况。

在文本数据的使用和整理过程中，一些特殊字符的参与是不可或缺的，如常见的换行符和制表符等。这些字符通常无法使用键盘输入，而通过函数输入则需要记忆编码且使用起来也不方便。基于此原因，在 PQM 中特别设计了一种"转移字符#号"来实现特殊字符的快速输入。例如，"#(lf)代表换行符""#(tab)代表制表符"等，如表 2-2 所示。

表 2-2　常用的特殊字符清单

序　号	特殊符号	代　码	范　例	说　明
1	制表符	#(tab)	="AB#(tab)CD"	在字符AB与CD间插入制表符
2	换行符	#(lf)	="AB#(lf)CD"	在字符AB与CD间插入换行符

续表

序号	特殊符号	代码	范例	说明
3	回车符	#(cr)	= "AB#(cr)CD"	在字符AB与CD间插入回车符
4	星号	#(2605)	= "AB#(2605)CD"	在字符AB与CD间插入星号
……	……	……	……	……

> **注意：** 输入的特殊字符必须在双引号内（即文本环境下而非编码环境下）才可以生效，不可直接作为代码在高级编辑器中输入，因为这样系统是无法识别的。另外，特殊字符的输入也可以使用4位16进制代码为编号从Unicode编码表中抓取输入，如表2-2中的星号输入所示。这种利用编码输入特殊字符的效果类似于文本字符函数Character.FromNumber。

2.3.4 多参数文本格式化

#号处理符的第四种应用场景同样位于文本字符串构建中，但更为特殊和集中。它出现在文本格式化函数Text.Format函数的第一参数中，用来指代第二参数提供的备选数据。该函数的基础用法在入门分册的文本转换函数部分已多次演示，下面仅作为简单复习，函数详情如表2-3所示。

表2-3 Text.Format函数的基本信息

名称	Text.Format
作用	参数化设置文本数据的格式
语法	Text.Format(formatString as text, arguments as any, optional culture as nullable text) as text 第一参数formatString用于以文本形式输入格式设置代码；第二参数arguments使用单值或列表的形式提供格式化将会使用的参数；第三参数culture可选，表示"地区/语言"设置；输出为文本类型数据
注意事项	使用该函数时需注意：（1）在第一参数中引用值的写法常用#号加花括号的形式，这可以帮助我们提取第二参数列表中的元素，如"#{0}"代表提取列表中的第一个元素；（2）可以将"#"号视为第二参数数据的化身，然后配合引用运算符完成数据值的获取。类比这种方式如果第二参数提供的数据为记录，则可以利用"#[字段名]"完成数据值的提取，这属于比较少见的高级用法

对于"#"号处理符在Text.Format函数中的使用，这里只强调一个重点，即"#"号用于指代第二参数提供的数据，它是一个"替身"。因此我们既可以看到"#{}"的调用形式，也可以看到"#[]"的调用形式，这取决于第二参数是列表还是记录类型的数据。但同时也要注意，这种性质并不是无限的，并不能像嵌套的数据容器一样不断地使用引用运算符深化抓取其中的某个结果。对于Text.Format函数来说，第二参数只能是列表或记录类型的数据，因此如图2-13所示的情况会返回错误值，使程序无法正确运行。

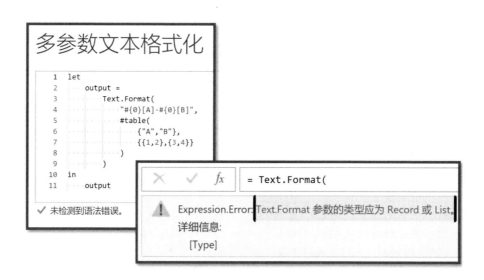

图 2-13　要求第二参数必须为列表或记录

2.3.5　文本格式化代码

"#"号处理符的最后一个出现场景同样在文本字符串内,而且同样是在对数据进行格式化的时候会使用。在众多 M 函数中有一个专门对数字进行格式化的函数叫作 Number.ToText,它的使用逻辑类似于 Excel 工作表函数 TEXT,只需要提供数字和对应的格式化代码,就可以按照要求获得想要的格式化效果,如固定位数、指定小数和百分比等,该函数的基础信息如表 2-4 所示。

表 2-4　Number.ToText函数的基本信息

名　　称	Number.ToText
作　　用	将数字按照特定格式转化为文本
语　　法	Number.ToText(number as nullable number, optional format as nullable text, optional culture as nullable text) as nullable text　第一参数number为待处理数字;第二参数format可选,用于定义格式代码;第三参数culture可选,用于"地区/语言"的设定;输出为文本类型
注意事项	使用此函数的核心是掌握代码的设置规则。例如示例中使用格式代码"00000"模拟了为数字添加补位0的效果,相当于"= Text.PadStart(Text.From(123),5,"0")"。除此之外常见的规则还有:e表示科学记数法、d表示十进制、x表示十六进制、p表示百分比等

在 Number.ToText 函数的第二参数中,我们可以为数字设定指定的格式化代码。格式化代码要求为文本形式,其中的部分字符都拥有特殊的含义,如 e、d、x 和 p 等,再如下面出现的"#号",基础用法演示如图 2-14 所示。

图 2-14　#号在数字格式化中的作用

在数字格式化代码中，数字 0 代表的是数字占位符，如果在该位置上有数字则按原数字返回，句点代表小数点，而#号则代表"有效数字的占位符"。例如，在图 2-14 中所示的数字 0.12，在经过格式化代码"0.###"处理后返回 0.12，而非 0.120，这是因为千分位上的 0 不属于有效数字，所以不显示。

说明：Number.ToText 函数的格式化代码使用逻辑与 Excel 工作表函数 TEXT 类似。

以上便是#号处理符在 Power Query M 函数语言中经常出现的五个场景。了解之后想必读者也感觉到它的使用并非主流和高频，基本都是在一些小的场景当中使用。即便如此，它依旧是无法替代和必须掌握的进阶知识点，也是在很多时候必须要使用的一种处理符。本节我们简单做了一下梳理，通过横向的学习，对比不同场景来加深读者对于它的理解，以便可以游刃有余地使用#号处理符。

2.4　递归符与递归运算

本章的最后一部分我们迎来了一位"重磅嘉宾"。虽然它只是一个简单的运算符，但是它在很大程度上影响了代码的运行逻辑。从这一点上来说，它拥有其他运算符所无法相比的影响力，这个运算符就是递归运算符，在 PQM 中使用艾特符"@"表示。

2.4.1　什么是递归

要理解递归运算符在 Power Query M 函数语言当中的应用，其实操作层面的知识和信息反而是次要的，更加重要的是理解"递归"在不同程序语言当中所表达的含义。换句话说，要理解什么是"递归"。

下面我们首先来看一下维基百科对于递归的基础定义：递归，原名 Recursion，是在数学与计算机科学中，在函数的定义中使用函数自身的方法。递归一词还较常用于描述以自相似方法重复事物的过程。看完是否感觉比较抽象？没有关系，让我们一点一点地剥开它的"芯"。

在这个定义当中最关键的一句话是"在函数的定义中使用函数自身"。这个说法太不好理解了,所以麦克斯给大家更换了一种说法叫作"查字典"。

场景是这样的:假设现在有一句英文我们希望理解它的意思,但很可惜我们的英文水平有限,只知道其中的一部分单词的含义,另一部分单词的含义不清楚。如果我们想要理解该句的含义(认识所有单词)则需要通过查字典的方式来实现,而我们的手边只有一本英英字典,即用英文解释英文单词的字典。

要解决这个问题,理解英文语句 This is an apple 的含义,我们需要发现不明白其中 apple 的含义,然后利用字典获取它的释义为 Fruit with red or yellow or green skin。这是一个新句子,依旧有不认识的单词 skin,因此第二次查字典,得到新的释义 An outer surface。幸运的是这一次的单词我们全部都认识,理解了 skin 的含义我们自然就理解了 apple 的含义,进而能够理解一开始那句话的完整含义,过程如图 2-15 所示。而这个不断深入查字典的过程中,我们就视其为"递归正在执行中",而整个过程就是使用递归的思维解决问题。

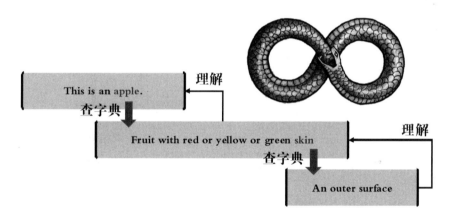

图 2-15 递归的查字典类比

现在我们有了查字典范例的理解基础,是时候再回到定义当中去理解那句最为关键的话"在函数的定义中使用函数自身"到底是什么意思。不难发现,在查字典范例中,函数本身是指"理解某句话的含义",为了达成这个函数要实现的目标,我们在函数内部做了几件事情:逐个审查这句话的组成单词,对不懂的单词通过查字典获取其释义,然后重点来了,对于这些释义句子,我们"调用函数自身"理解其含义。如果没有在当前的这句话中发现陌生的单词,则认为我们可以理解这句话。

最后简单总结一下,创建递归我们首先要拥有一个自定义函数,在部署该自定义函数的逻辑时会存在调用自身形成循环的情况。为了防止无限循环下去,需要设置相应的"跳出条件",在查字典范例中,条件是当所有单词都理解时,就认为整句都理解到位。

2.4.2　在 M 函数语言中使用递归

当然，对于递归的理解，掌握大致的概念是完全不够的。为了更加深入理解递归的作用及学习递归在 M 函数语言中的应用方法，这里我们就以一个递归运行最为基础和经典的案例进行说明。这次我们的目的是计算数字 6 的阶乘，即 6×5×4×3×2×1 的乘积结果，对于其他的数字同理可得，这项任务非常适合使用递归来完成。

首先，如果要正常解决这个问题，按照我们目前所拥有的知识框架和理论基础来看，很容易得到的一个结论是利用 List.Accumulate 函数作为循环框架将递减或递增的数字依次相乘，最终将所有数字乘积都循环一遍后得到阶乘结果。这种思路是完全没问题的，实现代码如图 2-16 所示，可以作为一个小练习来完成，不仅可以复习原有的知识，熟悉这次任务目标的逻辑，而且有利于后续修改为递归的思路。

```
1  let
2      number = 6,
3      factorial =
4          List.Accumulate(
5              {1..number},
6              1,
7              (seed,current) =>
8                  seed*current
9          )
10 in
11     factorial
```

图 2-16　阶乘计算的累计乘积方法

完成了上述小练习后，我们再来看这个问题如何使用递归来完成。我们通过上一节的讲解已经理解了递归的本质是在自定义函数内部调用这个自定义函数本身。这里面有一个核心特征是，某一个处理过程需要循环往复地重复执行。因此可以联想到阶乘的计算就是乘积运算在不断执行的过程。

理解到这个层次还不够，因为所有的循环都是在执行相同的操作，这不是递归独有的特性，还需要观察到递归存在一个"嵌套依赖"的点。就像在查字典的过程中对完整句子的理解需要依赖于对内层所有单词释义的理解，只有拥有这样的逻辑关系，才会在内层自定义函数调用完后自动返回外层循环的自定义函数中。

在阶乘的计算例子中我们也可以观察到这种性质，只要我们将 N 的阶乘分解为 N 与 $N-1$ 的阶乘乘积即可。在我们的示例中便是 6 的阶乘等于 6×5 的阶乘，而 5 的阶乘可以分解为 5×4 的阶乘，因此 6 的阶乘就可以等价为 6×5×4 的阶乘，以此类推，拆解的逻辑如图 2-17 所示。

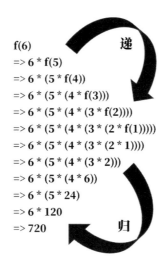

图 2-17　阶乘递归过程分解图示

如果按照图 2-17 所示的逻辑对阶乘运算进行拆解，我们就可以完整地看到循环的特性及内外层调用的依赖关系，只需要在计算当前数字阶乘时调用递减数字 1 的阶乘与当前值相乘即可，根据上述逻辑，我们可以完成下面的代码。

在如图 2-18 所示的代码中，我们定义了一个名为 factorial 的用于计算指定数字阶乘的自定义函数，在其中按照如图 2-17 所示的拆分逻辑将 n 的阶乘拆分为 n 与 n-1 阶乘的乘积，并在第二个步骤 output 中调用该自定函数计算数字 6 的阶乘，结果却返回了"计算堆栈溢出，无法继续"的错误。

图 2-18　阶乘运算代码错误示范

虽然最终出现了错误值，但是如图 2-18 所示的所有代码均正确，只是少了我们在讲解递归要素时提到的"跳出条件"。在正式说明跳出条件之前，我们先来看看在 M 函数语言中是如何创造递归的。正常情况下，如果我们通过独立查询或步骤创建了自定义函数，想要使用这些函数时,可以将对应的查询名称或步骤名称直接作为该函数的名称。但在递归这种自己调用自己的场景下,因为我们需要在定义自定函数代码完成前就调用这个"未完成"的函数名,需要通过"在函数名称前添加递归运算符@"明确地告知系统我们要调用自身,所以如图 2-18 所示的代码在基础语法上是完全正确的。

那么引发如图 2-18 所示错误的具体原因是什么呢?是因为缺乏跳出条件,导致在递归过程中"递出"的部分持续不断地执行,而"回归"的部分则没有执行。如果按照如图 2-18 所示的代码执行,那么实际运行逻辑与目标逻辑会存在巨大差异,对比如图 2-19 所示。

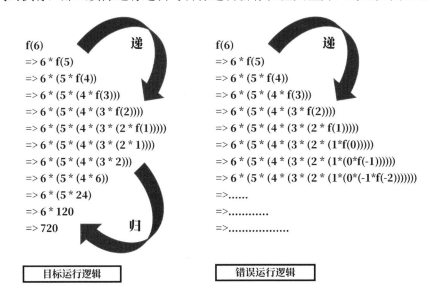

图 2-19　缺乏跳出条件的递归错误

可以看到,因为跳出逻辑的缺乏,系统不断在调用比自己当前小 1 的阶乘运算,永无止境地执行下去,直到抵达了系统的忍耐极限,实在没有空间存储这些临时的信息,提示"溢出错误"而终止运行。通过这样一个故意的"错误示范",希望大家在理解递归时除了抓住最核心的"自定义函数自己调用自己形成循环"外,千万不要忘记给予递归结束循环的跳出条件同样必不可少。因此,要正确地完成递归阶乘计算代码,我们需要在阶乘计算自定义函数中增加一个条件判定,如果求解的是 1 的阶乘,那么可以直接返回 1,而不是继续拆解,调用 0 的阶乘进行下一步的运算,正确代码如图 2-20 所示。

> 注意:这里要明确一个可能会产生的理解偏差。在错误运行逻辑中有一个步骤因为拆分 0 的阶乘,所以最终的乘数中就会有一个 0 值参与运算。我们一看就知道最终结果应当为 0,但程序并不会这么"智能",它还在运行,前面拆分出来的 6、5、4……都仅仅是暂存,只有当最下层获得了确切的数字后才会从内向外逐步回归然后计算结果。在这个错误的逻辑中因为永远都没有结束,所以最终还是会返回错误值。

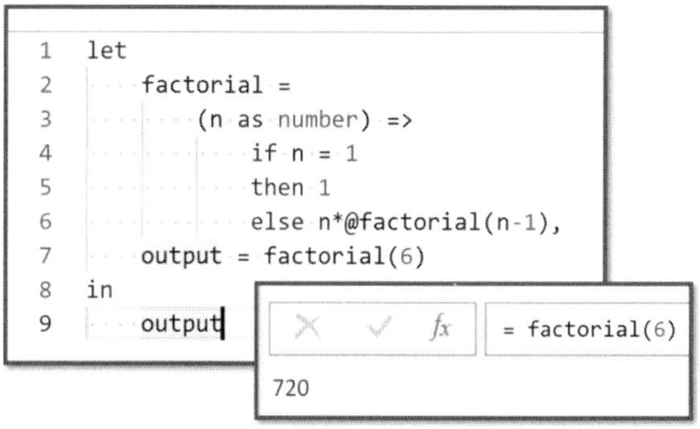

```
1  let
2      factorial =
3          (n as number) =>
4              if n = 1
5              then 1
6              else n*@factorial(n-1),
7      output = factorial(6)
8  in
9      output
```

× ✓ fx = factorial(6)

720

图 2-20　阶乘实现的正确代码（递归法）

2.4.3　数字演化游戏案例

1. 案例背景

通过前面章节的讲解，我们初步掌握了"递归"的含义，创建递归的必备要素，以及如何在 Power Query M 函数语言中部署递归逻辑解决问题。本节麦克斯趁热打铁，出一个小题来测试大家的掌握程度。答不出来也没有关系，把案例作为练习来提高对于递归的理解也是不错的。以下为案例背景（一定要先思考再看后面的解答）。

原始数据为一个随机的 2～100 之间的数字，现在要求以这个数字为起点按照特定规则完成对数字的演化，并将每一步演化过程记录下来。演化规则为：如果输入数字是偶数则除以 2，如果输入数字是奇数则乘以 3 后加 1，一直演化到数字 2 为止。例如，如果输入的数字是 3，那么按照上述逻辑判断是奇数应乘 3 加 1 运算得到 10，然后再次演化，因 10 为偶数所以除 2 得到 5，以此类推获得完整的演化过程为 3-10-5-16-8-4-2，直到演化为 2 才停止。附加要求是使用递归的思维解决该问题。原始数据与目标效果如图 2-21 所示。

2. 思路分析

要使用递归的思路解决上述问题，首先需要回忆一下递归的基本要素：循环重复的环节、自己调用自己的依赖关系、结束循环的跳出条件。对应去案例场景中去寻找会发现，重复的过程是"演化数字的过程"，结束条件是"演化得到的结果为 2"。

在明确了上述要点后，我们可以去编写这个演化数字的自定义函数。总体上有两种方案：第一种是使用列表数据作为输入，然后按指定逻辑演化，将演化结果连接在列表后面实现演化过程步骤的信息存储。在这个方案中，每次循环都会基于当前输入的演化列表的最后一个数值执行新的演化并将结果拓展在后方，如图 2-22 思路 1 所示。

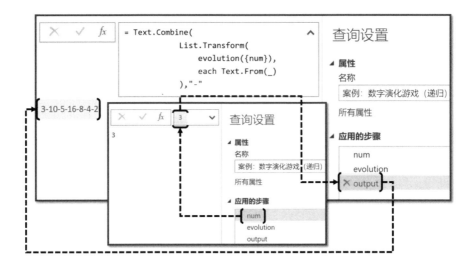

图 2-21 数字演化游戏：案例背景

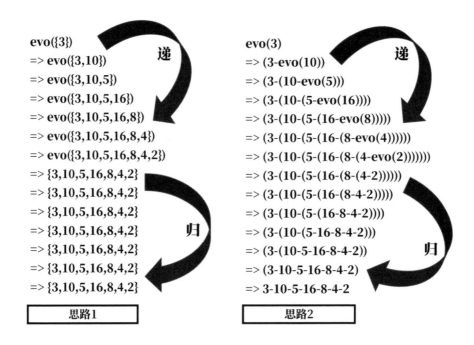

图 2-22 数字演化游戏：思路分析

第二个方案则类似于此前计算阶乘的思路，在本级演化时仅抓取当前数字与下一级数字的演化结果相连，直到演化数字为 2 时才反向回归依次将所有演化步骤相连，演示如图 2-22 思路 2 所示。

3．案例解答

如图 2-23 所示为按照思路 1 部署的解答代码。其中，第一步是负责提供输入的演化数字，在本例中为 3。第二步是定义演化数字的自定义函数 evolution。该函数要求输入一个列表数据，并且能够实现对该列表数据演化的功能。每次调用都会抓取输入列表数据的末位演化结果，判断该列表是否已经完成了演化。如果没有彻底完成演化则会执行一次演化，然后将新的演化结果并入输入列表末位并以此作为输入，然后再次执行演化过程，直至演化结束。最终得到的演化结果即为该数字的所有演化步骤列表，如果需要合并连接显示，则需要将列表循环转换为文本后使用连接函数进行合并。

```
1   let
2       num = 3,  // 初始数据
3       evolution =  // 演化自定义过程，思路1
4           (nums as list) =>
5           let
6               last = List.Last(nums)  // 抓取末位值
7           in
8               if last = 2  // 判定是否结束演化
9               then nums  // 结束则不作操作
10              else  // 未结束则拼接当前结果执行下一次演化
11                  if Number.IsEven(last)
12                  then @evolution(nums&{last/2})
13                  else @evolution(nums&{last*3+1}),
14      output =
15          Text.Combine(
16              List.Transform(  // 合并前转换为文本类型
17                  evolution({num}),
18                  each Text.From(_)
19              ),"-"
20          )
21  in
22      output
```

fx = Text.Combine(

3-10-5-16-8-4-2

图 2-23　数字演化游戏：案例解答之思路 1

如图 2-24 所示为按照思路 2 部署的解答代码。其中，第一步是负责提供输入的演化数字，在本例中为 3。第二步是定义演化数字的自定义函数 evolution。该函数要求输入一个数字数据（注意与思路 1 的差异）。进入该函数后首先会判定输入的数字是否为演化过程的结尾，如果是则返回一个 2，可以开启回归过程将所有步骤拼接在一起。反之还未结束，则先演化当前数字获得新数字，将其作为参数开启下一次的演化，最后将当前数字与后续演化过程结果相连。因此只要没有结束演化，系统会不断演化出新的数字，并反复执行演化，直至将整个演化过程都遍历完才执行拼接。

4．总结回顾

本例在代码语法上没有什么特别值得说明的地方，考验的就是大家对于递归思维的掌握。可能除了少部分读者可以快速上手外，大部分的读者仅通过上述两三个递归场景的举

例是不足以达到非常满意的状态的，在第 3 章我们会着重对比循环、迭代和递归的关系与异同点，通过横向对比让读者更全面地认识这些 M 函数语言以及程序语言中的高级概念。

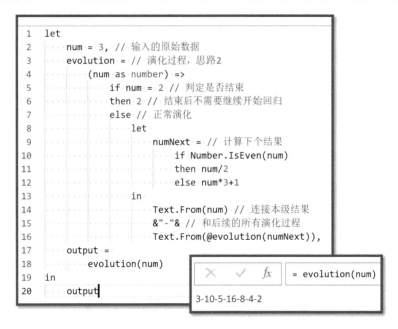

图 2-24　数字演化游戏：案例解答之思路 2

2.4.4　深入理解@运算符

虽然通常我们都会将"@"称为递归运算符，但实际上它还有另一个名称叫作"范围运算/标识符"（Scope Identifier）。这两种名称都没有问题，只是从不同的角度来称呼它们。"递归"是从功能意义上命名的，而"范围"则是从其控制的性质上进行命名的。如果我们从另一个角度来理解递归运算符发挥作用的过程，就可以理解其被称为"范围运算/标识符"的原因了。

首先在常规情况下，在代码中的 let…in 结构步骤部分，每个步骤都不允许调用自身来实现编写，否则会发生错误，但允许任意调用同在 let 结构中的其他步骤，对比如图 2-25 所示。

> 说明：部分读者可能会奇怪（虽然入门分册曾经提过），为什么在图 2-25 中明明 c 步骤还没有创建，b 步骤就可以引用其结果作为运算依据呢？这种运算是由 PQM 引擎的计值逻辑产生的，是合法的。因为在 PQM 中，系统会自动计算各个步骤中变量的依赖关系，然后决定每个变量的实际计值顺序。因此计值顺序并不依赖于我们的编写顺序，只要不存在依赖逻辑冲突就不会出错。但在实操中，即使拥有

这种自适应的特性，麦克斯也建议大家按照逻辑的先后顺序来编写代码（否则可能没人能轻松看明白你的代码，甚至过段时间可能连你自己也无法理解代码的含义了）。

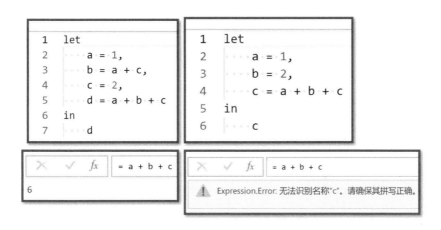

图 2-25　同级变量的引用范围（外部）

回归正题，如图 2-25 所示，左侧的演示代码是常规的正确写法，在 let 部分的代码变量在编写时可以引用其他同级的任意变量作为输入，不会产生任何问题，但禁止在当前步骤定义时引用自身，如右侧代码所示，会产生"无法识别名称"的问题。因为在定义步骤 c 的过程中，系统中还没有变量 c 也就无法引用。因此对于这种常规情况，我们认为引用范围是"外部"。如果在此时将 c 步骤的代码改为 c = a + b + @c，则错误类型会发生变化，从原本的无法识别名称转变为遇到了循环引用，如图 2-26 所示。

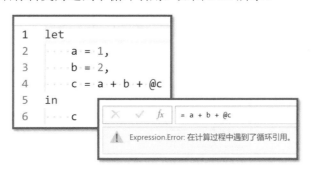

图 2-26　同级变量的引用范围（内部）

虽然错误依旧存在，但是这次的拦截原因不再是无法识别步骤 c，而是因为成功定义，导致系统检测出来自己引用自己的循环引用问题。@运算符成功地改变了引用范围，使得同级的其他变量和自身都可以被调用。因为@运算符实质是作用于变量的调用范围，所以被称为"范围运算/标识符"。

说明：虽然在正常调用变量前也可以添加@运算符，但是这样做并无实际含义，因此不建议。只有当存在需要从自身内部调用自身逻辑时再进行应用的情况才是合理的。同时因为这种场景通常与"递归"的应用有强关联，所以多数情况会直接称@运算符为递归运算符。

2.5 本章小结

本章的主要目标是拓展对 Power Query M 函数语言中"运算符"的理解深度。在这里我们拓展学习了在入门分册中未曾接触过的多种句点、问号、#号和@符号的运用。其中一部分运算符可以简化代码，以提高代码的编写效率，另一部分运算符则可以实现无可替代的逻辑和新功能。因为这些知识的补充，我们的知识框架进化了，如图2-27所示。

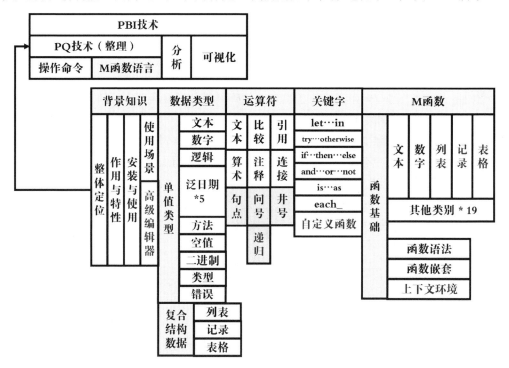

图 2-27　M 函数语言知识框架（高级运算符）

在本章的所有内容中，对"递归"概念可以说是最重要也是最难理解的。即使感觉没有理解到位也不要紧，通过此前提供的三个场景掌握其基本使用后，我们将会在第3章对三个使用 PQM 函数语言必备的核心概念——循环、迭代和递归展示讲解。

在第3章中，我们不但会巩固对递归的理解，提供其更多的应用场景介绍，也会对多个类似概念进行横向对比，帮助读者提升对于 M 函数语言的综合理解。

第 3 章　循环、迭代和递归

在第 2 章中我们进行了知识拓展，并且初步掌握了在 M 函数语言中一项非常重要的且全新的运算逻辑递归。麦克斯想趁热打铁，在本章中暂停对知识的拓展，回顾在入门分册中重要的循环和迭代概念，并结合递归对 PQM 函数语言的循环控制结构进行横向对比，加深读者对 M 函数语言核心知识点的理解。

特别强调：虽然本章不会有太多新的知识，但是本章的内容有利于对 PQM 技术的理解，只有深度理解，才能进阶。

本章共分为四个部分讲解，第一部分从程序语言的控制结构讲起，看看为什么 PQM 的控制语句会那么少，第二部分会细致地总结 M 函数语言中的所有循环结构并进行分类说明，第三部分通过实际的运算案例，对比在面临相同问题时不同循环结构处理问题之间的差异，最后一部分则会基于循环结构介绍一个新的应用性概念框架函数。

本章的主要内容如下：
- 程序语言的控制结构。
- M 函数语言中的控制结构。
- M 函数语言的所有循环结构及其分类。
- 不同循环结构的作用和特性。
- 框架函数的概念、成员和作用。

3.1　M 函数语言的控制结构

本节我们以计算机程序语言中的控制结构和控制流程作为引入，因为"循环"是程序控制结构非常重要的一个环节。了解控制结构的概念有助于理解循环在一个语言中所包含的意义。

3.1.1　什么是语言的控制结构

首先我们来看一下维基百科对于控制流程和流程控制指令的定义：控制流程是指在程序执行时指令求值执行的顺序；而流程控制指令是指会改变程序执行顺序的指令。不同的资料可能会对此概念给出的定义有一些区别，我们这里只作为参考，不进行严格的划分。

我们只需要明确在绝大多数的程序语言中，不论是命令式编程、声明式编程，还是像 M 函数语言一样（现在的很多编程语言已经逐步混合上述这几种特性），它们都具有一些控制程序代码执行顺序的特性。这些特性有时会以默认设置的形式出现（如顺序执行每条代码），有时会以关键字的形式出现（如最典型的 if…then…else 条件分支结构）等，表现形式和功能也有所差异，但按照关键字的作用来划分，可以分为顺序执行、条件分支结构、循环结构、子程序、停止几类，如图 3-1 所示为其中关键的三项逻辑示意。为了实现这些目的，在不同的程序语言中设置了不同的方式，如默认规则、使用关键字触发、隐藏在函数运行逻辑中等。

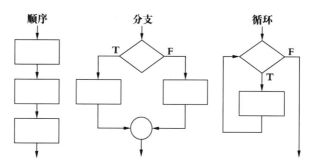

图 3-1　程序控制结构逻辑示意

部分读者可能会好奇，控制结构存在的意义是什么？我们为什么在程序语言中添加这些控制结构？对于程序来讲，它的最大作用有两个：保存固定且复杂的处理逻辑和进行重复的批量处理工作。无论多么复杂的程序，都可以认为它们是在完成这两件事。而程序逻辑的构建和重复执行自然离不开程序控制结构，也可以说这是掌握任何一门计算机语言的基础。

3.1.2　M 函数语言的控制结构简介

对于 M 函数语言来说，摆在明面上的"控制结构"其实并不多，只有一项，它就是我们在入门分册中介绍的条件分支结构关键字 if…then…else，它可以用于指定条件控制程序执行 A 代码或 B 代码的逻辑。M 函数语言不同于其他程序语言有专门的 for…while 关键字对循环进行构建和控制，也没有专门的 Goto 语句跳转当前执行位置，在绝大多数程序语言中默认的"代码逐句按自然顺序执行"也都使用"自动计算依赖关系获得计值顺序"的逻辑取代了。但是这并不代表 M 函数语言的逻辑搭建能力被大大的限制住了，最为关键的程序控制结构被设计得更加隐蔽了，减轻了非计算机领域的用户使用 M 函数语言的难度，其中最典型的便是"循环"控制结构的隐藏。

如果你去找找 M 函数语言中的循环功能，会发现它既不在某个关键字当中，又不在运算符当中。但显而易见的是，PQM 经常完成批量的数据整理工作，不可能不具备循环特性。事实上，M 函数语言中的循环特性几乎都集成隐藏在了不同的 M 函数当中，如我们常常会使用的列表三剑客 List.Transform、List.Accumulate 和 List.Generate，以及对表格数据执行操作的大量函数当中。程序语言和 M 函数语言中的控制结构对比如表 3-1 所示。

表 3-1 程序语言和 M 函数语言中的控制结构对比

控制结构	M 函数语言	其他程序语言
顺序	自适应计算依赖关系决定计值顺序（步骤语句之间不按照编写顺序执行）	按照自然编写顺序从头到尾执行（或按照特殊关键字指示跳转执行顺序）
条件	if…then…else 关键字搭建条件分支结构（不包含任何其他附加的 elseif 等语法）	if 类关键字搭建条件分支结构（一般会包含多种功能存在细微差异的关键字结构，以灵活适应不同的条件需求）
循环	没有独立控制循环的能力，大多数循环特性都在列表和表格两种复合型数据的函数库当中。其中递归功能（也具备循环特性）的实现是通过运算符@完成的	对每种不同的循环有专门独立的关键字进行搭建和控制

3.2 循环的分类

程序语言中所有的控制结构都是构建处理逻辑和代码执行时必不可少的重要组成部分。而其中变化最多的，在每次数据整理过程中可以说是必不可少的最核心的部分便是循环。在 M 函数语言中，大量的列表函数、表格函数都拥有循环的特性，这些循环都是一样的吗？答案是否定的。它们可以依据特性分成不同的类别，了解这些类别，才可以更好地在实际问题处理过程中选取最为恰当的循环类型来处理问题。本节将会介绍 M 函数语言中的循环的分类的相关内容。

3.2.1 按次循环

在所有的循环中，占据绝大多数而且在日常使用中最常见的一类循环即为按次循环。这种循环的特点是，每次循环独立执行，而且在开启循环之前，用户能够明确知道需要循环的次数，其中的代表函数便是我们的"老朋友"List.Transform（简称 LT）。同时，按次循环也可以视为是其他不同类型循环的标准基础版本，通过附加额外的特性可以演化为其他不同种类的循环，因此作为理解循环分类的基础是非常合适的。

在这里我们首先简单回顾一下函数 List.Transform 的工作场景：需要两个参数，分别是待循环的列表和自定义函数。一旦设置完毕，系统便会依次循环提取列表中的所有元素，并将每个元素输入自定义函数中进行处理，最后将处理结果返回到输入数据的原始位置上完成任务。使用 LT 函数构建自然数列平方序列的逻辑示意如图 3-2 所示。

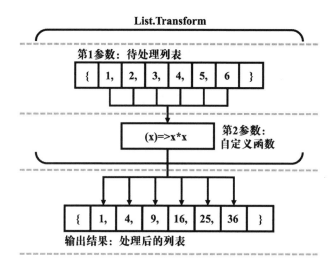

图 3-2 List.Transform 函数运算处理逻辑

LT 函数的运算逻辑我们在入门分册中已经熟知。这一次我们重点关注它在循环上的特性。如果想要使用 List.Transform 这类按次循环函数构建循环，则有一个前提条件是"需要明确这次处理要执行的次数"，这也是按次循环最大的特征——根据指定次数执行循环。

可能有部分读者会有一些疑惑：我们在很多函数的使用中并没有指定循环的次数，这是为什么呢？如图 3-2 所示，因为循环列表本身为 1～6 的数字，可以很清晰地看到指定要求该列表循环 6 次。但实际上，指定循环次数的并非列表的数字 6，而是列表原本拥有的"元素个数"。也就是说，在确定对哪个列表进行循环的一瞬间，循环的次数就自动随之确定，隐式地完成了指定。

上述分析也可以引申到很多具备循环特性的表格函数当中，这里我们以高频函数 Table.SelectRows 筛选行函数为例进行说明。在筛选行的过程当中，我们同样需要给它提供两个参数，分别是待筛选的表格和指定的自定义函数作为条件。系统的操作逻辑是"逐行判定表格中的每行数据是否满足指定条件的要求"，如果满足则保留该行，否则移除该行。在这个过程当中，我们同样没有直接指定循环的次数。但是系统自动按照表格的总体行数量执行了循环。

综上所述，对于绝大多数的具备循环特性的列表和表格函数来说，它们都执行"按次循环"，循环的次数由列表的元素数量或表格的行数确定。理解了这一点，面对数量庞大的列表与表格函数成员时，大家可以轻松地举一反三，掌握它们的用法。

> 说明：在记录函数及表格函数的成员中，有少量函数可以构建按字段数量或表格列数量循环的框架。这同样属于按次循环，只是循环方向不再是常规的纵向而是横向。在后面的章节中会介绍同时具备行列方向双重循环结构的高级函数 Table.ReplaceValue。

3.2.2 按次累积循环

1. 什么是按次累积循环

除了按次循环之外，第二种循环分类名为"按次累积循环"，它是按次循环的升级版本。想必读者看到这个名字中的"累积"，就可以快速联想到我们在入门分册中强调使用的 List.Accumulate（简称 LA）函数。这个函数也是整个 Power Query M 函数语言中唯一可以提供按次累积循环特性的函数成员，极具代表性。

> 说明：这里的"唯一"或许并不准确，Power Query 技术本身也是在不断演化和进步的，可能现在是唯一的特性，以后会发生变化。即使在目前的版本中，也不能确定完全不存在其他具备累积特性的函数，毕竟有 700 个以上 M 函数。严谨一些的说法是在高频使用的函数中，List.Accumulate 函数是唯一具备累积循环框架的成员。

在这里我们首先简单回顾一下函数 List.Accumulate 的工作场景，它一共需要 3 个参数。其中，第一参数提供需要循环的列表，这一点与提供普通按次循环的 List.Transform 函数类似，其会根据列表的元素数量来决定循环的次数。因此，按次累积循环可以理解为是按次循环的一种特殊分类，它也是按次执行，它的核心特性体现在"累积"上。第二参数则是提供用于累积的初始值种子 seed，后续所有的循环累积结果均以此为基础而构建。第三参数需要提供一个双参数的自定义函数来指定累积运算的规则。

在介绍完这 3 个参数的输入后，系统便会依次抓取循环列表中的每个元素，按照自定义函数所指定的要求重构种子数据和当前元素，并将结果作为新一轮的种子执行下一次的循环，直到遍历完列表中的所有元素。使用 List.Accumulate 函数累加求和自然序列范例的逻辑示意如图 3-3 所示。

LA 函数的运算逻辑在入门分册中我们已经熟知。这一次我们重点关注它在循环过程中的特性。首先看第一参数所提供的列表：在经历了完整的循环后，你会发现它和 List.Transform 函数中的列表一样，其中的所有元素都依次被完整地提取了一遍，参与了运算。再看第三参数提供的自定义运算，同样类似于 List.Transform 的过程，这里定义的逻辑用于对每次循环抓取到的数据进行处理。其中最特别的是它的输入参数增加了 seed，输出的含义也发生了变化，而这些变化都与第二参数的引入有很大关系。

我们之前已经明确过，第二参数的作用是提供用于累积的初始值，也是累积循环的基础，后续的所有操作都是基于它进行的运算和调整。我们不妨把 seed 参数作为这次"料理中的主材"，而将列表循环抓取到的数据视为"料理中使用的调料"。因为主材的加入，因此在自定义函数时自然要将主材和调料都作为输入进行处理，这是发生的第一处变化。然后每次的调料都应当累积在此前调味的基础上进行，所以每次自定义函数运算的结果是作为新的基础 seed 进行存储，这是发生的第二处变化。

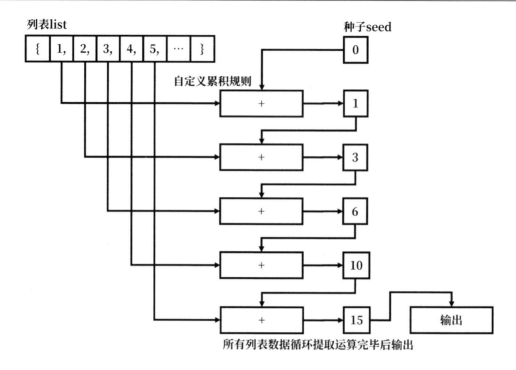

图 3-3　List.Accumulate 函数运算逻辑示意

因此综合来看，List.Transform 函数执行累积循环的过程就像在做一碗牛肉面。第一参数准备待用的调料，"{高汤,胡椒粉,萝卜片,牛肉片,葱花,辣子}"；第二参数准备主菜基础"面条"；第三参数定义操作环节"将调料添加到主材中去"。最终我们看到的执行过程就变为"获取面条-加入高汤-加入胡椒粉-加入萝卜片-加入牛肉片-加入葱花-加入辣子"，完成这一切后端出的便是一碗色、香、味俱全的牛肉面，如图 3-4 所示。

在上述过程中，循环的是各式调料，累积的是牛肉面和每次添加的调料，这便是"按次循环累积"。希望通过这个通俗的比喻，能够帮助读者更好地理解 LA 函数。

> **注意**：LA 函数与 LT 函数有一个很大的差异在于返回数据的类型，这是一个经常被忽视的细节。LT 函数返回的永远是转换之后的列表数据，但 LA 函数的返回结果完全取决于输入，也就是 seed 参数的格式，是一个整体，有很多种可能性。

2. 按次累积循环和迭代的关系

按次累积循环还有另外一个更加耳熟能详的名称——迭代，二者是一回事。如果在每次循环过程中参与运算的数据都是独立的，那么这就属于普通的多次循环。例如前面计算的自然序列平方列表，1 的平方和 6 的平方的计算没有任何关系。如果前面的计算结果累积到了后面的运算结果中，则称其为迭代。

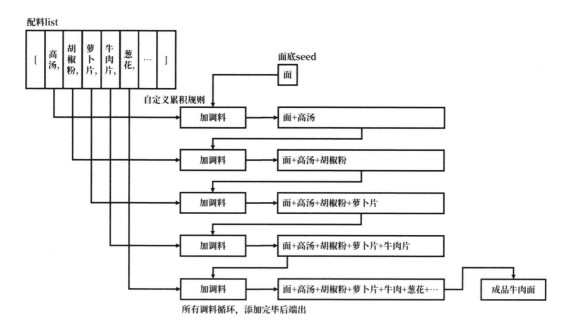

图 3-4 牛肉面制作类比示意

平时我们常会碰到迭代现象，如牛肉面的每个制作步骤是在迭代，产品的优化也是在原有基础上进行的，这也属于迭代，但是这里我们重点体现的是循环的类型，因此没有使用迭代的名称，读者知悉即可。

> 说明：额外强调一点，在实际的 M 函数代码编写过程中，到底选择普通按次循环还是按次累积循环，完全取决于你要解决的问题是否有累积的特性（看函数特性而不是看函数名决定是否使用一个函数，也是 M 函数进阶使用者的一个标志）。有时二者可以相互替换，但写法的烦琐程度和效率有些差异。

3.2.3 条件循环（LG）

还有一种循环类型叫作条件循环，这是与普通的按次循环类似的另一种典型的循环模式。因为其是根据条件是否满足来决定是否继续循环，而非固定次数的循环，所以称其为条件循环。在很多的程序语言中也会针对这两种循环进行区分并使用不同的语法和关键字进行构建，因此我们也将按次循环称为 for 循环，将条件循环称为 while 循环，类比学习更容易掌握。

1. List.Generate函数的基础使用

条件循环的代表函数便是 List.Generate（简称 LG）列表构建函数，它属于列表函数库中用于构建数据的一个函数，原本的作用为自定义规则构建序列，类似于其他的列表构建函数，如 List.Random 和 List.Numbers 等。该函数的基础使用如图 3-5 所示。

> 说明：LG 函数所代表的条件循环更准确地说其实是条件累积循环，稍后解释。

图 3-5　List.Generate 函数的基础使用

图 3-5 演示了两个 LG 函数最基础的应用案例，分别使用三个参数和四个参数的模式构建出了降序列表和自然序列平方列表。该函数中每个参数的具体含义如表 3-2 所示。

表 3-2　List.Generate函数的基本信息

名　称	List.Generate
作　用	自定义规则创建列表数据
语　法	List.Generate(initial as function, condition as function, next as function, optional selector as nullable function) as list　第一参数initial要求为方法，表示循环的起点和初始值，有点类似于LA中的seed；第二参数condition条件同样要求类型为方法，表示继续循环的条件；第三参数next为方法类型，用于指定计步器转变逻辑；第四参数selector为可选参数，要求为方法类型，用于指定对列表中数字改造的规则；输出结果类型为列表
注意事项	该函数的一大特点是完整版的四个参数全部要求类型为方法（这是绝无仅有的特性，通常单个方法类型的参数便会使函数的使用难度提升一个档次），即使初始值的设定也不例外，因此，如果提供的初始值是一个普通的数字，也应当以"()=>10"函数的形式赋值

下面回到如图 3-5 所示的基础使用案例中，我们结合语法要求来讲解 List.Generate 函数的运行逻辑。在图 3-5 中左侧为创建 10 到 1 依次递减 1 的逆序自然序列。为了达到这个目标，应用了 LG 函数，并在第一参数提供 " ( ) => 10 " 为初始值，表示该列表以 10 作为第一元素，并以此为基础循环创建后面的元素。

第二参数和第三参数需要联合在一起去阅读更容易理解，其中，第二参数 " each _ > 0 " 提供的是继续循环的条件，第三参数 " each _ - 1 " 提供的是每次循环对计步器转换的运算逻辑。条件在什么时候判定？计步器又是什么？都会成为理解该函数运作的关键点。

这里我们暂时先不解释概念，先一步步看看案例中 LG 函数的具体运行逻辑，步骤如下：

（1）拿到初始值 10 作为列表的首个存储元素，然后以 10 作为计步器，根据第二参数指定的逻辑判定是否应当继续执行循环，因为 10＞0，所以继续执行。

（2）按照第三参数规定的逻辑运行，得到第二个元素 9（10-1），至此完成一次完整的判定循环。

（3）继续进行第二次循环，按照第二参数逻辑判定是否继续执行，因为 9 依旧满足大于 0 的要求，所以继续执行。

（4）按照该逻辑循环往复，直到计步器持续递减至元素 1 时，通过最后一次继续执行循环的判定。

（5）按照第三参数逻辑获得下一个元素为 0（1-1），继续执行判定，此时发现 0 不再大于 0，因此继续循环的判定失败，此前计算得到的元素 0 不保留。

（6）生成列表，最终结果为{10,9,8,7,6,5,4,3,2,1}。整个逻辑流程如图 3-6 所示。

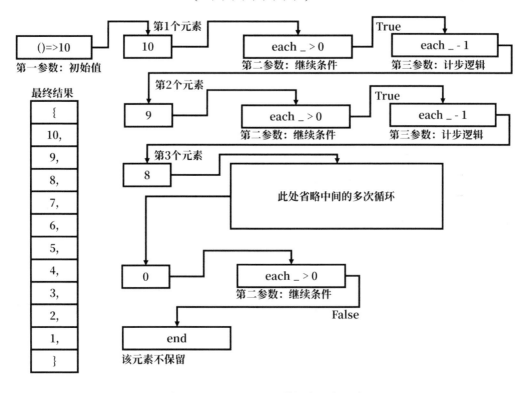

图 3-6 List.Generate 函数运行逻辑示意

2. List.Generate 函数使用注意事项

在使用 List.Generate 函数时，除了要注意第一参数初值的赋值必须用方法类型外，还有几点需要特别注意，否则容易出错。第一，第二参数设置的逻辑判断是控制"是否继续循环"，而非控制"是否停止循环"，二者的逻辑恰好相反，记错了会产生完全不同的效果；第二，不通过第二参数判定的元素是不会被保留下来的，如图 3-7 所示为初始值未通过判定的列表构建情况。

图 3-7　初值未通过判定返回空列表

第三，如果增加了第四参数，其作用相当于在按照前三个参数构建完序列后，按指定逻辑对该列表进行修改，核心作用是可以替代计步器的返回结果作为序列元素，形成更丰富的效果。切勿理解为影响了计步器的运算，第四参数仅影响最终的显示结果，如基础演示案例（见图 3-5）中的右侧范例，虽然 81 无法通过判定但也成功返回，这因为系统是使用了 9 进行判定并通过了，然后再将 9 的平方运算返回 81。简单来说，LG 函数第四参数的加入，可以等效为在三参数 LG 函数应用的外侧添加 LT 框架对已生成的列表进行了批量修改。等效写法的对比情况如图 3-8 所示。

图 3-8　LG 函数的第四参数等效写法

3. List.Generate函数的类比理解

和List.Accumulate列表累积循环函数一样,我们也可以将LG函数的运行过程进行更加具体和贴近生活的类比,以增加读者的理解深度。如果继续牛肉面制作的类比,我们可以认为LG函数是在"吃牛肉面",并且严格地记录了吃牛肉面的"过程记录"。此话怎讲?在这个类比中,一碗成品牛肉面便是第一参数。我们设定的规则"只要碗里还有面就继续吃""每次吃面夹一筷子",分别充当第二和第三参数。因此整体来看LG函数完成了:拿到牛肉面,判定是否还有剩余,吃面,拍照记录,继续判定并不断循环,直到将面吃完的过程,运行逻辑示意如图3-9所示。

> **说明**:还可以将此过程类比为银行卡消费和余额记录、手机话费使用与记录等。穿插理解会记忆更加深刻,有利于在面对问题时更顺畅地使用LG函数来解决。

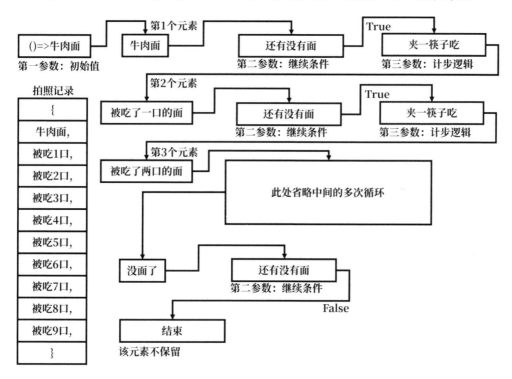

图3-9 List.Generate函数类比运行逻辑示意

4. List.Generate函数的两个隐秘特性

基础使用理解了之后我们整体回顾一下List.Generate函数在循环方面的特性。虽然已经掌握了它的基础使用,了解了LG函数的最大特点是"条件循环",但是仅依靠这个特性是不足以辅助我们在面对实际问题时选择LG函数的,我们还需要强化对于另外两个特性的理解。虽然我们称这两个特性为隐秘的，但是实际上它们很容易被忽视。这两个特性就是累积特性和返回列表，我们一个个来说明。

累积特性在前面的附加说明中提前提到了。LG 函数所代表的"条件循环"准确地应当叫作"条件累积循环"。它和 LA 函数相比都有累积的特性，只是控制循环的方式由按次循环转变为按条件循环，这点通过制作牛肉面和吃牛肉面的两个类比，相信大家都有所体会了。因此在实际处理问题时，也要考虑累积特性。

对于返回列表可能有读者会好奇：列表类的函数返回列表数据不是很正常吗？没有什么奇怪的。但实际上这也是影响我们进行函数选择的特性。如果你回看 LA 函数中的累积特性表现就会发现，所有的操作都是基于单个结果的，并且所有的累积效果也都堆叠在了这个结果上，最终将集大成者返回。但 LG 函数的累积不太一样，同样是累积，LG 函数会将累积过程中的每个步骤都存储在列表当中，返回的是累积的过程记录，注重的是过程，而不是 LA 注重的结果。如果你在面对实际问题时需要得到的是累积过程，那么可以考虑使用 LG 函数而不是 LA 函数的进阶使用方法强行增加过程存储能力，这样更顺应工具的使用思路，最终的实现代码也更简洁。

> **说明**：换另一种方式来理解 LG 和 LA 函数你会发现，如果我们在 LG 的最后添加一个只提取返回列表最后一个元素的步骤，那么 LA 和 LG 就会拥有完全一样的效果。总体上来说 LG 的功能覆盖范围要更广一些，但也因此产生了不够精准的问题，在实际中选取什么函数取决于谁更符合问题处理逻辑。在本节的最后，我们使用表格更加细致地横向对比四种核心循环的异同。

5. List.Generate函数的进阶使用范例

除了前面介绍的最基础的使用方法外，List.Generate 函数与 List.Accumulate 函数一样拥有更加灵活的进阶使用方法，那便是"使用数据容器进行累积"。下面通过如图 3-10 所示的范例来理解这种用法。范例的目标是借助 LG 函数实现列表数字的累加。

如图 3-10 所示的 M 函数代码实现了利用 LG 函数完成数字 1~10 累加的计算。当然，使用 LG 来完成上述任务肯定没有直接使用 LA 函数来完成这么便捷，这里纯属一个反面示例。不过这也是大家对比两种函数，深入理解其特性的好机会。我们这里故意使用那么严格的要求是为了凸显 LG 函数的高级用法。

首先可以看到这种用法最大的特点便是参与循环累积的元素，从原本的简单"单值"，变为具有复合结构的"数据容器"，其中对于第一参数和第三参数的改变最大，如在范例中使用了"记录 Record"的形式。在参数中使用数据容器所带来的核心变化是"参与循环累积过程的数据变多了"，我们可以携带多个维度的数据信息穿梭在每个步骤中，不再像使用单值时那样单调，初始值不但起到原始数据的作用，也同时兼任"计步器"和"跳出条件"的一部分角色。利用数据容器所开辟出来的多个"空间"，上述的这些角色可以分别安排给不同的字段去记录和使用，达到一种对于运算过程更为灵活的控制。灵活度提高了，能够搭建出来的逻辑形式和中途能够获得的信息也自然提高了，最终效果便是可以解决更为复杂的数据整理问题。

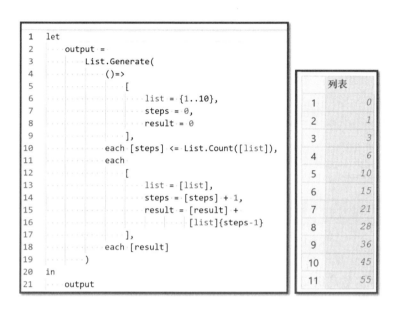

图 3-10　List.Generate 函数的进阶使用范例（结果）

> **技巧**：虽然在上述范例中只使用了"记录数据容器"参与 LG 函数的构建，但是实际上使用其他类型的容器也可以（如列表、表格甚至容器的嵌套结构），使用逻辑不会发生变化。建议使用"记录 record"的形式，因为记录 record 拥有字段名称，可以利用更有意义的名称进行目标数据的调用，更有利于在多个变量的复杂场景下使用数据，降低出错概率。

在如图 3-10 所示的案例中，记录中一共存储了 list、steps 和 result 三个字段的数据信息，代表三个不同的角色，分别负责存储原始列表数据、计算循环次数和存放累加结果。如果我们将原有的代码稍作修改，便可以清晰地看到在累加的过程中所有变量的变化情况，如图 3-11 所示。

可以看到三个变量分别按照我们所设定的逻辑循环累积执行运算。其中：list 变量本身用于存储待累加的数据，因此每次循环都不会发生变化；steps 变量则负责进行循环次数的统计，方便后续判断循环的跳出，因此每次循环后进行加 1 的操作；result 变量则用于存储累加的计算结果，每次都将上一步的累加结果与当前循环提取到的数据相加作为下次的备用。最后使用第四参数将累加过程列表作为 LG 函数的返回，完成任务。

```
1    let
2        output =
3            List.Generate(
4                ()=>
5                [
6                    list = {1..10},
7                    steps = 0,
8                    result = 0
9                ],
10               each [steps] <= List.Count([list]),
11               each
12               [
13                   list = [list],
14                   steps = [steps] + 1,
15                   result = [result] +
16                            [list]{steps-1}
17               ]
18           ),
19       construct =
20           Table.FromRecords(output)
21   in
22       construct
```

图 3-11 List.Generate 函数的进阶使用范例（过程）

6．LG和LA函数高级写法对比

在入门分册中学习 List.Accumulate 函数时曾经提到过 LA 函数的进阶使用方法，也是将原本单值的累积初始值改为数据容器，以容纳更多的独立信息并传递到累积过程中，实现更为复杂的要求，如记录累加过程。其内核与 LG 函数的进阶使用方法类似，可以类比理解。图 3-12 演示了使用 LA 函数的进阶写法实现数字 1～10 的累加过程。

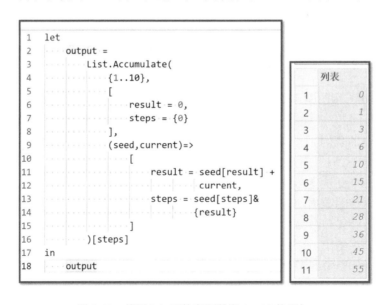

图 3-12 使用 LA 函数实现数字 1～10 的累加

7. List.Generate函数总结

通过前面几部分的学习，相信大家对于在入门分册中未曾涉及的陌生函数有了比较全面的了解。从总体上来说，LG 函数是列表循环函数三剑客中最有实力的成员，这得益于其功能及 4 个 function 类型参数所带来的灵活度，甚至可以使用它来模仿 LT 函数以及 LA 函数的效果。

话虽如此，但麦克斯不推荐大家什么问题都直接尝试使用 LG 函数来解决。该函数的灵活性是它的优点，但同时也意味着使用难度的提升从而更加容易犯错。更为合理的应用思路是深入理解这个函数的条件循环、累积及记录过程等特性，在面对问题时如果有更符合使用逻辑的函数可以达成目标就直接应用，当逻辑不合适甚至无法解决问题时再请出 LG 函数。用一句话说就是——根据问题逻辑与函数逻辑的匹配度进行选择。

3.2.4 条件循环（递归）

在 Power Query M 函数语言中，还有一种循环是最不容易看出来的，那便是我们前面学习的递归运算。递归运算本身也是控制结构的一员，负责代码的循环执行，属于条件循环的类别。

递归运算本身确实是在循环执行相同的工作，但它的循环和前面三种函数（LT、LA 和 LG）所代表的按次、按次累积及条件循环都不一样。递归循环可以明确看到代码循环执行的结构，而前 3 种循环结构全部都是通过函数实现的，循环结构的核心隐藏在函数内部，我们无法观察到，只能通过控制关键参数来影响构建的循环。

因为我们是通过自定义函数构建递归循环过程，拥有极高的自由度，因此可以发现，在递归循环中不需要刻意地区分循环是否具有累积性，也不需要考虑返回值是过程列表还是终极累积运算的结果，因为这些可以通过 M 代码语句进行自定义。接下来我们通过几个简单的例子来模仿上述提到的其他循环效果，让读者了解通过递归创建的循环的自由度有多高。

1. 递归等效LA函数逻辑

第一个范例我们使用递归来求解数字 0～10 的累积求和问题。这是一个比较典型的固定次数，累积计算结果问题，完美符合按次累积循环的要求，因此通常直接使用 List.Accumulate 函数来求解。但这里我们使用递归来完成，范例代码如图 3-13 所示。

说明：图 3-13 中的左右两种写法目的相同，右侧写法是为了更好地对比查看后续范例。

我们创建了名为 loop 的自定义函数，并在其中调用自身实现求解指定数字从 0 开始的累积求和结果，其实现过程逻辑与基础的阶乘计算范例相似，这里不再展开说明。需要特别注意的是，这种单值累积计算结果的问题是在递归中最为简单和最容易编写的一类。

如果需要保留每次循环累积的过程结果（这是一种很常见的需求），则其结构复杂度会提升。下面的范例将会演示如何解决这个问题，同时展示条件累积循环的递归等效写法。

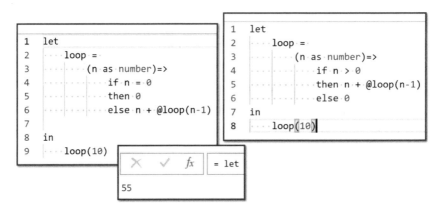

图 3-13　递归等效 LA 函数逻辑

2．递归等效LG函数逻辑

如果我们想将从 $0\sim N$ 的累加计算过程都保留下来，那么问题就变成了固定次数，累积计算和保留过程的问题，这类问题最适合使用 List.Generate 函数来完成。这里为了体现递归的灵活性，采用自定义函数递归的方法来实现，代码如图 3-14 所示。

> 说明：按次或按条件循环在递归当中的重要程度不高，因为在大多数情况下可以通过代码调整轻松地完成两者间的切换。相较之下，如果不仅要保留结果，还要保留过程，则需要进行更多的代码调整。

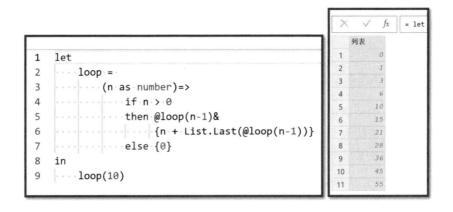

图 3-14　递归等效 LG 函数逻辑

可以看到，代码相较之前发生了较大的变化。保留的结果是由多个元素组成的，因此利用了数据容器将历史数据存储起来。同时，因为递归涉及内外层"包裹的逻辑"，因此还会增加数据的拼接逻辑，导致代码的复杂度有所提升。

3．递归等效LT函数逻辑

此外，我们也可以使用递归来模拟 LT 函数的列表转换效果（实操不推荐）。例如，实现数字列表 0～10 的平方序列构建，代码如图 3-15 所示。

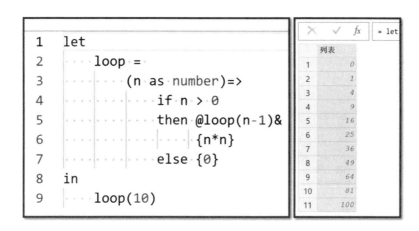

图 3-15　递归等效 LT 函数逻辑

可以看到，代码结果几乎和 LG 函数模拟差不多，唯一的区别在于拼接的逻辑发生了变化。前者拼接需要依赖下一步的计算结果，但后者不需要。产生这种变化的核心原因是，虽然二者都是对列表数据的梳理，但是 LT 函数的逻辑里面不存在"累积"特性。而在 LG 当中因为累积的出现，所以使用递归模拟必然会出现不同层循环之间的"信息交流"。这也是累积特性实现的核心，只不过在三剑客函数当中信息交流是在函数内部，对用户而言不可见，但在递归中，所有代码都是按照逻辑执行的，因此需要手动进行信息交互。

4．更标准的等效写法

前面我们实现了利用递归来模拟循环三剑客函数的目标。这里麦克斯特别强调一下，上述的模拟并非真正的模拟，提供的数据形式及要求等方面还存在不小的差异，甚至还利用了数字元素之间的递增/递减关系简化代码，突出核心逻辑。完善的标准写法如图 3-16 所示，其可以应付比以数据为文本等不简单递增数字的情况，其他情况需要在面对实际问题时自行调整。

5．递归的独有性质

通过前面几个模拟案例的对比，相信大家对于递归逻辑的灵活性有了更加深入的体会。例如，因为递归的自定义特性，我们不再需要像 LT、LA 和 LG 函数一样要重点关注它们各自拥有的固定特性，如循环是属于按次循环还是条件循环，返回结果是单个累积结果还是完整的变化过程等，这些特性都可以通过控制代码的编写方式来获得，是纯粹的自定义。

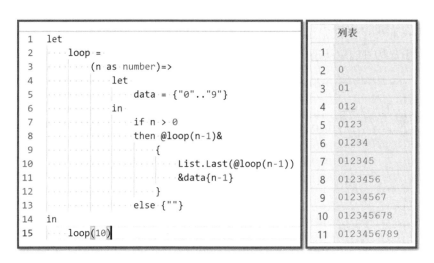

图 3-16　标准的等效写法

递归循环并非没有独属于自己的特性，这个特性便来自递归的定义"自己调用自己"。因为所有递归循环的构造都离不开在自定义函数的内部调用自身来形成递归，所以自然会带有这种嵌套包裹的逻辑。例如，数字 6 阶乘的计算内含数字 5 阶乘的计算，再内含数字 4 阶乘的计算，以此类推。因此在面对问题，判断是否可以使用递归循环来解决问题时，需要观察问题中这种嵌套包裹的特性才能与递归进行配合。

总结一下，虽然在学习其他基础循环的时候我们更加关注于上述的这些特性，但是在递归里这些特性都可以自定义，因此不是主要关注的地方，而"包裹嵌套"的性质则是递归逻辑的基础。

3.2.5　4 种循环的对比

前面我们使用四节完成了对 Power Query M 函数语言中四种典型循环结构的复习。它们都属于 M 函数语言中的核心概念，也是进行批量整理数据的重点所在。下面对各类循环的名称、特点和代表函数等情况简单进行一个总结，如表 3-3 所示。

表 3-3　PQM的 4 种循环对比

	普　通	累　积	条　件	递　归
代表函数	List.Transform（大多数列表和表格函数都具备的逐行/列循环或二者组合）	List.Accumulate	List.Generate	@运算符
循环类型	按次循环（for）	按次循环（for）	条件循环（while）	条件循环（while）
累积性质	无，独立循环	有累积特性	默认有，可无	可有可无
使用模式	控制参数	控制参数	控制参数	定义语句
返回模式	返回结果，列表形式	返回结果，形式可变（使用高级写法可返回过程）	返回过程，形式可变（使用高级写法可返回结果）	结果或过程均可，形式可变（自定义性质较强）
综合评价	虽然结构最简单，但是这类循环却在实操中占据80%以上	该函数弥补了普通循环结构所不具备的"累积特性"，填补了空缺。在实操中的使用率占据10%	循环的灵活度进一步提升，虽然可以用作多种形态，但是使用该函数的主要目的是获得条件循环的特性，简化代码。实操中的使用率约5%	灵活性最高，但实操中几乎不使用该结构（数据整理问题对递归逻辑的需求不多）。在解决具有"包含嵌套"关系的复杂问题时有奇效

3.3　循环的应用

前面我们完成了对 4 种类型循环的对比，本节我们趁热打铁，使用"数字演化游戏"在曾经完成的案例基础上为读者介绍不同循环结构在处理相同问题时的代码差异，通过这样的横向对比加深读者对于不同循环结构的理解。提前声明，不同的循环框架并没有好坏之分，只有适合与不适合的问题。在实操当中重要的在于选择与问题最匹配的循环逻辑。贴合问题的循环逻辑与不贴合的逻辑在代码的繁杂程度上有很大的差异。

3.3.1　数字演化游戏案例 1

1. 案例背景

首先简单回忆一下案例背景：原始数据为一个随机的 2～100 的数字，现要求以这个数字为起点按照特定规则完成对数字的演化，并将每一步演化过程记录下来。演化的规则如下：如果输入的数字是偶数则除以 2，如果输入的数字是奇数则乘以 3 后加 1，一直演化到数字 2 为止。例如，输入的数字是 3，按照上述逻辑判断为奇数，则应乘以 3 加 1 运算得到 10，然后以此为基础再次演化，因为 10 为偶数，所以除 2 得到 5，以此类推获得完整的演化过程为"3-10-5-16-8-4-2"，直到演化为 2 停止，原始数据与目标效果如图 3-17 所示。

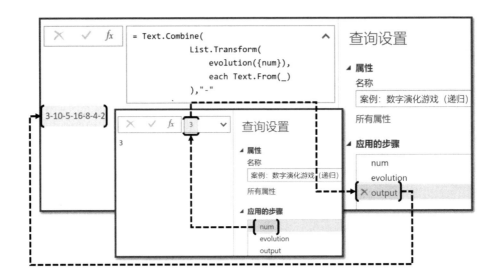

图 3-17　数字演化游戏：案例背景

2．思路分析

这次的特殊要求为使用按次累积循环函数 LA 完成演化计算。我们可以据此确定 seed 部分由输入的待演化数字参与累积演化，每次循环的处理逻辑即为要求的演化过程。而 LA 函数的第一参数列表并没有实质的含义，只是用于控制循环的次数，提供一个拥有充足元素的列表，保证演化过程完整即可。

3．案例解答

如图 3-18 所示为使用 LA 函数解决数字演化游戏案例的对应代码，有以下几点需要特别注意：

目标循环列表为 1~100 的数字，此处的 100 没有任何要求，只是为了确保所有数字在输入后都能够完成所有演化步骤，因此设计了一个较大的循环次数。循环列表中的数字不参与逻辑运算，只起到设定循环次数的作用。这个方法的明显弊端之一是，每个输入的数字需要经历的演化次数是不同的，因此指定循环次数并不贴合该案例的处理逻辑，该问题更适合使用条件循环来控制循环跳出。

因为需要将整个演化步骤保留下来，所以在累积循环的过程中初始值设定为列表，新演化的结果会合并在源列表的后方，而不是直接计算结果（LA 默认返回结果，经过特殊写法返回了过程）。

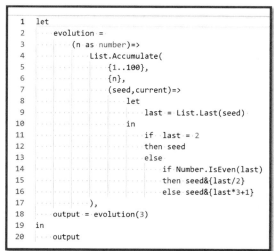

图 3-18　数字演化游戏：案例解答

在 LA 的解答方法中设置了固定的循环次数，而且为了保证适应所有数字，这个循环次数比较大，由此会进一步造成很多冗余的运算（因为是固定次数，在一些数字演化完毕后依旧会执行循环），这会使代码效率降低。除此之外，由于选择的循环结构与问题不贴合所造成的影响更大。

3.3.2　数字演化游戏案例 2

1．思路分析

为了改进上述案例的解决方法，我们需要引入"条件循环"的特性。可以选择的项目便是 LG 函数和递归循环。在本小节中我们将采用 LG 函数来处理数字演化问题。你也将看到完美匹配这个问题的循环结构在处理问题时的那种"优雅感"。

因为每个不同的输入数字需要计算演化的次数是不同的，所以使用按条件跳出循环的框架最贴合问题本身，LG 函数的第二参数可以设置与演化跳出相关的条件。同时，因为我们需要的是完整的数字演化过程，所以直接使用 LG 函数可以在不做任何额外的代码设计的前提下直接返回每次演化的结果。从这个角度看这也同样是最合适的处理逻辑。

2. 案例解答

图 3-19 为使用 LG 函数解决数字演化问题的代码。从直观角度来看，最显著的变化便是代码的长度是目前三种方法中最短的。原因在分析思路的时候已经讲过，核心是工具的运行逻辑完美地贴合了问题的需求逻辑，因此可以用最精简的话语来完成描述。

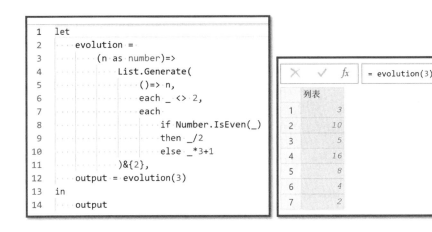

图 3-19　数字演化游戏：案例解答

如果我们再反过来看这个问题，可能会有不一样的想法。虽然所有使用 LG 函数的人都能够理解如图 3-19 所示的代码，但是能在明白任务目标后的第一时间内就选中最贴合问题逻辑的循环模式却不容易，这需要依赖对不同循环分类特性的深入理解，这也是为什么我们重点强调要理解不同循环特性的原因。

3.3.3　数字演化游戏案例 3

1. 思路分析

本节我们将使用普通按次循环 LT 来完成数字演化游戏案例。如果读者在看到这句话的时候产生了"这是不可能"的想法，那么可以说明你对循环的理解已经非常精准了。为什么说单纯使用 LT 作为框架是无法完成数字演化案例呢？这是因为 LT 函数缺乏核心的特性"累积"。数字演化的要求是在一个输入数据的基础上连续演化多次直至返回数字 2 才停止，每次循环都要基于上一步的演化结果。LT 虽然能够支持多次循环，但是每次的循环都是独立的，指定的代码在每个结果中只能够执行一次，每次循环做不到信息互通也就无法执行累积循环。

2．案例解答

虽然无法直接通过 LT 完成，但是我们可以让 LT 承担一部分记录演化次数的任务，然后借助于 LA 函数的累加特性来勉强完成这次任务，代码如图 3-20 所示。

图 3-20　数字演化游戏：案例解答

使用 LT 函数配合 LA 函数解决了数字演化问题。其中，LT 函数负责外层循环的搭建，0～100 代表输入的数字所经历的演化次数。而 LA 函数负责内层循环的搭建，负责按照要求的演化次数对输入的数字进行连续演化。不过因为外围的 LT 属于固定次数循环，所以最终得到的结果中会有大量的数字 2 在尾部冗余，使用时需要利用 List.FirstN 函数进行抓取和补充。同时，如果仔细观察会发现：虽然与前面相似同样使用了 LA 函数，但是这次因为外围已经使用了 LT 函数来存储演化的过程，所以在内部可以直接使用输入数字按照指定次数进行演化并获得结果，不需要调整代码就可以达到使用 LA 函数记录过程的效果。

> 注意：外围循环列表从 0 开始而非从 1 开始是一种特殊设计，这样是为了确保输入的数字保留在最终列表中。如果从外围循环中获得 0 值输入内层循环，则 LA 函数的第一参数为"{1..0}"，属于空集/空列表，会直接返回原始输入的数字。

3. 总结回顾

对于这种解决方法在实际应用中是不推荐的,这里只是作为"反面教材",让读者能够更好地体会选择不恰当循环结构带来的后果,不仅仅是部署逻辑更难,代码复杂程度增加及更高的编码出错率,还可能无法解决问题(如单纯 LT 无法解决数字演化问题),并且增加冗余计算,拉低程序执行效率。

如果简单梳理一下这次使用的方法和此前的 LG 方法的运算量,就可以很直观地看到在代码逻辑上多做了多少冗余的运算。这里我们以每次演化过程为一个单位的运算量来衡量,那么数字 3 在 LG 的方法下每次运算记录一次结果,最终经过"3-10-5-16-8-4-2"一共需要运算 6 次即可完成任务。如果使用的是 LT+LA 的组合方法,即使一个简单的数字 3 演化,也会执行 101 次的演化过程,其内部的演化次数从 0、1、2、3…100 次逐步递增,总运算量由"0+1+2+…100"得到 5050 次演化运算。虽然其中有大部分的演化运算都没有完整的演化过程(演化到 2 之后的单次演化运算量会降低),但差异依旧是巨大的,对比如图 3-21 所示。

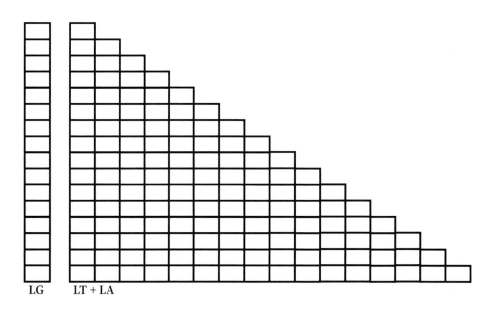

图 3-21 不同循环框架运算量对比

📄 说明:实际上 PQ 编辑器的代码引擎执行会有更进一步的优化,如相似运算的自动重叠、自适应的结果缓存、顺序调整等。但无论如何它们都属于引擎所设计的内部逻辑,非用户可控。因此在实际代码编写过程中选择合理的循环结构还是非常重要的。

3.3.4　4种方法的横向对比

最后一种方式便是使用递归循环完成数字演化游戏，但该案例的演示在上一节末尾已经完成，在此不再赘述。下面将横向对比一下4种不同循环框处理该问题的代码，如图3-22所示。

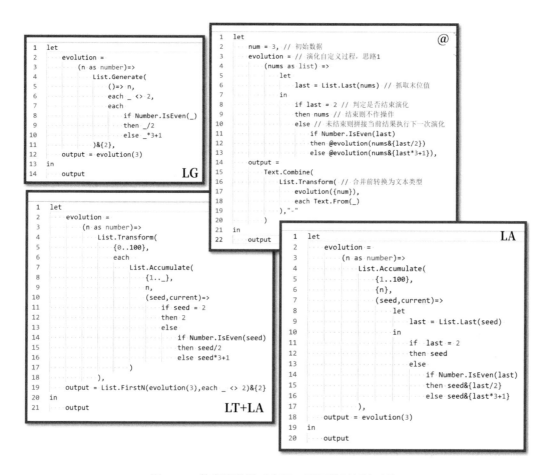

图3-22　数字演化游戏案例：不同循环解法对比

这里使用了4种循环结构完成数字演化游戏案例。虽然上述所有方法都顺利完成了任务，但是通过图3-22可以很直观地看到，使用不同的循环，实现难度不同，难度由简单到困难的排序为"LG＜@＜LA＜LT"。造成这种现象的原因是"循环逻辑与问题不贴合"。贴合的程度越低，需要的额外代码就越多，进而导致难度增加，出错率加大，容错率降低，冗余运算增多等问题。

在面对实际问题时，我们首先要做的是对自身掌握的循环结构及其他理论知识有深入的理解，然后充分阅读问题，拆解和抓取问题的特性，最后两相匹配，确定思路。以数字演化游戏为例，单个数字演化需要循环特性，同时要求在单个数字上累积循环演化多次，并且不同输入数字的演化次数均不固定。只要读者看出了这几点的关键字"循环、累积、条件、过程"，那么很容易就可以锁定最合适的框架为 List.Generate 函数。再次强调：对问题的深入理解和对工具特性的深入理解同等重要。

当然，实际问题可能是各种各样的，当你遇到一个复杂问题，而且发现它并不能够通过现有的循环结构直接匹配时也不用觉得奇怪，尽可能地去贴合问题逻辑，或者使用多种结构相结合去实现，做到最好即可。这种现象是极为正常的，就像某种数学概念、物理概念被提出来便是为了处理某类特定问题，不同的问题需要由不同的公式、概念去解决一样，很难使用某个统一的解决方案就能处理所有问题。即便是经过精心设计的 Power Query M 函数语言也无法灵活贴合所有问题逻辑。

3.4 框架函数

本章的核心内容是循环、迭代和递归在 PQM 当中的应用、分类及特性理解，其实最核心的内容我们已经学完了。本节我们将从循环概念中衍生出一个在实操分析中会涉及的重要概念——框架函数。

3.4.1 什么是框架函数

看到这个名称"框架函数"，可能读者都会好奇到底什么是框架函数？为什么会有框架函数这个概念？它又有什么实质性的作用？首先说明的是这个概念是麦克斯在 M 函数语言实际应用和教学过程中自创的一个概念。它并不是指类似于表格函数、列表函数对于函数的官方分类，你也不会在官方的文档和其他资料中见到这个概念。但是理解框架函数将会对使用 M 函数语言构建问题处理思路产生非常大的影响，这也是区分入门使用者和进阶使用者的一个很关键的因素。

这里给出框架函数的简单定义：可以抓取特定位置数据并搭建循环结构，按照自定义规则要求批量处理数据，最终实现改变数据内容或结构效果的一系列函数，并且这些函数通常作为代码的骨架结构高频出现。看定义不那么好理解，我们举个反面范例和正面范例来进行说明。

在定义当中最核心的一个硬性标准便是"具备循环结构"。在 PQM 函数中绝大多数具备循环结构的函数都分布在列表和表格函数这两个大类中。这也是我们在日常使用中最高频应用的两大类函数。在列表当中的框架函数有构建各类循环结构的 LT、LA、LG 及高级函数 List.TransformMany（后续章节会讲解），而在表格函数当中则有十几项可以纳入框架函数范畴的成员，如 Table.CombineColumns、Table.SplitColumn、Table.TransformColumns

和 Table.ReplaceValue 等，完整的框架函数清单如表 3-4 所示。

表 3-4 框架函数清单

函数	说明
List.Transform	循环转换列表数据
List.TransformMany	循环转换多个列表数据
List.Accumulate	累积循环
List.Generate	条件循环
Table.AddColumn	添加自定义列
Table.TransformColumns	表格转换列
Table.TransformRows	表格转换行
Table.CombineColumns	表格合并列
Table.SplitColumn	表格拆分列
Table.ToList	列表拆分为表格
Table.FromList	表格压缩为列表
Table.ReplaceValue	表格替换值
Table.Group	分组依据
Table.Pivot	表格透视
……	……

上述 14 项函数便是在日常使用中会高频出现的充当"框架函数"的成员。我们这里以非常熟悉的 Table.AddColumn（简称 TAC）表格添加自定义列函数为例进行说明，看看它是否符合所提供的定义"可以抓取特定位置数据（每次抓取表格当前行的记录数据），并搭建循环结构（逐行循环表格中的所有行数据），按照自定义规则要求批量处理数据（对提取到的数据可以自定义修改），最终实现改变数据内容或结构效果（为表格添加了一个新的列）的一系列函数"。TAC 函数是完美匹配定义逻辑的，其他框架函数也基本满足该定义。

在众多的表格和列表函数（200 项左右）中，看上去筛选出来的框架函数数量好像并不算多（只有十几项）。这是因为除了上述函数外，其实还有大量的列表与表格函数属于"普通的功能性函数"，它们只用于特定的处理过程，甚至不具有循环特性。

例如常见的信息类函数 List.Count，其仅用于提取列表中的元素数量信息，并不包含任何循环结构，因此不被视为框架函数。但这并不是说凡是拥有循环结构的函数便可以视为框架函数。例如，在列表数据中的 List.FirstN 函数，其高级参数可以用于指定抓取满足条件的前 N 项元素，基础使用演示如图 3-23 所示。但是这种循环特性仅用于强化函数本身的处理能力，其并不具备框架函数的其他性质。

说明：函数的高级参数应用会在后续章节专门介绍，这属于进阶实战分册的重要内容。

图 3-23　List.FirstN 函数的基础使用演示

3.4.2　框架函数的作用

虽然框架函数只是一类函数的统称，但是了解该类函数，在面对实际问题，构建解答思路时非常有帮助。我们在入门分册中完成了若干 M 函数语言的案例解答，在对这些案例进行思路分析时通常会从"信息变化""数据结构"两个方面入手，再选择与之匹配的函数嵌套来完成任务。想要快速厘清思路，除了经验的累积外，认识框架函数也会有很大的帮助。因为框架函数本身便是为了构建解答代码，如果仔细再看一遍框架函数的基本定义便会发现，框架函数本身便是实现数据"信息变化""结构调整"的关键要素，而普通的功能性函数只能处理局部的小问题。因此在完成问题分析后，熟知框架函数特点的读者可以更快速地找到最贴合问题逻辑的框架。这个过程与选择循环控制结构的逻辑类似，但提高了一个更加广阔的维度。

以上便是框架函数概念的核心意义。可能简单的一段文字很难充分表达这个概念的重要性，我们会在后面给出的案例思路分析中更多地结合框架函数的概念来强化读者的理解，这里就算是简单的铺垫吧。

📄 说明：表 3-4 给出的框架函数清单除了提示大家这些是麦克斯认为的合格的框架函数外，也是灵活使用 M 函数语言必须要掌握的重点函数（非常重要）。

3.5　本 章 小 结

本章我们首先完成了程序语言控制结构的概念理解，从中抓取出了最核心的"循环概念"并试图在 M 函数语言中找到与之对应可以实现循环特性的功能。虽然在入门阶段读者可能隐约感受到循环在 M 函数语言中发挥的作用，但是认真观察会发现，M 函数语言中所包含的循环并非是简简单单的一种功能，而是被分为四大类，分别为"按次循环、累积循环、条件循环和递归循环"的多种相似功能的集合体，而且每种循环都有各自的特性和适用于不同问题的逻辑。在实操当中需要我们选择最贴合问题逻辑的循环结构来处理问题，这样会更简洁和高效。

再回过头来强调一下本章涉及的三个概念"循环、迭代和递归"，循环是核心，不论是迭代和递归都拥有循环的性质。迭代是在循环的基础上配置了累加性质，递归是一种特殊的条件循环结构。在本章的最后，我们基于循环衍生出了一个新的实操概念"框架函数"并做了一点简单的背景铺垫。

以上便是对本章内容的一个快速回顾。虽然没有新增很多实质的理论知识点（LG 函数是第一次讲解），但"硬核"程度可不容小觑。清晰地理解 M 函数语言中循环的运行机制，对于理解框架函数、构建分析思路和灵活使用各类复杂函数都有非常深远的意义。希望通过本章对循环及其关联概念的介绍，能够帮助读者在理解 M 函数语言控制结构上更上一层楼，真正进入进阶阶段。

从下一章开始，我们将会恢复对知识点的拓展，主题是关键字。虽然绝大部分关键字在入门分册中都已经讲解过了，但是还遗留了一些可以深入剖析的地方，难度不大。

第 4 章 深入学习关键字

欢迎来到本次旅程的第 4 站，我们在前两章中已经分别学习了运算符和循环的概念。本章将会介绍一个我们熟知的核心知识板块关键字。总体来说 M 函数语言的关键字并不多，并且大部分在入门分册中已经学过了。本章将会补充介绍一些关键字的细节信息、实操使用经验和一些新的关键字。

本章共分为六个部分讲解，分别对应六组关键字，分别是结构变量定义语句 let…in、条件分支结构 if…then…else、数据类型约束和判定 as…is、元数据的定义、类型定义 type、错误处理与构建 try…otherwise…error。

本章的主要内容如下：
- let…in 结构的等效写法和本质。
- 条件分支结构与问号运算符的关系。
- as…is 类型判断的运算过程。
- 元数据的概念和 meta 关键字的应用。
- 主动构建类型值。
- 使用 try…otherwise 结构抓取高级错误信息的方法。
- 主动构建错误值。

4.1 结构 let…in

在所有关键字中地位最高、最重要并且在所有代码中几乎都会使用的结构便是 let…in 关键字。在入门分册中我们曾强调过 let…in 的核心作用是搭建以步骤为索引的整体代码结构，同时定义数据变量和过程变量，使代码结构思路清晰，减少冗余的重复代码量。本章我们将会重点介绍 let…in 结构的等效写法，理解该结构的本质。

4.1.1 记录定义变量的特殊写法

如果读者在完成入门分册的学习后又进行了大量案例训练的话，肯定会见过一种比较特殊的自定义变量的书写方法。它使用"记录 Record"的形式进行变量的定义，同时在不同的字段中引用本记录中其他字段数据执行运算，最后通过选择对应字段完成输出，示意如图 4-1 所示。

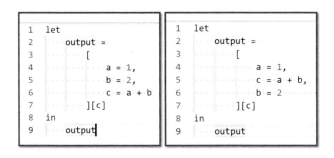

图 4-1　记录定义变量的特殊写法

上述写法就是我们所说的特殊写法。可以看到，使用记录的结构定义不同的字段数据，字段之间可以任意调用同字段范围内的所有变量，而且计值顺序由系统自行决定。在没有其他关键字的辅助下，利用原本的数据结构便实现了"临时变量"的定义和使用，堪比嵌套的 let…in 结构。

4.1.2　let…in 结构的等效写法

实际上，前面这种 Record 记录定义变量的写法其实就是 let…in 结构的等效写法，二者是完全一样的。我们可以将 let…in 结构理解为 Record 记录定义变量写法的"语法糖"，是一种更清晰、更利于人类大脑处理和使用的书写方式。系统在识别到 let…in 结构后便会自动在内部将其转化为记录 Record 形式执行后续处理。为了更清晰地看到两种写法的不同，我们编写了如下范例代码，如图 4-2 所示。

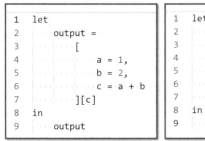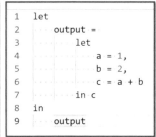

图 4-2　let…in 结构的等效写法对比

上述两种写法在作用上完全相同，实际应用中还是推荐使用 let…in 结构。学习 Record 记录定义变量的等效写法主要是为了深入理解关键字的含义，在面对这种写法时不会感到奇怪。直接应用 let…in 结构更易于阅读，相较于直接使用"[]"，let…in 拥有更为清晰的结构。

📖 **说明**：两种写法其实存在一个比较隐秘的区别，即记录写法因为所有的变量都以键值对的形式出现，所以对于变量名（字段名）的要求较低。很多在 let…in 结构中需要使用"#""" 的变量名在记录写法中可以直接使用，如中间带空格的变量名。

除了可以在内部相互引用外，Record 记录写法和 let…in 结构相同，也可以调用外部已经定义的变量数据参与计算，如图 4-3 所示。

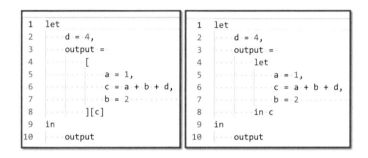

图 4-3　let…in 结构的等效写法对比：引用外部变量

同时也可以在字段中实现方法的定义及递归的应用，范例对比如图 4-4 所示。

图 4-4　let…in 结构的等效写法对比：定义过程和递归

最后简单总结一下，对于 let…in 结构而言，它本质上等效于 Record 记录变量写法，属于复杂结构的语法糖，可以帮助我们更加轻松地完成变量定义任务。实操中推荐使用 let…in 结构，对于 Record 记录等效写法知悉即可。

4.2　条件分支 if…then…else

本节将介绍条件分支结构的使用。作为 PQM 当中唯一的关键字程序控制结构，条件分支结构的重要性不言而喻，它的使用比较简单，只有 if…then…else 这一种模式，也没有相关的衍生语句如 elseif 等。本节将针对条件分支的三个细节来展开介绍。

4.2.1 条件分支结构的嵌套

因为 M 函数语言中没有 elseif 关键字结构用于条件分支结构的嵌套,所以我们在实现嵌套逻辑对输入数据进行分流时主要利用"代码格式化"来完成类似的效果,演示代码如图 4-5 所示。

我们可以将多层的 if 嵌套格式化为如图 4-5 所示的形式进行对齐,效果类似于 elseif,但一定要注意因为不存在 elseif 关键字,因此中间必须用空格进行分隔。

图 4-5 条件分支结构的嵌套

4.2.2 SWITCH 逻辑的部署

与 if 条件分支类似,在很多程序语言中有一种名为 SWITCH 转换的条件分支控制逻辑。它的作用是根据输入的号码,选择与号码匹配的路径输出。例如,抽签结果与奖品的对应关系,可以将抽签结果视为输入的号码,再根据号码种类选择对应的奖品返回。这类逻辑专门处理单输入对应多个可能输出结果的情况。但可惜的是在 M 函数语言中并没有为该逻辑设置专用的关键字。我们可以使用其他结构进行模拟,如图 4-6 所示。

利用函数 Record.Field 及记录类型的数据即可完成 SWITCH 逻辑的部署。记录数据用于记录抽奖号码和奖品,因为采用了记录的形式,所以有任意多对都可以直接在记录当中添加新的键值对。如果此处采用条件分支结构关键字 if…then…else 则需要不断加深嵌套层数,增加了代码复杂度。在构建好记录数据的对应关系后,再使用 Record.Field 函数根据抽奖号码抓取奖品信息即可。

> 注意:范例代码没有使用方括号"[]"直接读取记录中指定字段,原因是输入的结果通常为变量,变量名在方括号内无法直接读取,会默认视为文本而从记录中抓取字段值。错误示范如图 4-7 所示。

图 4-6 SWITCH 逻辑的部署   图 4-7 SWITCH 逻辑的部署:错误示范

4.2.3　条件分支结构与问号运算符

关于条件分支结构要强调的一点是其与问号运算符的关系。这一点其实在讲解问号运算符的等效写法时已经强调过，这里只进行简单复习，如图 4-8 所示。

单问号等效

```
let
    data = {0..7},
    index = 8,
    questionMark =
        if index >= List.Count(data)
        then null
        else data{index}
in
    questionMark
```

双问号等效

```
let
    A = null,
    B = 8,
    questionMarks =
        if A = null
        then B
        else A
in
    questionMarks
```

图 4-8　问号运算符的等效写法

4.3　数据类型判断与约束 is…as

在入门分册中曾经介绍过两个与“类型”数据相关的运算符 is 和 as，分别负责数据类型的判断和约束。其中，判断关键字 is 可以用于检查数据的类型，而约束关键字 as 用于声明自定义函数输入、输出的数据类型，一方面可以作为语法提示，另一方面可以避免违规输入。本节将会对 is…as 关键字的几个细节特性进行补充。

4.3.1　类型判断的一种典型用法

虽然类型判断关键字在日常使用中比较少，但是在处理与多种数据类型区分的相关问题时是必不可少的。在使用时与其将它们视为一个“冷门”的关键字，不如当作一种专用于类型数据的运算符，和比较运算符类比理解即可。如果满足类型要求则返回真，如果不满足要求则返回假。一种典型的应用范例如图 4-9 所示。

```
let
    convert =
        (input) =>
            if input is date
            then Date.ToText(input)
            else if input is time
                then Time.ToText(input)
                else ...,
    output = convert(#date(2019,6,23))
in
    output
```

图 4-9　类型判断的一种典型用法

我们自定义了一个函数并在其内部设定了对应的类型判断逻辑。如果输入的数据是日期则使用日期文本函数将其转换为文本类型，如果输入的数据是时间则使用时间文本函数将其转换为文本，如果输入的是其他数据类型则返回错误，这种结构可以帮助我们自适应输入数据的类型，根据类型信息执行不同的处理方式。这在 PQM 中是很有作用的。

4.3.2　类型约束的本质

与数据类型判断关键字 is 一样，我们同样可以将数据类型约束关键字 as 视为一个类型运算符，它的运算逻辑是：如果输入的数据满足约束类型则返回该数据，否则返回该类型数据无法转换为指定的约束类型的错误提示，如图 4-10 所示。

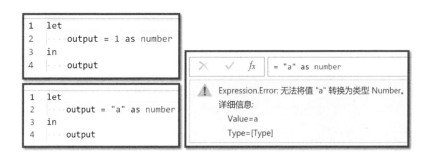

图 4-10　as 关键字的独立应用

如果采用这种理解方式，你会发现其实这个关键字不只可以用于自定义函数的输入和输出类型控制，独立使用也完全可以。同时，自定义函数输入和输出时使用的类型约束本质上也可以理解为先执行 as 运算判定，如果不满足要求则直接返回错误值终止自定义函数的运行，如果全部满足要求则正常执行，这也是 as 能够实现数据约束的原因。

4.3.3　类型兼容性判断

虽然在使用 is 和 as 关键字实现对行数据类型的判断和约束时，我们会默认为系统是在执行左右两个运算元的类型全等判断，但实际上并不是，它们都在执行兼容性判断，范例如图 4-11 所示。

前两步分别判定空值是否属于可空数字类型，以及空值是否满足可空数据类型的约束，最终在第三步中返回结果。按照此前

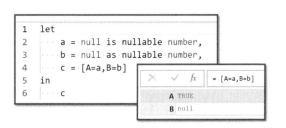

图 4-11　类型兼容性判断

的理解，我们虽然知道可空数字类型中允许有空值的出现，但是空值本身就属于一个独特的数据类型，判定的结果应当为 false 才对，可实际上二者返回的均是通过检测。

产生这种理解偏差的原因如上所述，无论是 is 还是 as 执行的并非是严格的类型等判断，而是兼容性判断。例如图 4-11 中的空值类型是与可空数字类型兼容的，因此所有判断均通过。关于 M 函数语言的所有类型及其兼容关系，我们将会在第 6 章详细讲解，此处仅作为背景知识铺垫。

📖 技巧：is 和 as 关键字可以在大多数情况下发挥作用，但与所有的运算符和关键字相似，如果参与运算的数据以变量的形式提供，则会无法正确判定，此时可以使用函数 Value.Is 与 Value.As（类似于使用 Record.Field 替代方括号发挥作用）来完成。

4.4 元 数 据

元数据（Metadata）是指附着在某个数据值上，在一般情况下不可见的额外信息，需要使用特殊的函数方法或关键字进行添加、移除、替换和显示。而 meta 便是为数据值添加元数据信息的一个关键字。

4.4.1 元数据的基本操作

1. 查看元数据信息

添加和操作元数据可以使用 Value 值相关类型函数来完成，也可以直接使用 meta 关键字来完成。不过在添加之前我们需要学会如何查看值的元数据，演示如图 4-12 所示。

图 4-12 查看元数据信息

可以看到，通过使用 Value.Metadata 函数并输入目标需要查看的值，即可获取该值对应的元数据信息。不过值在默认状态下元数据为空，因此显示结果为空记录。

2. 添加元数据信息

使用 meta 关键字添加元数据信息，然后即可查看到添加的信息，如图 4-13 所示。

```
1  let
2      data = 1 meta [extra = "ABC"],
3      output = Value.Metadata(data)
4  in
5      output
```

= Value.Metadata(data)

extra ABC

图 4-13　添加元数据信息演示

meta 关键字的使用很简单，其左侧要求提供需要定义的目标数据，右侧要求提供以记录形式存储的元数据信息。经过运算后，右侧的记录信息便会以元数据的形式附着在该值的背后。

3. 替换元数据信息

如果需要对元数据执行更为复杂的运算，则无法直接通过关键字来完成，可以借助 Value 类函数来实现，而且还可以完成常见的替换、覆盖和移除操作，演示如图 4-14 所示。

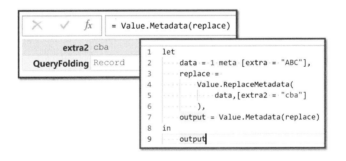

```
                        = Value.Metadata(replace)
       extra2  cba
   QueryFolding  Record
1  let
2      data = 1 meta [extra = "ABC"],
3      replace =
4          Value.ReplaceMetadata(
5              data,[extra2 = "cba"]
6          ),
7      output = Value.Metadata(replace)
8  in
9      output
```

图 4-14　替换元数据信息演示

使用 Value.ReplaceMetadata 函数并输入目标值和新的元数据记录信息，该值的原始元数据信息就会被新的元数据信息完整地替代。

说明：虽然 PQM 函数语言中的变量数据在经过计算赋值后都是不可变的，但是元数据的运行与值计算相互独立，并且允许后续的修改。

如果需要在保留原始元数据信息的基础上再添加新的元数据信息（相当于合并新的元数据），那么同样可以使用 Value.ReplaceMetadata 函数来完成，但需要做一点调整，演示如图 4-15 所示。

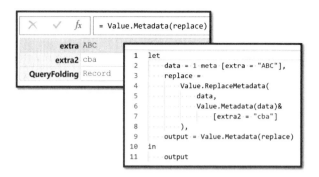

图 4-15　合并元数据信息演示 1

此外，还可以直接使用 meta 关键字为已经拥有元数据信息的值再次添加元数据信息，系统会自动合并新旧元数据信息。如果存在相同的字段，则遵循记录字段覆盖原则"由新信息替换旧信息"；如果不存在相同字段则正常合并。演示范例如图 4-16 所示。

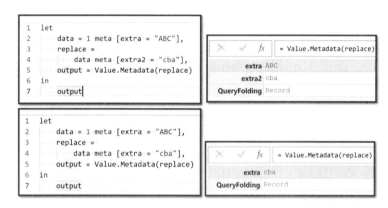

图 4-16　合并元数据信息演示 2

4．移除元数据信息

元数据基础操作的最后一项便是移除元数据信息，这需要使用特定的函数 Value.RemoveMetadata 来实现，使用演示如图 4-17 所示。

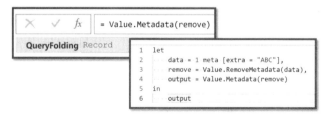

图 4-17　移除元数据信息演示

4.4.2 使用元数据补充函数的帮助信息

虽然目前在 Power Query M 函数语言中提供了元数据信息供用户使用，我们也可以使用相关的函数或者关键词完成对"值"的元数据的操控，但是用途较少，其中大都与 M 函数语言的搭载编辑器特性相关，并且元数据的运行与数据值的运算是完全独立且互不干扰的。因此对于元数据，麦克斯的建议是了解基础概念和操作即可。

最后我们将会演示一个元数据在 PQ 编辑器中的应用例子——使用元数据补充函数帮助信息。在入门分册讲解函数的使用基础时，我们重点强调可以在空查询中输入函数名称如" = List.Sum "来查看该函数的官方帮助文档。除了系统内置的函数，自定义函数也可以查看帮助文档，如图 4-18 所示。

图 4-18　默认状态下的自定义函数帮助文档对比

图 4-18 是用户自定义函数文档的默认情况，可以看到和系统内置函数的翔实程度有较大的差异。实际上 PQ 编辑器是允许用户自行填补如函数名称、说明和范例等信息的，但是无法通过自定义函数来实现，需要通过元数据及类型数据操作来实现。我们只需要将补充信息以规范的数据形式输入该函数类型的元数据中，即可完善其帮助文档，代码演示如图 4-19 所示，效果如图 4-20 所示。

> 说明：type 是用于定义"类型"数据的关键字，将在下一节讲解。

我们在常规的自定义函数基础上，重新定义了一个与自定义函数输入和输出相同的类型数据，并为该类型数据添加了指定格式的元数据记录信息。将该类型赋予我们的自定义函数后，便可以在函数帮助文档中看到所添加的信息了。

```
1   let
2       myFunction2 = (n as number) as number => n*n,
3       typeFunction = 
4           type function (n as number) as number
5               meta
6               [
7                   Documentation.Name = "请输入函数名称",
8                   Documentation.LongDescription = "请输入长文本函数描述",
9                   Documentation.Examples =
10                  {
11                      [
12                          Description = "请输入范例描述",
13                          Code = "请输入范例代码",
14                          Result = "请输入范例结果"
15                      ]
16                  }
17              ],
18      retypedFunction = Value.ReplaceType(myFunction2,typeFunction)
19  in
        retypedFunction
```

图 4-19 使用元数据补充函数帮助信息的代码

图 4-20 使用元数据补充函数帮助信息的效果

注意：不同部分信息的添加格式必须按照代码格式进行书写，字段名要求保持一致。如果范例较多，也可以在列表中继续添加并列的记录数据进行拓展。

4.5 类型定义

在上一节中我们演示了一个案例来展示元数据的实际作用，其中使用了一个未曾谋面的新关键字 type。本节我们将介绍 type 关键字的用法及其功能。

在入门分册中我们讲过"类型"本身也是 PQM 函数语言中的一类数据。数据类型本身也是一种数据，例如数字 1 是一个类型为数字的数据，数字 1 的类型是 type number，而这个类型数据本身也是一个数据，如图 4-21 所示。

📖 技巧：Value.Type 函数可以用于准确检测原始数据类型，比使用 is 关键字判断更加直接。在 M 函数语言中，运算符、关键字能够提供的运算逻辑都比较少，更丰富的功能都在函数中。

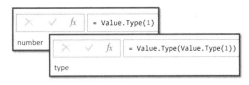

图 4-21 类型数据本身就是数据

在大多数情况下，我们按照不同类型的要求对数据进行构造和计算便可以获得相关类型的数据，但对于类型数据我们并没有学习过如何去构建。这里所学习的 type 便是用于定义类型数据的关键字，其使用演示如图 4-22 所示。

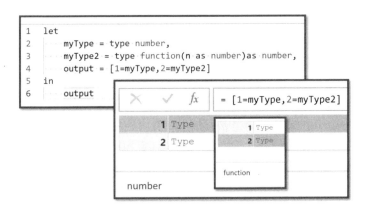

图 4-22 使用 type 关键字创建类型

📄 说明：类型数据及 type 关键字的更多相关知识，将会在后续章节详细介绍，此处仅作为初步了解即可。

4.6 错误处理

在入门分册中，对于错误处理问题我们重点讲解了关键字组 try…otherwise 的使用。它的作用类似于 Excel 工作表函数 IFERROR，可以捕获错误的出现位置并输出替代值，最终实现屏蔽错误的效果，是日常错误处理的常用操作。如果需要对错误值更进一步的控制，则需要使用 try…otherwise…error 关键字的高级模式，并需要了解 M 函数语言错误信息的构成结构。此外，本节我们还会补充介绍一个错误构建关键字 error。

4.6.1 使用 try 关键字获取完整的错误信息

通常情况下，我们使用错误处理关键字会应用 try 及 otherwise 部分，但实际上 try 关键字也可以发挥相应的作用。try 关键字的作用是检测错误是否出现，如果出现则返回错误标识并捕获完整的错误信息，否则返回正确标识和原值，使用演示如图 4-23 所示。

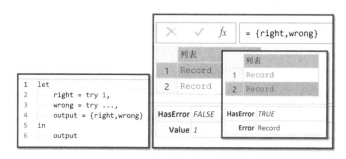

图 4-23 使用 try 关键字获取完整的错误信息

可以看到，无论 try 关键字检测的代码段返回的是正确结果还是错误结果，它都会提供一个完整的记录数据，但其中包含的信息有所差异。如果检测的是正确结果，则返回没有错误的标记和原值，如果检测的是错误结果，则返回错误标记和错误记录。利用这些完善的错误情况信息，可以灵活地构建处理逻辑，实现更加精细化的控制。例如，利用 HasError 字段判定错误出现与否，再配合 if 条件分支结构执行不同的语句，如此一来便可以脱离使用 try…otherwise 组合必须要返回原值的强制要求，逻辑上更为灵活。

4.6.2 错误记录的信息结构

如果我们再进一步仔细探查 try 关键字检测到错误时所返回的 Error 错误字段记录会发现，其中包含三个固定字段的数据信息，如图 4-24 所示。

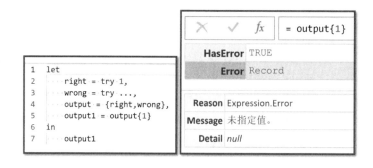

图 4-24 错误记录的信息结构

上述错误记录是 M 函数语言中所有错误值的标准显示形式，包含 Reason 错误原因、Message 错误信息和 Detail 错误细节信息三个属性。如果对此加以利用，我们还可以实现根据错误类型建立不同处理方式的响应机制。

4.6.3 错误构建关键字

在多数情况下，如果我们临时需要一个错误值时，麦克斯建议直接使用"三句点"运算符临时构造一个错误。这个技巧可以方便地在实操中使用，少部分情况需要对生成的错误值进行规范，如指定错误的名称和添加一些更为细致的错误描述等。这个时候我们便无能为力了，因为并不知道要如何构造错误值。要实现这个目标，我们可以使用错误构建关键字 error 来完成，演示代码和效果如图 4-25 所示。

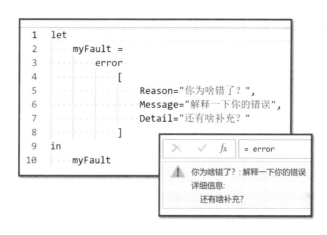

图 4-25　错误构建关键字 error 基础使用

我们利用 error 关键字轻松实现了错误值的构造。唯一需要做的操作便是按照标准的错误信息形式组织记录数据输入关键字（如果出现了标准形式以外的字段值，系统会自动忽略）。

说明：错误类型的更多相关知识，详见后续的对应章节。

4.7　本 章 小 结

本章我们深入理解了 let…in 关键字组的本质等效写法可以用 record 记录替代，然后讨论了条件分支结构的嵌套写法，还衍生出了在 M 函数语言中部署 SWITCH 逻辑的典型写法。在类型判断与约束部分，我们重点强调了 is 与 as 关键字的特性和基本用法。元数据部分可以视为一个分水岭，引入了较为冷门的元数据概念，并进行了函数文档附加信息的范例演示。在定义类型数据和定义错误数据中引入了新的关键字，这两部分分别对应后续即将展开的错误值与类型值的内容。至此，我们再一次地完成了对基础知识框架的拓展，如图 4-26 所示。

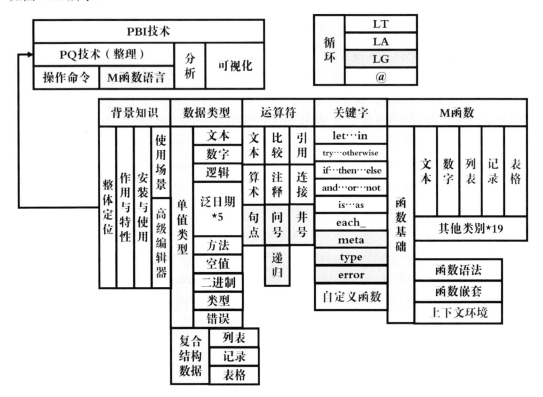

图 4-26　M 函数语言知识框架（深入学习关键字）

下一章，我们的目标将是第三个核心知识板块——数据类型，我们将会对 M 函数语言中极为特殊的一个成员错误值展开学习和讨论。

第 5 章　错　误　数　据

欢迎大家进入新的进阶知识板块"数据类型"，在这个板块中我们会重点对入门分册中遗留的错误 error 类型数据和类型 type 类型数据展开讲解。本章的核心目标是深入了解 Power Query M 函数语言中特殊数据类型错误值的知识。

本章共分为六个部分，其中前两部分讲解在使用 M 函数语言时常见的三类错误及错误提示，提升读者对于错误的整体认识。后四个部分则涉及主动的错误值构建、错误值的触发运行逻辑、错误处理方法和实际应用技巧的相关知识。

本章的主要内容如下：
- 错误的类别。
- 常见的错误提示及其解决办法。
- 多种构建错误的方法。
- 错误值的运行和触发逻辑。
- 使用关键字和函数处理错误值。
- 错误值的利用技巧。

5.1　错误的分类

本节我们首先从整体上了解一下在 M 函数语言使用过程中可能会出现的错误。这些错误可能会出现在高级编辑器中，也可能会出现在数据预览区域中或者表格的某个单元格中。下面我们将会把所有的错误分为三大类，建立一个对错误值分布的整体认知。

5.1.1　语法错误

第一类错误也是最直接的错误便是编码语法错误。对于这种错误，所有 M 函数语言的使用者都会遇到。它是一种常见的错误，产生原因是代码没有满足最基本的语法规范，这种错误代码在运行后便会产生 Expression.SyntaxError 的错误值。这类错误可以被高级编辑器的语法检测器检测出来，因此在编写代码时通过查验可以比较轻松地规避，几种比较典型的错误如图 5-1 所示。

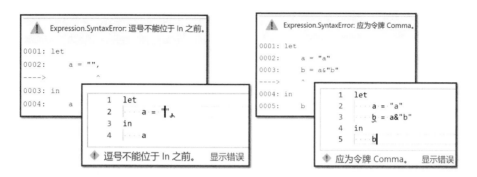

图 5-1　语法错误演示

5.1.2　单值错误

第二类错误为单值错误，即系统会返回 Error 的错误值提示，但该错误值的作用范围被限制在了一个表格的某些单元格、列表的某个元素或记录的某个字段值中。整体代码的执行不受影响，是正常运行的，只是存在部分的瑕疵错误值（如果不影响核心代码，甚至可以忽略不处理），如图 5-2 所示。

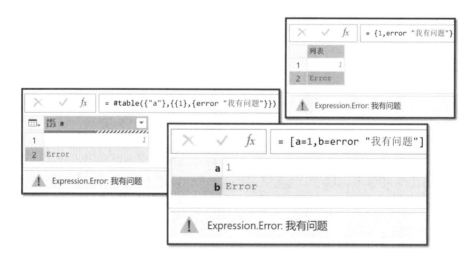

图 5-2　单值错误演示

5.1.3　阻断错误

第三类错误称为"阻断错误"。这种错误代表一类会将代码整体运行过程阻断的严重错误，是必须要清除才能使代码正常运行的错误。例如，基础的语法错误如果不进行清除就直接运行代码所产生的 Expression.SyntaxError，便可以视为阻断错误。其他阻断错误的范例，如图 5-3 所示。

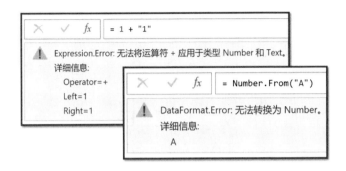

图 5-3　阻断错误演示

说明：事实上三类错误本身都是错误，M 函数语言并不会对不同类别的错误区别对待。造成差异的原因主要在于错误值出现的环境不同，这一点后续会进一步说明。

5.2　常见错误提示

初步了解了错误类别后，本节我们将进一步观察系统所给出的错误提示，了解常见的错误提示种类、错误原因和解决办法。因为在实操过程中，意外产生了错误值是我们编码过程中的必经之路。学会阅读错误信息并快速地定位问题源头和解决问题，是 PQM 函数语言进阶使用者需要掌握的重要技能。

5.2.1　语法错误

最基本的错误类型便是语法错误，如果在错误提示中显示的错误名称类型为 Expression.SyntaxError，那么可以在高级编辑器中依据语法检查器提供的错误位置检查语法问题，通常可以快速清除错误。常见的语法问题有：步骤间逗号使用错误、末尾步骤后的冗余逗号、括号不匹配和关键字冗余等，如图 5-4 所示。

5.2.2　名称错误

任何变量名拼写错误或函数名称拼写错误都会提示"无法识别名称"，如图 5-5 所示。此时注意查看该名称的出现位置，重点检查拼写是否有误，可快速清除错误（多数情况下是意外拼写错误引起的）。

第 2 篇　语法进阶

📖**技巧**：变量命名可以采用全英文，尽可能减少使用特殊字符及与系统内置的关键字重合的字符。可以使用驼峰命名法进行多词命名以减少冲突。在引用变量时，如果变量名较为复杂，可以使用语法提示器辅助输入，确保名称正确。在完成输入后，可以对与选中变量名相同的变量全部高亮显示来检查输入是否正确。

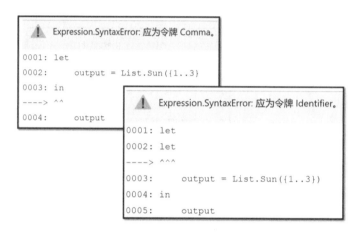

图 5-4　语法错误 SyntaxError 范例

图 5-5　名称错误范例

5.2.3　类型错误

类型错误可以说是我们学习 M 函数语言遇到的首类错误值，如最经典的数字 1 与文本 1 求和问题。这种类型的错误也是在日常实操中高频出现的一种错误。类型不匹配不只出现在运算符中，在函数参数中也会出现类型不匹配，范例如图 5-6 所示。

如果在错误提示中出现"无法将类型 A 转化为/应用于类型 B"的相关字样，那么可以确定是在代码中产生了数据类型不匹配问题。此时可以根据错误值详细信息中的"运算符"及"值和类型"相关信息实现问题的定位。

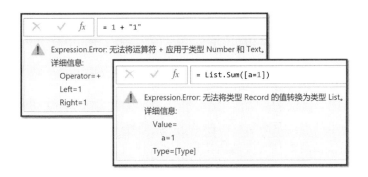

图 5-6 类型错误范例

5.2.4 信息缺失错误

当我们尝试从一个复合结构数据容器中抓取不存在的数据时（动态数据可能存在特殊情况无法抓取到结果的情况），便会遇到信息缺失错误。例如，从记录中抓取不存在的字段值，从表格中抓取不存在的列数据等。错误提示范例如图 5-7 所示。

图 5-7 信息缺失错误范例

> **技巧**：可以使用问号运算符或错误处理关键字有效防止此类问题的出现。

5.2.5 参数数量不匹配错误

函数参数数量不匹配问题是在使用复杂函数时会遇到的典型问题。当高级函数要求的参数较多且部分参数可选时，可能会出现部分参数遗漏或重复，导致函数参数不在合理范围，提示错误如图 5-8 所示。

图 5-8 函数参数数量不匹配错误

5.2.6 使用错误提示的建议

除了前面所列的一些高频常见错误提示外，在 M 函数语言中还存在非常多种类不同的错误场景，如省略号构成的未部署错误、隐私等级防火墙错误和无限迭代内存溢出错误等，无法一一在这里列出。无论面对何种错误，我们也可以通过错误提示文本来了解这个错误，尝试定位错误出现的位置并解决错误。这种错误的定位和处理能力会随着 M 函数代码编写经验的提高而提高。

5.3 主动构建错误的方法

在 M 函数语言的日常使用甚至是普通的 PQ 操作命令使用过程中，我们都见过编辑器提示的错误。对于这种在运行过程中因为逻辑漏洞或运算违规所产生的错误，我们一般称为"被动错误"，它们不是我们为了实现某些特殊效果而主动构建的错误值。

与"被动错误"对应的是"主动错误"，它是我们利用关键字、运算符或者配套的函数主动在需要时创建的错误。利用主动构建错误的技巧可以实现常规写法难以达成的逻辑。这种利用错误值的思路属于 M 函数语言的高级应用方法。本节我们将介绍在 PQM 中主动创建错误值的若干种方法。

5.3.1 利用类型转换构建错误

第一种方法名为"利用类型转换构建错误"，这是经常使用的一种方法。在入门分册讲解关键词使用的案例中我们曾多次应用这种方法，其核心逻辑便是批量对数据执行数据类型转换运算，利用不同数据的类型转换特性来区分目标值与非目标值。例如，提取数字文本混合数据中末位数字时，可以采用如图 5-9 所示的代码来实现。

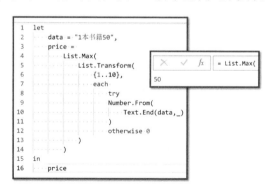

图 5-9　利用类型转换构建错误

📄说明：这种方法在入门分册中已重点强调过，在此仅进行复习，不再展开介绍。

5.3.2 利用省略号构建错误

第二种构建错误值的方法在 2.1.3 小节中已经简单说过，并且在演示范例中使用过一次。虽然"省略号"运算符的本意是临时指定暂未部署的代码结构，但是其一旦被执行便会返回"未指定错误"，因此常用于快速获取错误值，读者知悉即可。

5.3.3 利用关键字构建自定义错误

最后一种主动构建错误的方法是利用错误值关键字 error 自定义构建所需的错误值。这种方法是最直接和简单的创建错误值的方法，但相较前两种方法而言更为烦琐。该关键字的基础使用在第 4 章中已经进行了讲解，本节重点补充一些使用细节，加深读者的理解。

1. 定义和触发错误的区别

在正式进行细节补充之前，需要先区分两个概念，即定义错误信息和触发错误。在使用 error 关键字时，我们会认为关键字和后面的信息是一个整体，它们共同完成了错误值构建的任务。这种理解没有问题，我们之前就是这么看待这个过程的。

如果更加仔细地审视这个过程，给出更严谨的理解的话，我们会更偏向于将编写错误明细记录的部分视为定义错误信息，而将 error 关键字视为是触发错误。例如，想要定义错误信息，一方面可以手动直接构造包含 Reason、Message 和 Detail 三个字段的记录，也可以借助错误信息构造函数 Error.Record 来完成（错误信息是单纯的记录数据），在获得错误信息后直接使用 error 关键字触发错误信息，然后使用即可，如图 5-10 所示。

📄说明：Error.Record 函数只是一个定义错误信息的快捷方式，相较于手动构建会方便很多，实际应用中推荐使用，其三个参数分别对应原因、信息和细节，无须输入字段名。

图 5-10 定义和触发错误的区别

2. 错误信息冗余和缺失

标准错误信息要求为原因、信息和细节三个字段，在定义错误信息时如果有冗余和缺失，那么都会影响最终错误提示的效果。如果有冗余字段，则系统会自动忽略；如果有字段缺失则系统会不显示缺失部分。上述特殊情况的错误定义如图 5-11 所示。

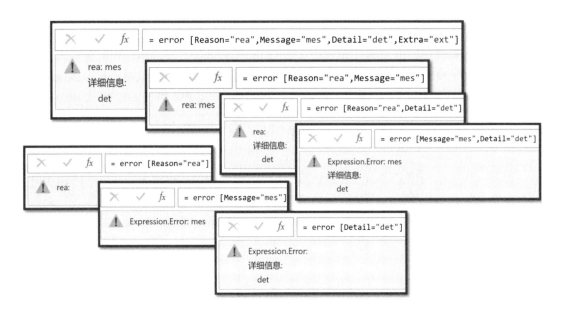

图 5-11　错误信息冗余和缺失

在部分错误信息字段缺失的情况下，系统会自动选择不显示该部分信息。唯一的例外是 Reason 字段，在缺失时会自动以 Expression.Error 替代，这也是系统生成常规错误时的默认原因。

3．纯文本构建错误

最后一种构建错误值会遇到的特殊情况是使用"纯文本"构建错误信息。这种情况系统也是会接受的，默认的文本会被视为 Message 字段在错误提示中显示，是一种简单构建错误值的方式，读者知悉即可。构建演示如图 5-12 所示。

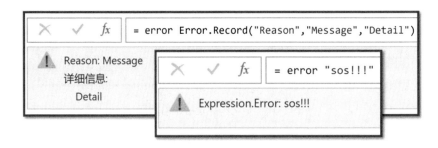

图 5-12　纯文本构建错误

5.4 错误值的运行逻辑

本节我们将深入理解错误值的运行逻辑,介绍错误生效时间节点、错误包裹现象等内容,帮助读者更好地理解错误值在 PQM 中的特殊表现。

5.4.1 瞬间触发停止运行代码

第一点需要强调的是错误值的瞬间触发特性:在代码生成错误值的一瞬间,系统便会终止后续代码的运行,直接返回错误值。下面我们以错误值替换为范例进行详细说明。

1. 瞬间触发范例演示

首先假设拥有一张表格数据,其中某列包含若干错误值,现在要求利用 M 函数语言将该列的错误值都转换为空值 null,请问应该如何实现?原始数据与解答如图 5-13 所示。

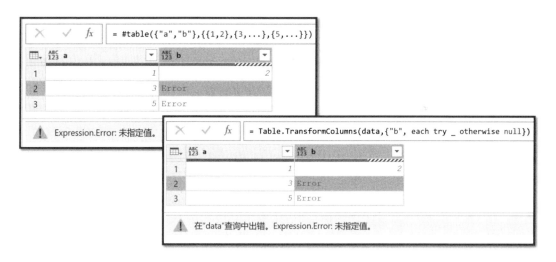

图 5-13　瞬间触发停止运行代码 1

以上为错误解答方法,奇怪的是图 5-13 中的代码是完全符合逻辑的。由于要对数据表 b 字段列中的错误值进行替换,因此使用 Table.TransformColumns(简称 TTC)函数指定 b 列依次循环提取,每次提取后对值执行 try…otherwise 错误屏蔽,如果发现错误则返回空值 null,否则返回原值。代码所提供的处理逻辑是完全没有问题的,那么问题出在哪里?如果我们将目标替换值换为普通文本再按上述逻辑进行处理,对比查看可以发现其中的端倪,如图 5-14 所示。

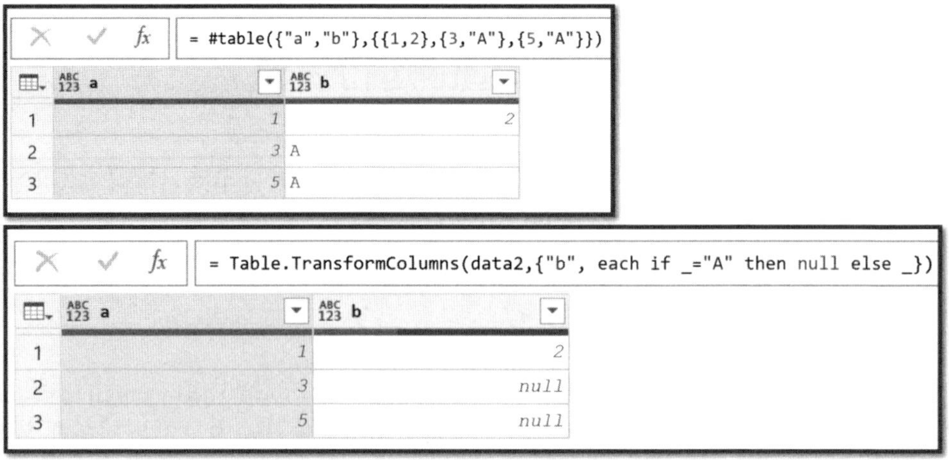

= #table({"a","b"},{{1,2},{3,"A"},{5,"A"}})
= Table.TransformColumns(data2,{"b", each if _="A" then null else _})

图 5-14　瞬间触发停止运行代码 2

可以看到，按照类似的逻辑处理普通文本值的替换是完全可行的。因此对于相同逻辑处理不了错误值替换的核心问题便可以确定问题出现在错误值本身的特性上。这里麦克斯不卖关子，影响替换过程的正是错误值的“即时触发”特性。在利用 TTC 函数循环 b 列得到错误值的那一刻，后续的自定义函数连同 try…otherwise 错误屏蔽部分代码便不再执行，因此直接返回错误值无法完成替换的错误提示。

注意：此处区别于常规使用 try…otherwise 关键字的情况，因为错误是从循环结构中获取的，并非从 try 语句部分运行生成，所以无法正确捕获。

2. 一般的处理办法

在遇到上述问题时，我们可以利用一种名为错误包裹的特性来解决（下一节再展开说明），这里给读者进行一下简单演示，如图 5-15 所示。

= #table({"a","b"},{{1,2},{3,...},{5,...}})
Expression.Error: 未指定值。
= Table.RenameColumns(removeColumn,{"temp","b"})
let
addColumn = Table.AddColumn(data,"temp",each try [b] otherwise null),
removeColumn = Table.RemoveColumns(addColumn,"b"),
renameColumn = Table.RenameColumns(removeColumn,{"temp","b"})
in
renameColumn

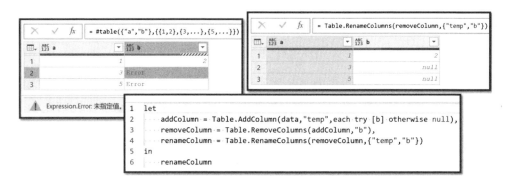

图 5-15　一般的处理办法

我们首先添加了临时列 temp，在其中实现了对原始列数据的替换；然后删除原来包括错误值的列数据；最后将临时列 temp 重新命名为 b 列，完成任务。这个时候可能读者有一个疑问，为什么此前使用 Table.AddColumn（简称 TAC）函数直接返回错误值而无法运行，但在这里使用 Table.AddColumn 函数则可以正常执行，这跟函数有关系吗？

答案是有一定的相关程度，但本质不在于函数，而在于抓取数据的时机。在 TTC 函数中，因为指定 b 列为转换列，对其中的值逐行循环，因此遇到错误值时是独立的错误值（并未被数据容器包裹），因而直接报错、不继续执行后续的自定义函数，自然无法被 try…otherwise 关键字捕获到。而在 TAC 函数中，循环结构发生了变化，每次行循环抓取的是当前行的完整记录信息。注意！此处是完整的行记录 record，即便有错误值也会包含在该记录内。因此系统并不会报错，会正常执行 TAC 函数的第三参数。而错误值的释放是在 try 关键字内部，可以被成功捕获并完成替换。

> 说明：这种处理方式其实并不优雅，反而非常烦琐，拥有大量的冗余运算。最合理的解决办法是使用"错误值"相关函数，如表格错误替换函数等。关于错误值的处理函数会在下一节中展开讲解。

5.4.2 错误包裹及其意义

1. 什么是错误包裹

第二点需要强调的错误运行特性是错误包裹性质。这个性质在前面我们已经利用其完成了一个错误替换问题。在这个解决办法中，使用 TAC 函数以记录 record 形式逐行扫描的过程便运用了错误包裹性质、错误值被包裹在 record 记录内部，不影响外部程序的执行。简单说就是"当错误单值被存储在数据容器中时，系统不会认为该容器是错误值"，示例演示如图 5-16 所示。

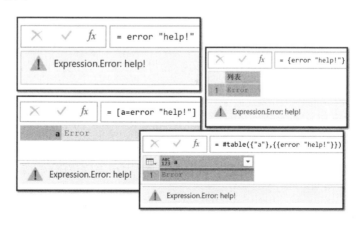

图 5-16　错误包裹现象

可以看到错误值和文本、数字、逻辑等值性质类似，属于单值类型。如果将错误值直接作为返回值，则会引发系统的阻断错误，代码将终止运行。但在错误值被列表、记录和表格这些数据容器包裹后，系统便不再视其返回值为错误值，这就是错误包裹特性。

> **注意**：错误值只是被包裹不再显露出来，并非是错误值直接失效。如果逆向抓取数据容器中的值，则包裹将会被清除，错误会再次暴露，从而中断代码的运行。

2．错误包裹的意义

如果你拥有其他程序语言的使用经验，可能会觉得这种错误包裹特性非常独特。因为在大多数传统的程序语言中，代码任意部分的错误都会自动向外层漫延，直至完全阻断代码的运行（除非不执行）。但 M 语言毕竟是"半包装"的函数式语言，并且在数据整理目标驱动下进行了特殊的设计，因此这种错误包裹特性对于实操很有帮助。

例如，错误包裹可以将代码中的错误限制在某个局部范围内，可以大大提高编码的纠错效率（容易快速锁定出错的小范围代码）。又如，拥有这种特性后我们可以直接将错误值视为一种特殊的单值类型数据进行处理，从而可以实现相关的一些错误值标记数据、处理数据的技巧。

> **说明**：在对错误进行的三种分类中，后两种错误类别的核心区别就在于错误是否被包裹在了数据容器内部，如果直接返回则生成截断错误，如果被包裹则是单值错误。

5.4.3　错误值的影响范围

本节我们再介绍一下错误值的影响范围。实际上，通过前两个小节对即时触发和错误包裹特性的讲解，对于错误值的作用范围读者可能已经清楚了，但这里还是有必要再说明一下，也可以视为简单的复习。这里给出一个更准确的说明：错误值的影响范围是从产生的一瞬间开始向外蔓延直到被数据容器所包裹的这段范围，如果直接返回则会产生错误，从而影响整体代码的执行。但这种简单的文字说明无法囊括所有的场景，因此这里我们以实际数据进行演示，重点关注最后一个场景。

1．错误值产生后立即生效

如图 5-17 所示，最终返回的结果为错误值而非空值。因为 data 数据直接生成了错误值，因此即便将 data 作为参数被输入 myFunction 中进行错误屏蔽也无济于事，错误值会在产生的一瞬间直接生效。

第 5 章　错误数据

```
1  let
2      data = error "help",
3      myFunction = (x) => try x otherwise null,
4      output = myFunction(data)
5  in
6      output
```

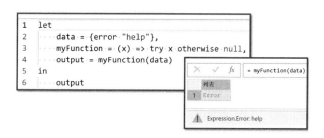

图 5-17　错误值产生后立即生效

2．错误被包裹后不生效

如图 5-18 所示，如果错误值在生成后又由数据容器所包裹，成为组成容器众多数据点的一部分时，则容器并不会因为其内部错误值的存在而带有错误性质。

```
1  let
2      data = {error "help"},
3      myFunction = (x) => try x otherwise null,
4      output = myFunction(data)
5  in
6      output
```

图 5-18　错误被包裹后不生效

3．错误值无法直接利用

如图 5-19 所示，即使错误值被数据容器包裹，也只是在数据容器层面没有错误特性，其内部的错误值依旧存在，只是因为错误包裹特性的存在其错误性质没有外溢。如果对数据容器执行特定的运算，而这些运算需要遍历或使用到内部的错误值，则会返回错误，相当于包裹在数据容器内的错误性质传递到了外部。

```
1  let
2      data = {error "help"},
3      myFunction = (x) => try List.Sum(x) otherwise null,
4      output = myFunction(data)
5  in
6      output
```

图 5-19　错误值无法直接利用 1

需要注意的是，并非所有的函数都会使用数据容器中的每个元素。根据函数不同，可能会使用所有元素、其中的部分元素甚至完全不使用其内部元素，演示范例如图 5-20 所示。只要没有直接运用具体的值，被包裹的错误特性便不会泄露出来。

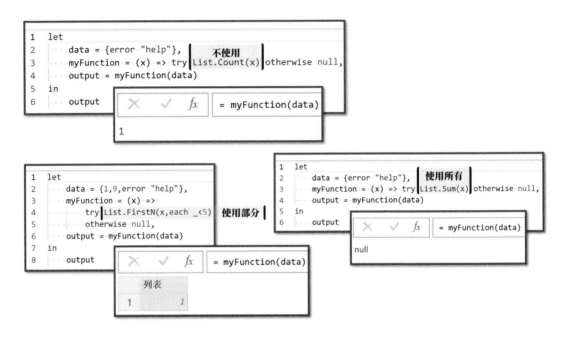

图 5-20　错误值无法直接利用 2

如图 5-20 所示，List.Count 函数的目标仅是确认列表中的元素数量，不会逐个抓取其中的值进行验证，因此不会触发错误情况，直接返回结果 1。而 List.FirstN 函数会根据列表元素从前往后依次执行判断，因为第二个元素 9 已经不再满足要求，因此循环终止，最终也不会触发错误情况。

5.5　错误的处理方法

前面我们学会了对错误进行分类，辨别理解错误提示，主动构建错误的方法和错误值的运行逻辑。本节我们重点关注错误值的处理方法。

5.5.1　try…otherwise 关键字

在 M 函数语言中处理错误值的方法有两类，即关键字和 M 函数，其中的关键字便是 try…otherwise 关键字组。对于这组关键字的两种使用模式，我们在入门分册和进阶实战分册的相关章节已经讲解过了，不再赘述。这里我们只补充一种特殊的使用情况，即错误处理关键字的嵌套使用。

和 let…in 关键字、数据容器等功能一样，错误处理关键字也可以嵌套使用。虽然这种用法并不常见，但是需要知道，演示如图 5-21 所示。

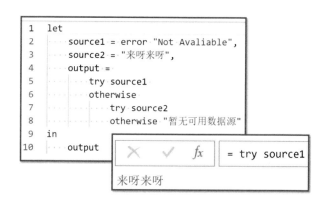

图 5-21 错误处理关键字的嵌套使用

我们假设拥有两个不同的外部数据源，同时随着业务开展，这两个数据源的情况可能会发生变化，如出现其中部分数据源不可用的情况。因此我们使用嵌套错误处理关键字的方法，依次抓取两个数据源中的数据。如果数据源 1 可用，则优先使用源 1；如果数据源 1 不可用，则返回错误值；接着检测源 2 是否可用，如果可用则使用源 2，否则返回"暂无可用数据源"。

5.5.2 错误处理函数

另一类处理错误值的方法便是使用与错误处理相关的 M 函数，除了在前面的演示范例中曾经使用过的用于定义错误信息的 Error.Record 函数外，主要成员为三项表格函数，它们分别为 Table.RemoveRowsWithErrors、Table.SelectRowsWithErrors 和 Table.ReplaceErrorValues。

1. Table.RemoveRowsWithErrors函数

Table.RemoveRowsWithErrors 函数用于移除表格中带有错误值的行数据，使用演示如图 5-22 所示。其中，第一参数用于指定需要移除错误值的目标表格；第二参数可选，如果省略则默认移除表格中所有带有错误值的行数据，否则需要以列表 List 的形式指定目标列字段，只移除指定列中带有错误值的行数据，等效于 PQ 操作命令中的移除错误行功能。

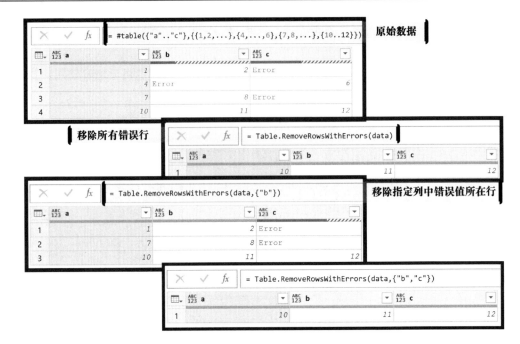

图 5-22　Table.RemoveRowsWithErrors 函数使用演示

2．Table.SelectRowsWithErrors函数

与 Remove 相对应的函数是 Table.SelectRowsWithErrors，它可以保留目标表格中带有错误值的行数据，使用演示如图 5-23 所示。其参数特性与移除错误行类似，等效于 PQ 操作命令中的保留错误行功能。

图 5-23　Table.SelectRowsWithErrors 基础使用演示

3. Table.ReplaceErrorValues函数

最后一项错误处理函数是表格替换错误值函数 Table.ReplaceErrorValues，它可以实现将目标表格中指定列字段的错误值替换为新值的效果，使用演示如图 5-24 所示。该函数对应操作命令中的替换错误功能。

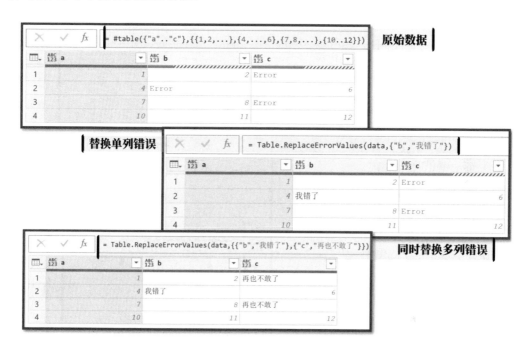

图 5-24　Table.ReplaceErrorValues 使用演示

其中，第一参数用于指定目标需要替换错误值的表格，第二参数要求是列表形式，如果仅指定替换某一个列中的错误值，则以列表形式提供参数，并指定该列表的第一元素为列名称，第二元素为目标要替换为的值。如果需要指定多列且替换为不同的值，那么需要按照替换单列错误值的格式在列表列数据中输入第二参数。

5.6　错误的运用技巧

在本章的最后，我们将基于前面所讲的与错误值相关的知识举一些在实操中可以利用错误值进行数据处理的范例，学习错误值的使用技巧。特别说明：以下范例在不同场景下不一定为最优解，仅供参考。

5.6.1 主动构造错误移除非目标数据

如图 5-25 所示，原始数据为单列混合文本，其中包含每组数据的抬头，同时也包含每组所记录的数据本身，各组之间没有明确的分隔符。现在要求使用 M 函数清除各组表头，并直接返回纯数字数据表。

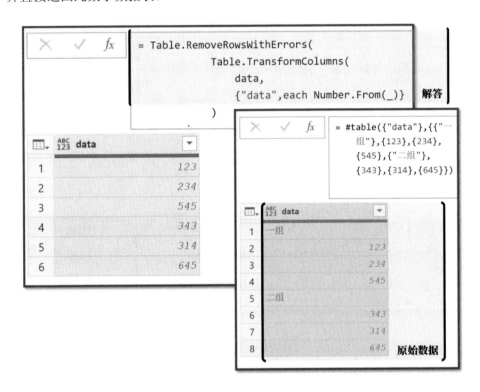

图 5-25　主动构造错误移除非目标数据

解答方法如图 5-25 上部分所示。常规的解答思路是利用表格筛选函数设定数字为条件后仅保留包含数字的行数据。但在图 5-25 中则巧妙利用了列数据转换为数字类型时所产生的错误值，并直接移除包含错误值的行完成了任务。

这种技巧是根据数据特征主动构建错误，并利用错误值的相关特性和函数快速完成非目标数据的移除及目标数据的保留。这种技巧常用于操作命令的案例中，因为简单的操作难以精确地指定条件，利用数据转换和移除错误则可以轻松完成。

5.6.2　错误信息的运用

在前面演示 try…otherwise 关键字组的嵌套使用时曾提供过一个读取多数据源的场

景。在这里我们再次使用这个场景说明如何利用错误信息，执行更加精细化的逻辑判断，代码与结果如图 5-26 所示。

图 5-26　错误信息的运用

假设有两个数据源，数据源的状态根据业务情况每个时间段有所差别。现在要求实现的逻辑是优先获取数据源 1 提供的数据。如果数据源 1 暂时无法提供数据而返回错误，则需要检查错误原因。只有当数据源 1 无法提供数据的原因为硬件损坏这种意外状况时，才从数据源 2 提取信息，否则返回数据源 1 的错误信息。

其实通过上面的逻辑描述就可以观察出来，这种需要对错误内容执行更精细化的判定，同时还需要构建多条件分支逻辑的问题已经不是简单使用 try…otherwise 关键字便可以解决的。因为关键字组无法获得错误的明细信息，并且其逻辑判断也局限于正确返回结果，错误返回备用结果。

因此我们需要使用 try 关键字获取目标的详细错误信息，并根据其中的 HasError 字段来判断是否出现错误，如果没有错误则返回数据源 1，如果出现错误则进一步判断错误的原因是否为硬件损坏。因为使用的是 try 关键字依据信息判定，所以无须拘泥于错误处理关键字组的逻辑，可以使用 if…then…else 关键字自行构建逻辑，如在外层判定是否出错，在内层判定出错原因。

5.7　本章小结

本章是进阶实战分册中讨论的第三个大知识板块。本章我们重点学习了 M 函数语言的错误值相关知识，对它们进行了分类，了解了常见的错误提示及其解决方法，掌握了主动构建错误值的多种方式，错误值的运行原理和特性，最后又学习了错误处理函数的实操技巧。虽然整个学习过程细节颇多，但整体上是按照认识、理解、构建、处理的逻辑进行讲述的，上下文连接较为紧密，还是比较好理解的。错误值的学习，并不像函数，需要记忆的内容并不多，更多的是理解错误值在 M 函数语言中的意义。经过本章的学习，我们的 M 函数语言世界知识框架进一步地得到了扩充，如图 5-27 所示。

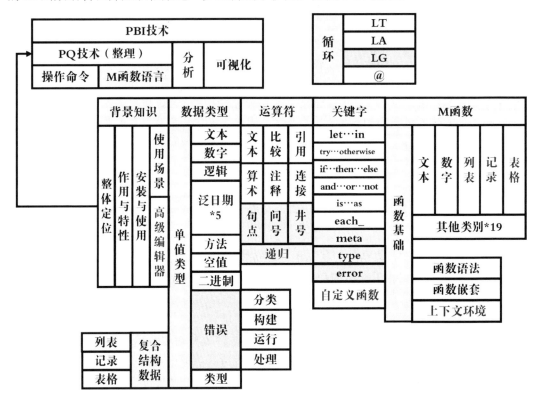

图 5-27　M 函数语言知识框架（错误类型数据）

下一章我们将会对数据类型板块中的第二部分类型数据进行介绍，为读者呈现一个更完整的 M 函数语言数据类型系统。

第 6 章　类　型　数　据

欢迎大家来到"数据类型"知识板块的第二部分。与错误值类似，另一个更令人费解的数据类型便是类型数据 Type，本章我们的核心目标是对 PQM 函数语言中"类型"数据 Type 进行全面的了解，解开读者对类型数据的疑惑，学习组成、构建和处理这类数据的方法。

本章分为 5 个部分，将会按照整体、组成、特殊机制、构建几个不同的角度，逐一对 PQM 原始类型数据组成、装饰类型数据及类型数据的构建展开讲解。

本章的主要内容如下：
- 类型数据概述。
- 原始类型数据的完整组成结构和兼容性关系。
- 构建类型数据和自定义类型数据。
- 装饰类型及其作用。
- 使用部分类型和值函数处理类型数据。

6.1　类　型　概　述

麦克斯在教学的过程中发现大多数学生对于类型数据系统都不熟悉，多数都是学习了一些与类型数据相关的零散知识。因此本节我们将从整体上介绍一下 M 函数语言中的类型数据，了解几种类型数据在实操中特性。

6.1.1　隐形的类型数据

类型数据 Type 的第一个特性是隐形。我们通过入门分册的学习已经知道类型数据 Type 在 Power Query M 函数语言中的种类很丰富，有十几个成员，而且是每个数据都离不开的一种数据类型，但在实操中几乎看不到它们，这是为什么呢？

其实这便是类型数据的隐形特性，因为类型数据的生效完全是由系统自动执行的，不主动去获取类型信息是无法察觉到的（见图 6-1）。就像一场舞台剧，台面上表演的演员必不可少，幕后的导演、场务、灯光和摄影等工作人员也必不可少。因此这样的运行机制便导致类型数据在每个数值中都存在且非常重要，但又不被用户所看到，拥有隐形的特性。

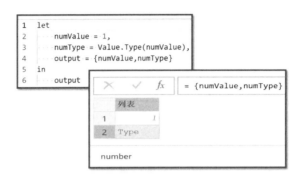

图 6-1 隐形的类型数据

如图 6-1 所示，对于数字 1 而言直接输入即可，在这个过程中是不会察觉到类型数据的存在的。但实际上如果使用 Value.Type 函数主动提取该数据的类型值，便会获得类型信息数据 number。借此我们引入类型数据的第二个特性——所有数据值都有类型。

6.1.2 所有数据值都有类型

在我们日常使用的数据中，无论是文本、数字和逻辑类型数据，还是拥有复合结构的数据容器或特殊的空值、方法，它们都有属于自己的类型数据。在这些实体数据定义的一瞬间，系统便自动为其设定了默认的类型，如图 6-2 所示。

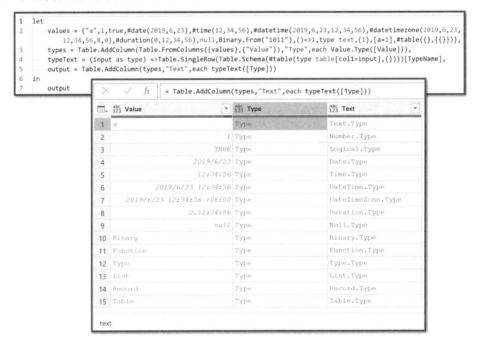

图 6-2 所有数据值都有类型

如图 6-2 所示为 Power Query M 函数语言中的 15 种实体类型数据经过 Value.Type 函数进行类型信息提取后的结果。可以看到，15 种类型均在定义的一瞬间自动同步配置了属于该类的类型数据信息，满足所有数据值都有类型的特性。其中，错误值因其本身的特殊性，专用于中断程序的执行，因此不具有专门的类型，也无法使用函数提取其类型信息。

6.1.3　类型数据也有数据类型

虽然我们在上一节中已经解释了所有的数据值都有其对应的类型的原因，但是要再次强调"类型数据本身也有数据类型，其类型为 Type"。如果注意看图 6-2 中的第 12 行数据结果，便可以看到该现象。如果我们对某个数据连续应用两次 Value.Type 函数，也可以获得类似效果，如图 6-3 所示。

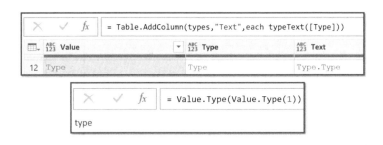

图 6-3　类型数据也有数据类型

6.1.4　如何理解类型数据的存在

就像"类型数据本身也有数据类型"这句话一样，很多人在提到类型数据的时候，总会比较迷惑，很难理解"类型数据"所代表的意义。本节基于前面对类型数据特性的理解，加深对类型数据的认识。

首先是对于数据分类的需求，这个是毋庸置疑的。Power Query M 函数语言技术的设计目标便是用于数据处理和整理，因此对数据执行严格的分类有助于规范化管理和对数据的操控。既然要对数据分类（很多计算机语言都是这么做的），自然便涉及数据类型的概念，如在 Excel 中我们也会区分文本、数字、逻辑值等不同类型的数据。这是很好理解的，到目前为止，这些概念和逻辑都非常符合大多数人对数据的基本认知。

在 M 函数语言中，数据类型管理被进一步强化，除了基础的数据类型外，还将操控数据类型的能力开放给了用户，并设计了配套的功能。注意，这里的核心不是"有没有类型信息"，而是"是否让用户操作"。只要是对数据类型有区分要求的软件或程序语言，必然会记录每种类型的相关信息，只是它们在多数情况下并不会让用户进行操作，在后台运行即可。但在 M 函数语言中，我们可以利用函数获取某个数据的类型信息，也可以主动构建类型模式。为了便于管理和使用，M 函数语言便将这部分记录类型要求的数据信息规范为"类型数据 Type"，作为一种新的数据类型独立存在。

如果我们综合来看这个过程就是区分数据类型，在后台自动为每个值配备属于它的数据类型。不同种类的数据类型信息使用专门的 Type 类型数据进行存储。除了默认已经定义好的类型数据外，还可以自定义类型数据信息，它们统称为类型数据。简单说就是"类型数据 Type 是专门用于记录数据类型信息的一种类型"，如图 6-4 所示。

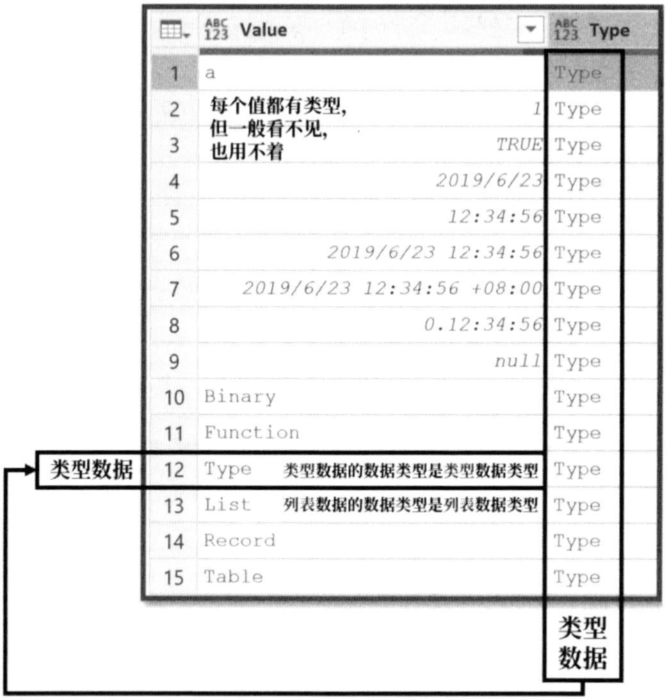

图 6-4　类型概述逻辑示意

其实类型数据和其他数据一样，本质上都是用于记录某类特征的数据信息。比较容易理解的是文本、数字、逻辑类型盛装的是一些非常具体的数据信息，特殊的方法 Function 类型盛装的则是数据处理过程的信息，而类型数据则盛装的是某种类型数据要求的信息。

6.2　原　始　类　型

原始类型（Primitive Types）是 M 函数语言类型系统中非常重要的一个概念。到目前为止，我们所见到的类型数据都可以认为是原始类型数据的范畴。除此以外还有一些复杂的隐藏类型及关于类型分类和使用的内容需要介绍一下，本节我们将会对这部分内容展开介绍。

6.2.1 原始类型的组成

首先明确一下什么是原始类型及原始类型数据的组成情况。简单来说，我们可以将原始类型理解为 M 函数语言在设计时就已经为用户准备好的"内置类型"，这些类型不需要用户去定义，可以直接使用，而且几乎涵盖日常使用的所有情况。例如，我们在入门分册中详细介绍的文本、数字、逻辑类型及特殊类型、数据容器等类型都属于原始类型。

> 说明：与原始类型相对应的概念称为"自定义类型"，我们可以使用 type 关键字在某些特定类型下细化出更符合实际需求的特殊类型。换句话说原始类型之外是自定义类型，自定义类型之外是原始类型。

那么原始数据类型的具体组成是什么样的呢？非常简单，其分为 15 种核心数据类型，如图 6-5 所示，但同时也囊括了一些特殊的抽象类型，如 Any 类型、Anynonnull 类型和 None 类型，还包括一部分我们在后续内容中会讲解的可空 nullable 类型（暂未囊括图 6-5 中，后续会再次回顾）。

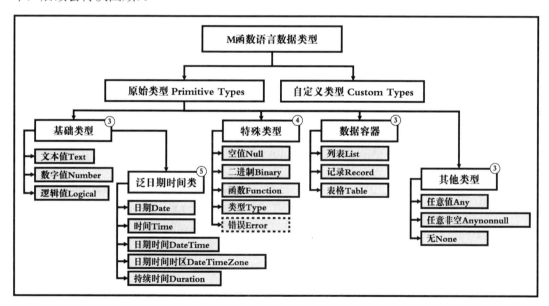

图 6-5 M 函数语言数据类型组成结构

> 说明：错误值的性质特殊，严格意义上没有纳入这里的类型数据 Type 范畴。但它拥有很多数据类型的特征，因此建议当作一种边缘的类型去理解即可。同时如图 6-5 所示

的类型其实并未涵盖所有的原始类型，但核心的部分已经呈现，知悉这一点即可。

6.2.2 Any、Anynonnull 和 None 数据类型

对于原始类型中的其他核心大类数据，我们都比较熟悉了，但是对于 Any、Anynonnull 和 None 这三种数据类型可能比较陌生了，本节我们将对它们进行简单的介绍。

1. 任意值类型

第一种也是最常见的进阶类型 any 是任意类型。它的特性是兼容 M 函数语言中任意的数据类型，任意数据值都可以认为满足 any 类型的约束（任意其他 M 函数中的类型都与 any 类型兼容），可以理解为它是所有数据类型的"大姐大"。虽然可能在实操中未曾与其谋面，但是在很多函数的语法结构中其实都可以看到它，如图 6-6 所示。

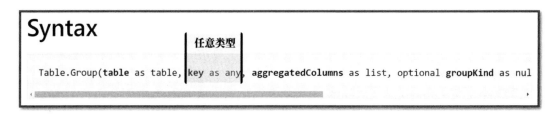

图 6-6　Any 任意类型示范

在函数 Table.Group 的语法结构中，第二参数 key 指定目标用于分组数据的列名称，其指定的类型约定为 any 类型，意思是如果指定单列作为依据则可以直接使用文本（text）类型数据来指定目标列名称，如果是多条件指定，则可以使用列表（list）类型存储多个列名称。因为文本和列表属于两种完全不同的原始类型，因此在此处的类型约束无法直接使用用其他类型完成准确约束，所以使用了 any 类型。

> 说明：在自定义函数中输入参数类型时，即使不严格写出 xx as any，系统默认的输入参数也会是 any 类型，相当于不进行任何约束限制。

2. 任意非空值类型

第二种 anynonnull 类型可以理解为是任意类型 any 的一种派生，它和任意类型的唯一区别是排除了空值 null 的可能性，即它代表的是任意不为空的数据的集合。如果将所有数据类型当作一个水池子，那么这个完整的池子便叫作 any；如果将池子中的 null 部分填充了，那么这个池子便叫作 anynonnull。它们还可以通过以下逻辑相互转换，如图 6-7 所示。

第 6 章 类型数据

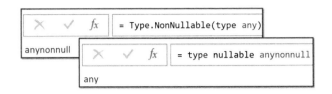

图 6-7 任意非空值类型和任意类型的转换

其中，任意类型在经过函数 Type.NonNullable 的处理后集合缩小，不再兼容空值类型，因此转换为任意非空类型；反之，任意非空类型在利用关键字 nullable 附加容纳空值的特性后填补了唯一的缺陷，转换为任意类型。

3．无值类型

最后一种 none 类型则与 any 任意类型对应，属于另一个极端。any 任意类型是"来者不拒"，什么类型都可以兼容任意类型，但 none 类型则是"滴水不进"，没有任何一种类型可以兼容无值类型，可以理解为它是所有数据类型的"弟中弟"。类似地，我们也可以仿照上述案例对无值类型进行简单运算，将其转化为其他类型，如图 6-8 所示。

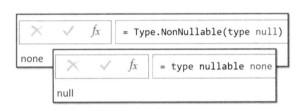

图 6-8 none 无值类型和 null 空值类型的转换

部分读者可能会对 none 这种数据类型产生一点疑问：既然它没办法兼容任何的值类型，甚至它本身代表的意思就是没有任何值，那么它存在的意义是什么呢？其中一种应用场景便是定义不需要返回任何值的函数，如图 6-9 所示。

图 6-9 没有输出的函数

可以看到，图 6-9 中的函数是用于生产错误值的函数，该函数其实没有一种特定类型的返回值，因此在该函数设定时返回参数可以使用 none 类型。

说明：任何 M 函数代码都会返回某种值或因为错误值而截止运行。返回常规值需要某种类型约束，而返回错误值的代码或自定义函数，都可以使用 none 类型。

6.2.3　可空 nullable 性质

1. 为基础类型增加可空性质

我们在学习上述三种全新类型数据的过程中其实见到了一个非常独特的关键字 nullable。虽然在使用时并没有介绍它的作用，但通过前面的几个范例，读者应该了解它可以赋予基础原始类型接受空值 null 的能力。换句话说就是，为原来的类型添加可空的性质。这种能力并不是只对 none 类型和 anynonnull 类型生效，我们可以使用 nullable 对任意原始类型数据进行改造。

如图 6-10 所示为对 M 函数语言中的 18 种原始类型数据添加可空 nullable 特性的结果。可以看到，对于任意原始类型 T 来说，type nullable T 可以为该类型添加可空特性。而对于大多数原始类型来说，增加特性后的类型名称只是在其前方多了一个 nullable 标识。但在一些特殊情况下会直接转变为另一种类型，如原本便包含空值的 null 类型和 any 类型在添加了可空特性添加后不会发生变化；而 anynonnull 类型变为 any 类型；none 类型变为 null 类型。

```
let
    types = List.Transform({type text,type number,type logical,type date,type time, type datetime, type datetimezone, type duration, type null, type binary, type function, type type, type list, type record, type table, type any, type anynonnull, type none},each type nullable (_)),
    typeText = (input as type) =>Table.SingleRow(Table.Schema(#table(type table[col1=input],{})))[TypeName],
    output = Table.AddColumn(Table.FromColumns({types},{"Types"}),"TypeTexts",each typeText([Types]))
in
    output
```

	Types		TypeTexts
1	Type	nullable text	Text.Type
2	Type	nullable number	Number.Type
3	Type	nullable logical	Logical.Type
4	Type	nullable date	Date.Type
5	Type	nullable time	Time.Type
6	Type	nullable datetime	DateTime.Type
7	Type	nullable datetimezone	DateTimeZone.Type
8	Type	nullable duration	Duration.Type
9	Type	null	Null.Type
10	Type	nullable binary	Binary.Type
11	Type	nullable function	Function.Type
12	Type	nullable type	Type.Type
13	Type	nullable list	List.Type
14	Type	nullable record	Record.Type
15	Type	nullable table	Table.Type
16	Type	any	Any.Type
17	Type	any	Any.Type
18	Type	null	Null.Type

图 6-10　为原始类型添加可空 nullable 特性

> **注意**：虽然我们将 nullable 视为一种特殊作用的关键字，但该关键字只在"type 类型上下文环境"中可以被识别和正常使用，常规代码环境无法应用。其中，type 类型上下文是指受到关键字 type 影响的范围（该范围指 type 关键字之后的代码范围）。同时，虽然系统允许连续使用多个 nullable 关键字，但是等效于单个。

2．移除可空性质

除了可以增加可空性质外，在 M 函数语言中可以将包含可空特性类型的可空特性移除，但需要使用函数 Type.NonNullable 来完成，演示效果如图 6-11 所示。

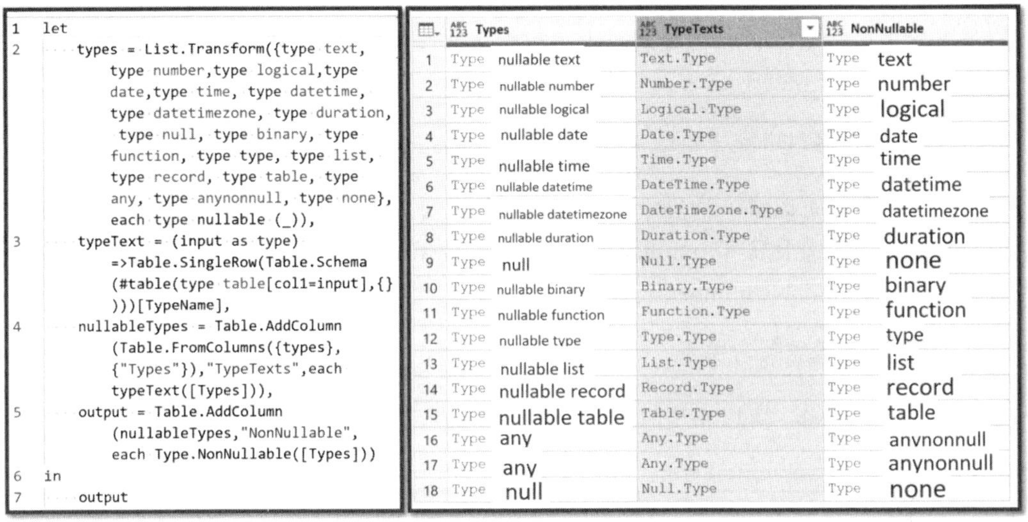

图 6-11　移除可空性质

> **说明**：除了移除可空特性可以使用函数外，还可以使用函数实现 nullable 关键字的效果，该函数名为 Type.Nullable。

6.2.4　类型间的兼容关系

1．兼容性判断回顾

在第 4 章中，我们介绍了类型判定和约束关键字 is⋯as 的实际运算逻辑是判断是否满足数据类型的兼容性要求，而不是进行类型的"全等"判断。当时采用的范例如图 6-12 所示，这里简单复习一下。

```
1  let
2      a = null is nullable number,
3      b = null as nullable number,
4      c = [A=a,B=b]
5  in
6      c
```

= [A=a,B=b]

A　TRUE
B　null

图 6-12　类型兼容性判断

可以看到，虽然使用了 is 进行判断，但是实际结果依然返回逻辑真值 true。因为其实现的逻辑含义是"空值 null 类型兼容于可空数字类型"，而并不是"空值 null 类型是可空数字类型"。这一点请读者多多注意。

2．什么是兼容性

简单来说我们可以将一种类型所能容纳的数据种类范围当作它的兼容性能力，例如类型 nullable number 就比类型 number 能够多容纳一种数据值，因此具有更大的兼容性，而我们可以称类型 nullable number 兼容类型 number，类似于集合中的包含关系。

3．原始类型数据兼容关系

按照这样的逻辑，可以将所有原始类型之间的兼容关系归纳如图 6-13 所示。

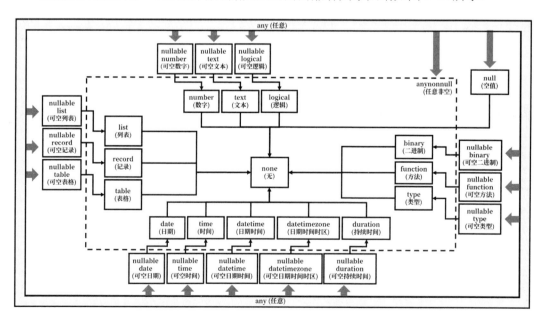

图 6-13　原始类型数据兼容关系

如图 6-13 所示，在 M 函数语言中所有的类型基础是任意类型，它兼容所有类型。其次是中间的常规的 15 种类型、任意非空类型及其可空性质类型。所有的可空类型兼容不具备可空性质的类型。最后则是无值类型，所有类型均兼容该类型。

6.2.5 抽象类型与具象类型

我们在前面的小节中介绍了三种全新的原始数据类型，再结合我们在入门分册中曾经学习和使用过的 15 种基础值类型，基本上我们就完整地看到了在 M 函数语言中原始数据类型的面貌了。这个时候我们可以引入一个新的概念——抽象类型和具象类型，来帮助读者深入理解 M 函数语言中的类型系统。

与"原始类型和自定义类型"相似，抽象类型和具象类型也是对数据类型进行划分的一种方法，只是采取的角度发生了变化。例如前面学习的三种类型数据 any、anynonnull 和 none 便可以划入抽象类型的范围。因为"你不会找到任何一个值，当它被定义时会被定义成上述三种类型中的任何一种"。其实这是对于抽象类型的定义，这里我们又重复了一遍。上述三种数据类型都用于描述多种具象类型的集合或空无一物的特殊类型，它们都是概念性的类型，没有任何一个值可以称为任意类型、任意非空类型和无值类型。读者从这个方面简单对比一下普通的数字、文本和逻辑值类型，便可以比较轻松地接受这两个概念。例如数字 1 被认为是 number 数字类型，虽然数字兼容于任意类型，但是你永远无法称某个具体的数据（如"数字 1"）为任意类型。

与之类似，我们还可以举一反三得到带有 nullable 可空性质的类型也是抽象类型的结论。例如，当一个数字被确定时，它便是 number 类型，如果是空值则自然而然地被定义为 null 类型。一旦数据值完成定义，"可空"就从一种不定的可能性中解放出来，变为确定的状态，因此我们永远无法指定某种数据为一种具有可空性质的类型。

> 说明：第三部分的装饰类型和第四部分的自定义类型目前仍处于"不够成熟"的开发状态，对于实际使用 PQM 数据处理的影响不大，因此可以选择性跳过。感兴趣的读者可以继续阅读，增加对 M 函数语言类型数据更深层次的理解。

6.3 类型装饰

在上一节内容中学习了对数据整理有重大影响的"原始类型"数据。不知道读者在日常使用 PQ 整理数据时是否注意到一个细节，那便是在 Power Query 编辑器中似乎允许出现其他的类型，而这些类型其实并没有囊括在原始类型中。例如，在使用 PQ 编辑器对表格列字段数据类型进行调整时，我们除了可以将其设置为文本、逻辑等常规的类型外，还可以设置为小数、整数和货币等特殊的类型（它们并不属于原始类型），如图 6-14 所示。

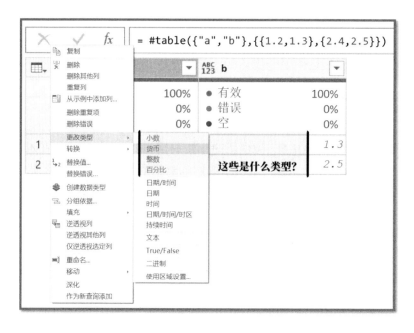

图 6-14 原始类型中的"漏网之鱼"

这是怎么回事？难道 PQM 类型系统框架存在疏漏吗？其实并不然。上面所提到的小数、整数、货币及百分比等类型依旧是数字类型，并没有脱离原始的数据类型。但是它们各自有自己的特征，区别于基础的数字类型数据。这便是"装饰类型"在发挥作用，为原始类型声明了附加的特殊要求，但并不改变其类型本质。那么什么是装饰类型？如何分类？装饰类型是如何发挥作用的？下面让我们一起在接下来的内容中寻找答案吧。

6.3.1 什么是类型装饰

1. 类型装饰的基本理解

首先需要回答的第一个问题是什么是类型装饰？

类型装饰从其名称中不容易理解其含义。它的英文为 Facets，原意为"方面、宝石的刻面、昆虫眼睛上众多的独立平面"。放到 PQM 的应用场景中可以理解为：类型装饰是对原始类型数据进行的信息装饰，就像为某个建筑物添加了更为精致的装饰。它实现的是为普通的原始类型数据添加更精细的分类信息。例如，在数字 number 中，可以使用类型装饰区分百分比形式的数字、货币形式的数字，还有整数和小数等。就像同一个人，穿上不同的制服作为"装饰"后，身份也随之发生了变化。

这种装饰本身是纯粹的信息标识，为原数据增添附加信息，如声明百分比格式、整数和货币格式等，不会影响数据原本的"类型"。换言之，装饰类型的加入并不会影响我们对于不同类型数据的使用（类型不发生变化），该怎么计算还是怎么计算。

如图 6-15 所示，我们将原始数据表中的 a 字段类型转化为整数类型。虽然类型转化发生了作用，但是原始类型依旧没有改变，还是数字类型。因此可以继续执行 a/b 两个字段求和的运算。

> **说明**：看到这里，部分读者可能会疑惑，不是说类型装饰是进行信息附加，不会影响原始数据的类型，更不会影响数据本身吗？为什么在上面转换类型的过程中，小数部分的信息依旧被取整截断，从而影响了数据本身呢？要回答这个问题，需要了解更多关于类型装饰的基本知识，暂且先留一个"坑"，我们在后面再"填上"。

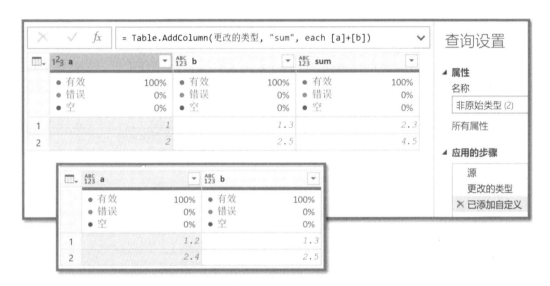

图 6-15 装饰类型的基础理解

2．装饰类型的应用场景

关于装饰类型我们需要回答的第二个问题是它在什么场景中发挥作用？

其实早在使用 Power Query 操作命令整理数据的过程中我们便可以发现，PQ 技术的设计目标是对数据进行整理和调整，对于数据所要求的格式并没有做过多的强调，甚至格式设置功能也没有。要完成类似的功能需要手动设置，例如保留 N 位小数，需要利用函数 Number.Round 来完成，或者将数据导出后在外部的环境中再进行格式设置。因为在数据整理的过程中，不需要过分关心数据的格式问题。数字就是数字，文本就是文本，不需要细致地区分是 64 位整数还是百分比形式。

在 PQ 内部不需要关心数据的格式问题，并不代表所有时候都不需要关心。在处理完数据后，当需要将数据导出到外部数据源时，对于数据格式的要求可以提供一部分额外的信息，便于后续使用者进行统计和分析。而外部数据源的输入可能也附带了这部分信息需要 PQ 识别出来，因此通过类型装饰可以提供关于这部分更为详尽的信息，从而解决问题，满足内环境与外环境的对接。

如果我们回过头再来看看 Power Query 编辑器中所有的操作命令，会发现具有类似格式约束的功能便是类型转换，如前面看到的小数、整数、货币和百分比等。而我们使用这些功能的场景一般是外部数据刚进入 PQ 编辑器，以及整理完数据准备输出到外部的时候，而这些类型转换功能实现的理论基础便是类型装饰。

6.3.2 内置装饰类型

1. 装饰类型

类型装饰是对类型数据的信息补充，并没有很大的实用性。PQM 开发团队在原始类型的基础上拓展设计出了装饰类型供用户使用，如表 6-1 所示。

表 6-1 PQM中的装饰类型（部分）

序号	原始类型	对应的装饰类型
1	type text	Text.Type
2		Character.Type
3		Guid.Type
4		Uri.Type
5		Password.Type
6	type number	Number.Type
7		Byte.Type
8		Int8.Type
9		Int16.Type
10		Int32.Type
11		Int64.Type
12		Single.Type
13		Double.Type
14		Decimal.Type
15		Currency.Type
16		Percentage.Type
17	type logical	Logical.Type
18	type date	Date.Type
19	type time	Time.Type
20	type datetime	DateTime.Type

续表

序号	原始类型	对应的装饰类型
21	type datetimezone	DateTimeZone.Type
22	type duration	Duration.Type
23	type null	Null.Type
24	type binary	Binary.Type
25	type function	Function.Type
26		IdentityProvider.Type
27	type type	Type.Type
28	type list	List.Type
29	type record	Record.Type
30		AccessControlEntry.Type
31		AccessControlEntry.ConditionContextType
32		Identity.Type
33	type table	Table.Type
34	type any	Any.Type
35	type anynonnull	Any.Type
36	type none	None.Type
……	……	……

可以看到所有的原始类型数据均有与其对应的装饰类型，同时，因为类型装饰的产生，可以对原始类型数据附加不同的补充信息，因此形成了种类更多的装饰类型，如 Currency.Type 和 Percentage.Type 等。这些装饰类型区别于类型装饰仅作为补充信息，其有一个特点，即装饰类型全部都是真实的类型数据，是可以直接使用的，验证结果如图 6-16 所示。

因此我们可以将装饰类型数据视为一种特殊的类型数据，等效理解便是类型数据基础+类型装饰 = 装饰类型。相较于普通类型数据，装饰类型附加了对于数据的描述信息，具体使用后面会介绍。

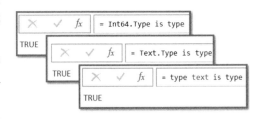

图 6-16　装饰类型也是类型数据

2. 常用的内置装饰类型

装饰类型和普通的原始类型一样，也可以直接应用于 M 代码中，实现数据类型的转换，但前提是我们要知道装饰类型的名称。下面给出 PQM 当中常见的内置装饰类型及使用范例，如表 6-2 所示。

表 6-2　PQM的常见内置装饰类型

序　号	名　　称	代　码	说　　明
1	8位整数	Int8.Type	小范围整数
2	16位整数	Int16.Type	中范围整数
3	32位整数	Int32.Type	大范围整数
4	64位整数	Int64.Type	超大范围整数
5	单精度浮点数	Single.Type	4字节32位，单精度
6	双精度浮点数	Double.Type	8字节64位，双精度
7	高精度浮点数	Decimal.Type	16字节128位，高精度
8	货币	Currency.Type	默认保留两位小数，高精度
9	百分比	Percentage.Type	使用百分比呈现数据，双精度
……	……	……	……

3．整数装饰类型

通过表 6-2 可以看出，PQM 最常使用的装饰类型主要集中于数字（number）类型下，其中又可以再分为整数和小数部分。整数部分比较简单，共有 4 类，均以关键字 Int 开头，可以装载不同范围的整数（装饰所增加的特性是限定范围的同时限定数值为整数）。

使用表格列类型转换命令，将表格列数据转化为整数时预设的默认装饰类型为"Int64.Type"，允许数字范围为－9,223,372,036,854,775,807 (–2^63+1)到 9,223,372,036,854,775,806 (2^63–2)，如图 6-17 所示。

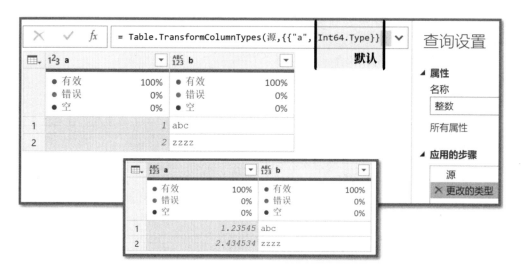

图 6-17　转换列数据为整数类型演示

说明：整数默认为所有整数装饰类型中最大的范围，可以满足绝大多数需求，因此一般不会主动调整为其他整数装饰类型。在实际情况中如果可以确定目标列数字限定在某个较小的范围，则可以使用 Int32、Int16、Int8 以节约计算机资源，提高运算效率。

在使用范围较小的整数装饰类型的过程中，也需要注意满足不同类型对数字范围的要求。如果将较大的数字转化为小范围类型则会产生错误，如图 6-18 所示。范围匹配问题可以举一反三。

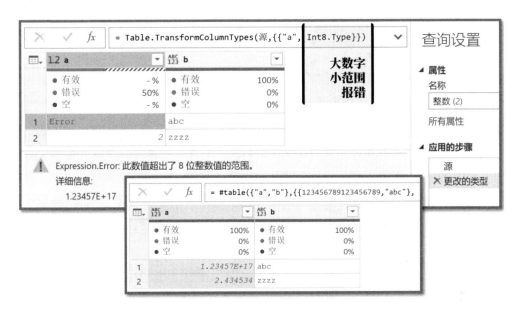

图 6-18　大数字小范围产生的错误

4．小数装饰类型

小数部分的装饰类型种类相对较多。不同类型的特性也不尽相同。这里使用表格列类型转化命令将表格列数据转化为小数，演示如图 6-19 所示。

可以看到，在应用了列字段类型转换为小数功能命令后，在数据显示结果层面上没有发生任何变化，在公式编辑栏中所示的类型为 type number，即普通的数字类型。从这个角度看转换并没有效果，但实际上已经完成了对任意 any 类型的列数据到 64 位的浮点数类型的转换，效果类似于转化为装饰类型 Double.Type。

64 位的浮点类型是一种日常使用最频繁的数字类型，它既可以容纳整数，也可以容纳小数。它可以容纳的数据范围是-1.79E+308 到-2.23E-308、"0 值"和"正数 2.23E-308 到 1.79E+308"（理论上无限接近 0 值时会存在一小段无法表达的数值范围，但不影响使用），拥有最大 16 位的有效数字位数。这些特性，使其成了 PQM 默认的数字存储类型。

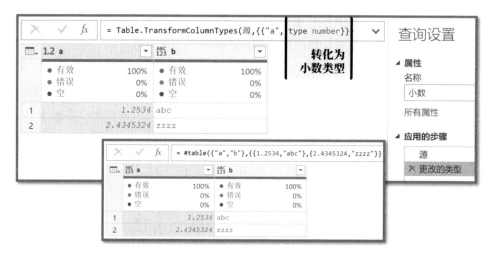

图 6-19 转换列数据为小数类型演示

> 注意：虽然浮点数可以表示其合法范围内的任意数字，但是使用二进制无法精准地表现范围内的所有数字，可能会出现少许误差。如果在实操中这个误差影响使用，则建议将列数据类型切换为 Decimal.Type 或 Currency.Type。

如果你对数据的精度和大小范围都要求不高，则可以切换为 Single.Type 类型以换取更高的运行效率；反之如果要求更高的精度则可以使用 Decimal.Type 类型进行强化，使用演示如图 6-20 所示。

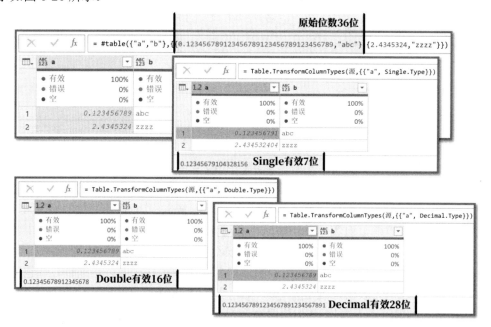

图 6-20 不同精度的小数装饰类型

可以看出不同装饰类型所允许的数据范围和精度有所不同，而且差异巨大。其中，Single 精度最低，占用资源最少，Double 居中，Decimal 精度最高。实际使用时采取默认即可，当精度运算效率不高时可以进行主动调整。

> **注意**：可能读者也注意到了图 6-19 中的两个特别现象：第一，在转化之后 Single 类型保留了不止 7 位数，但要注意可信的位数只有 7 位有效数字；第二，在图 6-20 中 Double 的转换范例看上去满足了 17 位有效数字，但实际最后一位依旧是不可信的。反面示例如图 6-21 所示。

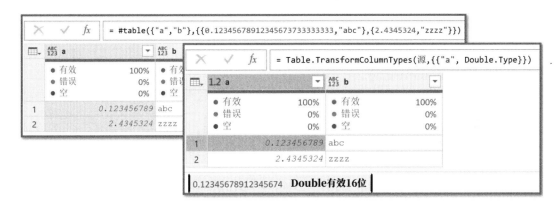

图 6-21　Double.Type 有效位数确认

5. 特殊的小数装饰类型

最后的两类货币和百分比同样属于小数装饰类型，但它们附加有特殊的特性，因此单独进行讲解。百分比可以理解为 Decimal 装饰类型的一种特别格式，以百分比来表示原数据，其他特性与 Decimal.Type 相似，同样拥有 28 位有效数字，使用演示如图 6-22 所示。

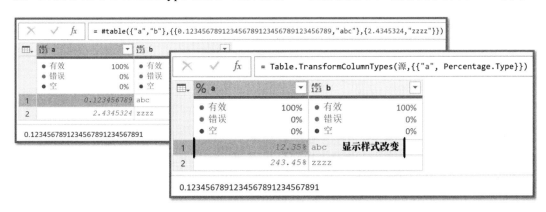

图 6-22　百分比装饰类型 Percentage.Type

货币装饰类型则更为特殊,有很多专属的特性:第一,要求小数点后最多保留4位有效数字;第二,最大可以保留19位有效数字(整数15位,小数4位);第三,允许的数字范围为-922,337,203,685,477.5808~922,337,203,685,477.5807;第四,由于其不存在精度损失,所以适用于精确计算。货币装饰类型的使用演示如图6-23所示。

图6-23 货币装饰类型 Currency.Type

可以看到货币装饰类型对数据的约束能力符合上述四大特征要求。值得注意的是,在数据区域其默认保持两位小数,通过单击数据查看明细可以看到完整的四位小数(若有)。如果超出了货币装饰类型可接受的数字范围,则系统会自动返回错误值,如图6-24所示。

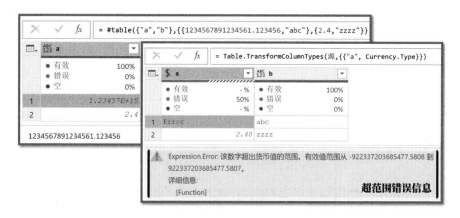

图6-24 货币装饰类型的超范围错误信息

6.3.3 类型装饰只进行信息标识

通过上一节对于系统内置装饰类型的学习，我们已经基本理解了"类型装饰只进行信息标识"这句话了。在这里我们再一次重点强调这句话的含义：类型装饰只是给基础的原始类型提供附加信息，这部分信息可能包括格式约束、数字范围约束等。但无论如何"装饰"都只是信息上的变化，不会对实际数据产生影响。

1. 类型转换的本质运行逻辑

在明确了类型装饰的含义之后，之前遗留的问题便再一次浮出水面：为什么在使用表格数据列类型转换命令时，可以借助于装饰类型对实际数据产生影响？这与"只做信息标识"的解释是否矛盾？

在这里我们先给出结论：不矛盾，但需要详细解释上述类型转换的运行过程。在前面的范例中，转换类型功能调用了函数 Table.TransformColumnTypes，并提供表格、指定的列字段名称和目标需要转换的类型即可实现对表格列的类型切换。而这个过程中我们使用"装饰类型"实现了更为细致的类型调整。

我们可以将这个过程分为两个阶段，第一个阶段是获取原始数表，然后对指定的列数据执行逐行的循环，第二阶段则是根据指定的类型展开对输入数据的转换。问题就出现在第二阶段中，PQM 编辑器实际是使用.From 类的函数完成类别转换，而并非根据装饰类型直接实现转换。例如，转换为数字使用的是 Number.From 函数、转换为整数使用的是 Int64.From 函数、转换为百分比使用的是 Percentage.From 函数，而转换为货币使用的是 Currency.From 函数。因此真正发挥数据转化作用，影响数据实体的其实是这些类型转换函数，而装饰类型的作用仅是提供信息，告诉系统转换的方向而已。请注意这个特点。

无论是类型装饰还是装饰类型，其本质都是一种纯粹信息层面的补充，不会对实体数据产生任何影响，即只进行信息标识和声明。

> **说明**：虽然名称非常相似，但是一定要注意装饰类型和其对应的类型转换函数是完全不同的。对于我们常见的这些装饰类型，一般都有对应的类型转换函数，具体可以通过 PQM 官方文档以关键字 From 进行查询，如图 6-25 所示。

2. 声明和转换的差异

理解了"类型装饰只进行信息标识"的含义后，麦克斯在这里考考大家（顺便从另一个角度加深理解）。如图 6-26 所示，以下代码是否会返回错误？其中，Value.ReplaceType 函数用于替换值的数据类型，其基本信息见表 6-3。

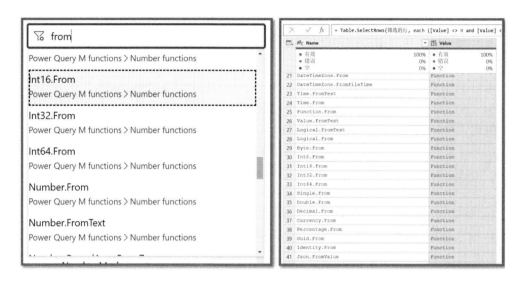

图 6-25　类型转换函数搜索

图 6-26　概念思考题 1

表 6-3　Value.ReplaceType函数的基本信息

名　称	Value.ReplaceType
作　用	替换数据值的数据类型
语　法	Value.ReplaceType(value as any, type as type) as any　第一参数value用于设定目标需要修改类型的值数据；第二参数type输入目标需要修改的类型即可；输出为任意型，根据参数决定
注意事项	注意区分该函数与Type.ReplaceFacets函数的区别（后面会提到的函数）。该函数重点在于值的类型切换，而Type.ReplaceFacets函数只针对类型数据替换装饰信息

公布答案：不会。只替换类型为不满足数据范围的 Int8.Type 类型并不会返回错误。因为无论是什么装饰类型，都只发挥标识和声明的作用，并不真正执行转换任务。但要注意，如果真正执行了转换任务则会发生错误，如使用 Int8.From 直接转化该数字或者使用表格转换列函数转换类型，那样便会得到如图 6-27 所示的错误。

然后我们进行问题升级。如图 6-28 所示，以下代码是否会返回错误？

公布答案：会返回错误。如图 6-29 所示。这个时候可能有读者会有一些疑问，我们不是在为数据值赋予装饰类型吗？按照装饰信息不影响实体数据的原则，此处的类型转换应当只是声明才对，而不是转换。

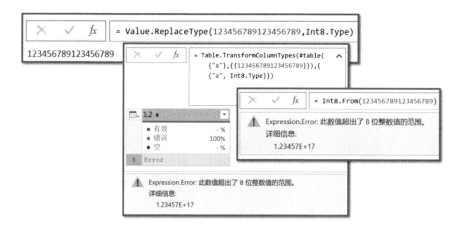

图 6-27　声明和转换的差异 1

图 6-28　概念思考题 2

图 6-29　声明和转换的差异 2

如果你这么理解这个问题，那么可以说思考方向是对的，但是可能有些细节部分没有理解。数值类型转换函数本身就是按照指定要求的类型完成对数值类型的变更，这是没有问题的。在赋予 Int8.Type 时不出错是因为此类装饰类型同样为数字，而在赋予 Text.Type 时出错则是因为装饰类型（这里是文本）与目标值（这里是数字）不匹配。使用时一定要注意，装饰类型是基础类型与装饰信息的集合，并非单纯的装饰信息，因此不满足基础类型的类型赋予会报错。

6.3.4　简单类型装饰（类型附加信息）

在前面几节中，我们完成了基础性的概念理解，同时为了便于读者更快地建立对"装饰类型"更具体的印象，我们还对 PQM 中常见的内置装饰类型的使用进行了演示，并且重点解释了类型装饰的"只进行信息标识"特性。本节我们继续以此为基础,拓展和完善大家对于类型装饰的理解。

1. 什么是简单类型装饰

通过前面的学习我们知道了类型装饰是对类型数据的一种信息补充,它提供了更多的细节约束信息可以方便地定义更精确的数据种类。系统已经将常用的典型类型都构造成了包含装饰信息的内置装饰类型,可以直接使用,但这部分信息是用户无法修改和调整的。与之相对的,其实系统中还存在另一种类型装饰,一种可以被修改和手动创建的装饰类型,我们称为"简单类型装饰"。它的使用逻辑相较于内置装饰类型来说更加简单和灵活,甚至可以通过手动构造装饰信息记录,将其附着在其他类型数据上来使用,类似于元数据/错误记录。接下来我们就一起来看看其使用过程。

2. 简单装饰类型的构造

我们前面所看到的装饰类型,不论是约束整数的 Int64.Type,还是约束精度的 Double.Type 和 Decimal.Type,都是属于装饰类型的"系统内置装饰类型"。此外,我们还可以手动构建装饰信息记录,为类型数据增添附加说明信息,最终创造出全新的装饰类型。

如图 6-30 所示为构建装饰信息并将其附加在基础原始类型上实现创建简单装饰类型的效果。完成该任务一共分为三步:

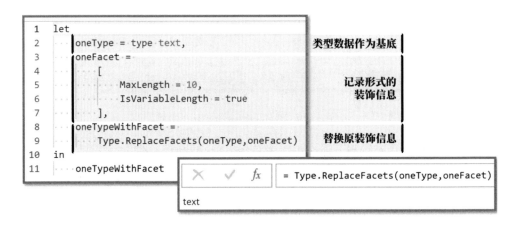

图 6-30 手动构建简单的装饰类型

(1)提供用于承载装饰信息的类型数据(蛋糕底)。
(2)以记录形式构建装饰信息(水果)。
(3)使用类型装饰信息替换函数 Type.ReplaceFacets 完成对装饰信息的装载,整个过程非常像制作蛋糕,通过奶油来连接蛋糕胚子和水果。Type.ReplaceFacets 函数的基本信息如表 6-4 所示。

表6-4 Type.ReplaceFacets函数的基本信息

名 称	Type.ReplaceFacets
作 用	替换类型数据的装饰信息
语 法	Type.ReplaceFacets(type as type, facets as record) as type 第一参数type用于设定目标需要修改装饰的类型数据；第二参数facets要求输入记录数据形式的装饰信息作为待替换数据；输出为类型数据
注意事项	该函数的针对性比较强，只在有限的场景下使用。装饰信息可以接受的默认字段如图6-31所示，默认各字段值均为空值null，可以以此为模板进行构造

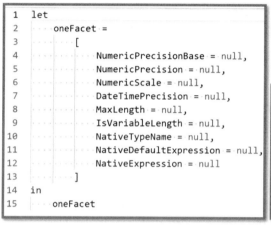

图6-31 装饰信息的标准模板

模板中的9个字段依次为 NumericPrecisionBase 进制数（如十进制、二进制等）、NumericPrecision 包含小数部分的最大数字位数、NumericScale 小数部分数字位数（如果指定0则不包含小数，如果为null则表示不确定）、DateTimePrecision 日期时间数据所支持的最大小数位数、MaxLength 文本列的最大字符数或二进制文件的最大字节数、IsVariableLength 列数据长度是否可变、NativeTypeName 外部数据源系统中对于该列给出的原始列名称、NativeDefaultExpression 外部数据原系统语言中的默认表达方式、NativeExpression 外部数据原系统语言中的表达方式，供参考。

如果需要查看某类型数据的装饰信息，则可以使用函数 Type.Facets 来完成。例如，前面我们创建的变量 oneTypeWithFacet 的装饰信息可以通过此函数反向读取得到，演示如图6-32所示。

综上所述，简单装饰类型的构建和信息读取其实都非常简单，有点类似于为错误值附加错误信息。虽然简单，但是在实际应用场景中较少使用。相较之下理解装饰类型的概念更为重要。

```
1  let
2      oneType = type text,
3      oneFacet =
4          [
5              MaxLength = 10,
6              IsVariableLength = true
7          ],
8      oneTypeWithFacet =
9          Type.ReplaceFacets(oneType,oneFacet),
10     getFacet = Type.Facets(oneTypeWithFacet)
11 in
12     getFacet
```

	= Type.Facets(oneTypeWithFacet)
NumericPrecisionBase	null
NumericPrecision	null
NumericScale	null
DateTimePrecision	null
MaxLength	10
IsVariableLength	TRUE
NativeTypeName	null
NativeDefaultExpression	null
NativeExpression	null

图 6-32　读取类型数据的装饰信息

6.3.5　装饰类型的关系

虽然类型装饰的概念不易理解，但是经过不懈努力，到目前为止我们已经了解了装饰类型的基本情况，并对其中两个重要成员"内置装饰类型"和"简单装饰类型"进行了讲解。但麦克斯觉得这个理解深度还不够，知识结构依然松散。本节我们基于几种典型的装饰场景，重点探讨基础的原始类型、内置装饰类型和简单装饰类型之间的关系。

1. 原始类型附加简单装饰

第一个场景最简单，便是在上一节中演示的构建简单装饰类型的场景，以原始类型为基础数据，在该类型上附加装饰信息，演示代码如图 6-33 所示。

```
1  let
2      oneType = type text,
3      oneFacet =
4          [
5              MaxLength = 10,
6              IsVariableLength = true
7          ],
8      oneTypeWithFacet =
9          Type.ReplaceFacets(oneType,oneFacet)
10 in
11     oneTypeWithFacet
```

以原始类型为基础
手动构造信息
新变量是装饰类型

图 6-33　原始类型附加简单装饰

在这种场景下需要特别注意的是，与内置装饰类型不同，基础原始类型结合装饰信息记录构建的简单装饰类型是用变量存储的。因此在调用时也使用变量名称来完成。

2. 原始类型演变装饰类型

第二种场景则不需要任何人工介入，均由系统预设完成。这便是原始类型演变为系统内置装饰类型。这个过程是完全自动的，PQM 当中的每个数据值在被定义的那一刻其类型便已经确认。我们可以使用函数 Value.ReplaceType 将基础类型替换为"内置装饰类型",如图 6-34 所示。一定要注意,内置装饰类型是已经包含原始类型和内置装饰信息的集合体。

```
1  let
2      oneValue = 1,
3      oneValueWithFacet =
4          Value.ReplaceType(oneValue, Int64.Type)
5  in
6      oneValueWithFacet
```

替换值的类型为内置装饰类型

图 6-34　原始类型演变为装饰类型

3．内置装饰类型附加简单装饰

最后一种情况则是我们从未见过的形态:在内置装饰类型的基础上附加装饰信息,即结合了简单装饰类型和内置装饰类型的特性。演示代码如图 6-35 所示。

```
1   let
2       oneValue = 1,
3       simpleFacet =
4           [
5               MaxLength = 10,
6               IsVariableLength = true
7           ],
8       oneTypeWithSimpleFacet =
9           Type.ReplaceFacets(Int64.Type,simpleFacet),
10      complexFacet =
11          Value.ReplaceType(oneValue,oneTypeWithSimpleFacet)
12  in
13      complexFacet
```

单值

简单装饰信息

在内置装饰类型基础上附加简单装饰信息

为值附加复合装饰类型

图 6-35　内置装饰类型附加简单装饰

通过上述范例可以看到,如果直接在内置装饰类型的基础上进行装饰信息替换,则可以实现符合内置装饰类型和简单装饰类型两种特性的复合装饰类型数据的构建。最后通过数值类型替换函数即可实现对这种特制的复合装饰类型赋予指定值。

4．多种类型之间的关系

综合上述三种主要情况可以得知,原始类型数据是上述多种情况的基础。系统内置装饰类型是开发团队在原始类型的基础上附加用户不可操控的额外信息,实现对数据更为精细的分类。而简单装饰则是由用户自行构建装饰信息,并附加与类型数据上。比较独特的是(通过上面的范例也可以看出),我们可以在原始类型或者内置装饰类型上都附加简单的装饰信息。内置装饰类型和简单装饰类型之间并非完全独立的关系，如图 6-36 所示。

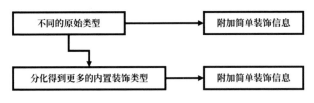

图 6-36　多种类型之间的关系

6.3.6　装饰类型的查看

本节我们来学习如何对一个现有类型的装饰信息进行查看和确认。虽然 Type.Facets 函数已经可以实现对装饰信息的查看，但是范围仅限于对单个值的简单装饰信息的查看。本节我们将介绍在更多场景下查看装饰信息的方法。

1．批量查看完整装饰信息的方法

如果我们想要查看一张表格中的多个字段列数据的完整装饰类型信息（既包括简单装饰信息，又包括内置装饰类型信息），那么我们可以直接使用函数 Table.Schema 来完成，其基本信息如表 6-5 所示。

表 6-5　Table.Schema函数的基本信息

名　　称	Table.Schema
作　　用	获取表格各列的属性信息
语　　法	Table.Schema(table as table) as table　输入需要查看明细信息的表格后，便会输出一张包含各字段明细信息的表格。每一行中存储的是原表格中某一列的字段属性信息
注意事项	使用非常简单，该函数是查看装饰信息的核心函数。返回的属性表格中各字段的具体含义将在后面说明

如图 6-37 所示为 Table.Schema 函数的使用效果。相对有点复杂，这次我们先看结果构成，再来理解代码的实现过程。首先可以看到原始数据表为两列一行，通过表格列标题左侧的数据类型符号"$"可以判断两列数据都已经声明为货币内置装饰类型。

在经过 Table.Schema 函数的处理后我们得到了一张两行、若干列的表格。其中每一行对应的便是原表格中的一列数据，呈现的是该列字段的多种属性信息。众多的属性字段信息可以分为以下四个部分：

- 基础信息部分包含前半部分的 Name（名称）、Position（位置）和 IsNullable（可空性）三个字段，分别用于显示原表中的列字段名、列数和是否可空。后半部分包括 Description（描述）、IsWritable（是否可写入）和 FieldCaption（字段标题）等字段。
- 重点的 TypeName 字段虽然直译为类型名称，但是实际表示系统内置类型的名字，在图 6-37 所示的范例中两列均为 Currency.Type。

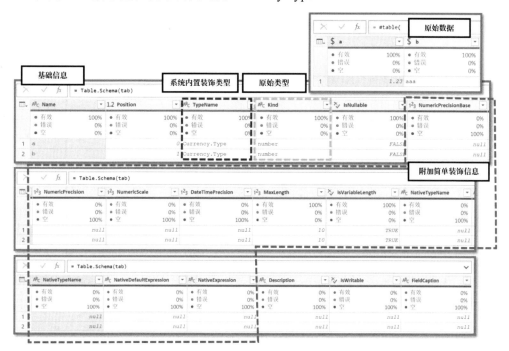

图 6-37 Table.Schema 函数的使用效果

- 重点的 Kind 字段，虽然直译为种类，不属于技术专用词，但是实际表示该列数据的原始类型（Primitive Type）。例如范例中的两列数据虽然都设置为内置装饰类型 Currency.Type，但其原始类型均为 number。
- 最后一部分的剩余字段，其实便是我们在构建简单装饰信息时标准模板中的 9 个字段，一一对应。因此我们利用 Table.Schema 函数既可以读取内置装饰类型信息，又可以读取简单装饰信息。

说明：可以看到，一般在系统内部创建的表格，读取的信息大多都为空值。Table.Schema 函数常用于获取外部数据库等数据源表格导入后的详细信息。

如图 6-38 所示为代码构成。可以看到主体数据与此前复合装饰类型的构建基本一致，我们得到了一种包含简单装饰信息的内置装饰类型，并用其构成了一张表格，最后使用 Table.Schema 函数来获取表格数据的所有装饰类型信息。

2．单值内置装饰类型的查看方法

学习了批量读取完整信息的核心函数后，我们来进一步优化这个读取装饰类型的方法。我们知道单个类型数据的简单装饰信息可以通过函数 Type.Facets 来完成，单个数值数据的类型可以通过函数 Value.Type 来获取。

```
1  let
2      oneType = Currency.Type,
3      oneFacet =
4          [
5              MaxLength = 10,
6              IsVariableLength = true
7          ],
8      oneTypeWithFacet =
9          Type.ReplaceFacets(oneType,oneFacet),
10     tab =
11         #table(
12             type table
13             [
14                 a = oneTypeWithFacet,
15                 b = oneTypeWithFacet
16             ],
17             {{1.23,"aaa"}}
18         ),
19     info = Table.Schema(tab)
20 in
21     info
```

某个内置装饰类型
简单的装饰信息
附加简单装饰至内置装饰类型
构成表格
读取明细信息

图 6-38　批量查看完整装饰信息的方法

图 6-39 演示的是读取简单装饰信息和原始数据类型的方法，前面已经演示过，这里仅做一个简单回顾。在使用 Value.Type 函数读取数据类型时，即使附带了内置装饰类型，系统依旧读取的是原始类型信息。如果想要读取某个数据单值的内置装饰数据类型，则需要特别的方法。

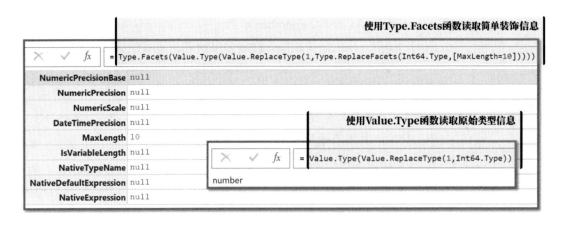

图 6-39　读取简单装饰信息和原始数据类型

目前 PQM 暂未针对单值内置装饰类型的读取设置专用的函数，因此要完成该任务我们还需要借助 Table.Schema 函数进行代码改造。代码演示如图 6-40 所示。

第 6 章 类型数据

```
1  let
2      oneValue = Value.ReplaceType(1,Int64.Type),        某个单值
3      claimFacetType =
4          (optional input) =>
5              Table.Schema(
6                  #table(                                 抓取
7                      type table                          内置装饰类型
8                          [a = Value.Type(input)],
9                      {}
10                  )
11              )[TypeName]{0},
12      output = claimFacetType(oneValue)
13  in
14      output
```

= claimFacetType(oneValue)
Int64.Type

= claimFacetType()
Null.Type

图 6-40　单值内置装饰类型的查看方法

我们首先准备了包含内置装饰类型的数据值，然后构建了一个自定义函数抓取该值的内置装饰类型。抓取的核心便是利用 Table.Schema 函数获取内置装饰类型信息。将单值的类型信息赋予表格后再进行抓取，最终获得内置装饰类型信息。

3. 装饰信息的不跟随特性

最后关于类型装饰信息再补充一个附加特性——装饰信息不跟随。这在装饰信息的查看过程中是值得注意的一个特性。忽略对这个特性的理解可能造成比较大的偏差。我们可以先通过如图 6-41 所示的范例进行理解。

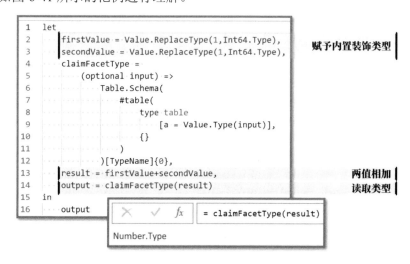

```
1  let
2      firstValue = Value.ReplaceType(1,Int64.Type),       赋予内置装饰类型
3      secondValue = Value.ReplaceType(1,Int64.Type),
4      claimFacetType =
5          (optional input) =>
6              Table.Schema(
7                  #table(
8                      type table
9                          [a = Value.Type(input)],
10                      {}
11                  )
12              )[TypeName]{0},
13      result = firstValue+secondValue,                    两值相加
14      output = claimFacetType(result)                     读取类型
15  in
16      output
```

= claimFacetType(result)
Number.Type

图 6-41　装饰信息的不跟随特性

我们将两个独立赋予内置装饰类型的数据值进行了相加求和，并对其求和结果进行了类型的检测读取。可以看到结果并没有继续沿用我们主动赋予的内置装饰类型 Int64.Type，而是恢复为默认的 Number.Type。这便是装饰信息的不跟随特性，所有的内置装饰类型和简单装饰信息均附着在指定的数据上。而运算结果是系统生成的"全新"的数据点，如果不主动设定是不会自动继承其组成成员的装饰信息的，读者知悉这种特性即可。

6.4　构建类型数据

不得不说 PQM 的"类型系统"是一个很庞大的话题。虽然日常使用没有那么频繁，但却无时无刻不在后台影响着数据的处理。我们通过前三节的学习，已经整体对于类型系统有所了解，掌握了原始类型的构成及最抽象和难理解的类型装饰的相关理论知识。本节我们将会介绍构建类型数据。除了复习最基础的类型构建关键字 type 的使用之外，还会重点讲解自定义类型数据的构建。

6.4.1　构建类型数据基础

手动创建类型数据的基础便是我们在第 4 章中曾经讲解和使用过的 type 关键字。这里做一个简单复习：type 关键字可以根据指定需求创建类型数据。我们在第 4 章的前半部分其实已经多次见到它的实际使用场景，因此对于大家来说不算陌生。

我们在 6.2 节中便已经使用 type 关键字构建出了所有的原始数据类型，如图 6-42 所示。

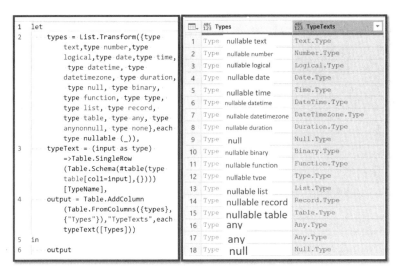

图 6-42　使用 type 关键字构建基础数据类型

可以看到，虽然最终结果构建的是添加了可空特性的基础类型，但是在左侧代码的第一步 types 内，18 种原始数据类型的定义均是使用 type 关键字完成的。

> **说明**：图 6-42 所示代码的第二步和第三步可能读者不太理解其含义和运行逻辑。现在我们已经了解了装饰类型的理论知识，现在尝试理解这两步的代码（需要使用查看装饰类型的知识）。

除了上述 type 关键字的基础使用外，如果我们需要定义超出原始类型以外的自定义类型数据及更为复杂的复合结构类型数据，同样需要借助此关键字来完成，接下来就让我们一起来看看不同种类的自定义类型数据是如何定义的吧。

6.4.2 自定义列表类型的构建

首先是列表自定义类型的构建。此时可能有读者会问：为什么要分门别类地讲解自定义类型的构造呢，在正式开讲前，我们先简单解释一下这个问题。第一点要明确的是在十几种类型里，并非所有类型均有自定义的形式，其实只有列表、记录、表格和方法四大类有较为复杂的自定义类型形式；第二点，因为类型之间的行为模式差异较大，因此定义不同类的数据类型的语法格式也会有较大差异。基于上述两点原因，我们会依次介绍列表、记录、表格和方法的自定义类型构建，并在最后补充介绍复合自定义类型的构建和类型上下文的相关知识。

1. 基础列表的等效形式

对于列表数据我们可以先做一个简单的"假想试验"。一般的列表数据在使用时有没有什么要求呢？有要求，但是并不多。例如，我们必须要用花括号将列表中的所有元素囊括在内，并且元素之间要独立分隔，但是列表数据类型并没有要求我们在列表中添加元素的形式。如果我们用代码来描述一下这个要求，那就是"﹛any﹜"，既要求有花括号，又不要求其中的元素类型。

如果你也这么想，那么恭喜你，你完成了最基础的自定义列表类型构建。而上述这种表达式也可以和最简单的列表类型 list 等效，如图 6-43 所示为两种等效写法。

2. 限定元素类型的自定义列表

上面我们通过基础列表类型的等效写法引入了自定义类型数据定义中最关键的概念——通过特定语法语句编写目标类型的形式。基于这样的理解，我们可以拓展其他几种列表自定义类型的定义。例如，把其中的 any 类型替换为 number，便可以得到一个声明所有列表元素均为数字形式的限定元素类型的自定义列表。类似地，也可以定义文本列表和逻辑值列表等，如图 6-44 所示。

图 6-43 基础列表的等效形式

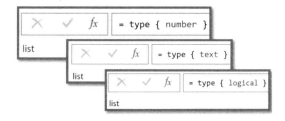

图 6-44 限定元素类型的自定义列表

3. 列表元素类型读取函数 Type.ListItem

如果希望准确读取当前列表类型中声明的元素类型种类，则可以使用列表元素类型读取函数 Type.ListItem 来完成，演示如图 6-45 所示。

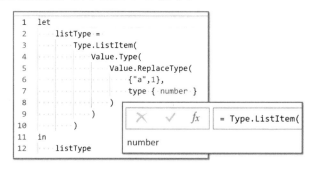

图 6-45 列表元素类型读取函数 Type.ListItem

可以看到，我们将一个手动构造的普通列表类型替换为"声明所有元素均为数字的列表"，并利用数值类型信息获取函数 Value.Type 抓取它的类型信息。因为想要明确该列表类型的声明元素类型，所以最终应用列表元素类型读取函数 Type.ListItem 进行信息获取，得到的结果为数字类。

4. 应用自定义类型注意事项

当我们创建了一个自定义类型，并希望将其应用于一个现有的数据上时，我们依旧可以使用 Value.ReplaceType 函数来完成，如图 6-46 所示。

替换部分与此前的使用过程类似，但注意类型替换仅是"声明"意义上的替换，告知系统类型变为了自定义类型，是信息层面的变化，而非实际数据类型的转化。

PQ 技术及 M 函数语言均对数据类型有非常严格的使用要求，如果不匹配就会返回错误值。但是看图 6-45 中的原数据便会发现其中不只包含数字 1，还包含有文本 a 这种并不兼容于 {number} 的数据，并且在替换类型时并没有产生错误。再结合图 6-46 右下部分的类型验证便会发现这里的自定类型应用更像是类型装饰中的信息声明。

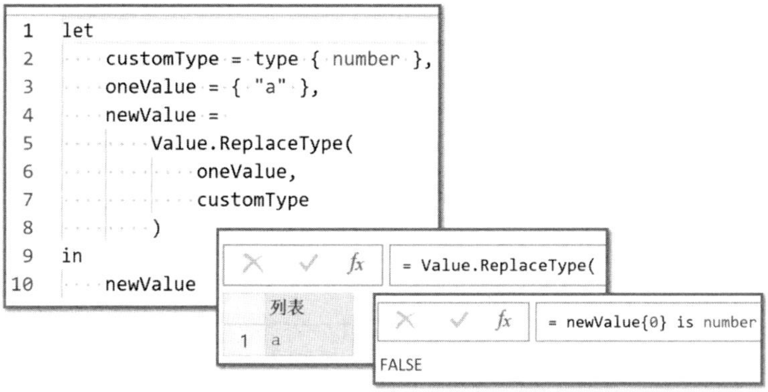

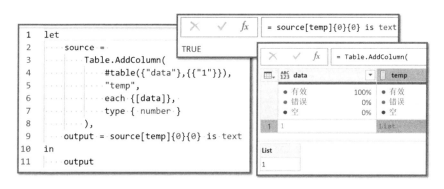

图 6-46　替换为自定义类型

相同性质的测试还可以参考如图 6-47 所示的范例进行辅助理解。

图 6-47　仅声明不转换

原始数据为单列单行表格，其中包含的唯一数据值为文本 1。在添加列后利用 data 数据列构建文本列表数据，并同时利用 TAC 函数第四参数将其指定为自定义数字列表类型。可以看到，最终的返回结果并未报错，在后续的数值检测中也可以看出新增列的数据值仍为文本类型，并没有发生实质性的转换，仅是利用自定义类型进行了声明。

> **注意**：虽然我们可以为某个类型数据点声明与其不匹配的类型，但是一定要避免这种情况的发生，因为我们无法非常准确地确定系统会不会在其他时候对类型声明和类型值进行检测和匹配，这可能会引发很多未知的错误。

6.4.3　自定义记录类型的构建

1. 自定义记录类型的语法基础

我们也可以继续按照列表自定义类型数据的定义语法仿照写出自定义记录类型数据。

非常简单，使用方括号将目标的字段名及字段类型按照记录数据构建的方式写出即可。演示范例如图 6-48 所示。

在 type 关键字后用于定义自定记录类型的语法结构其实与编写记录数据是基本相同的，使用方括号将多个字段包含进去，字段间使用逗号分隔。字段内等号前是指定的字段名称，等号后需要指定该字段的目标类型。

2. 系统的默认字段类型

如果在定义自定记录类型时只提供字段名称，不提供该字段的指定类型，则系统会默认该字段的类型为任意型 any。该性质也同样会反应在创建记录 record 数据时每个字段的默认类型上，如图 6-49 所示的两种写法是等效的。

图 6-48　自定义记录类型的语法形式　　图 6-49　记录类型的定义中系统的默认字段类型为 any

3. 记录字段的可选和省略性质

如果我们继续拓展自定义记录类型定义的语法，还可以通过关键字 optional 获得可选字段的特性，通过省略号（即三句点运算符）获取任意多额外字段的特性，如图 6-50 所示。

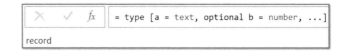

图 6-50　记录字段的可选和省略性质

虽然我们并没有对关键字 optional 进行过特别说明，但是在学习不同函数语法时经常能够看到它。它可以使某个字段数据具备可选性质，即数据记录中是否拥有该字段都可以满足该自定义类型的声明。

省略号（open record marker 开放型记录标记）在类型定义上下文环境中表示在该记录类型下还存在任意多的附加字段，这些字段可能为任意类型。如果我们像自定义列表类型一样使用语法将普通记录表达出来，那么[...]便可以表示一般的记录数据，其中有多少字段、是哪种类型都不确定（也可能是空记录）。

4．应用自定义记录类型

与列表自定义类型及其他类型数据相似，我们依旧可以使用函数将定义后的类型附加替换到现有数值上，但要注意其声明特性只会在特定场景下发生转换，示例演示如图 6-51 所示。

```
1  let
2      oneValue = [a = 1, b = "a"],
3      oneType = type [a = number, b = number],
4      output =
5          Value.ReplaceType(
6              oneValue,
7              oneType
8          )
9  in
10     output
```

图 6-51　应用自定义记录类型

6.4.4　自定义表格类型的构建

1．自定义表格的语法形式

结合表格数据的构建方法及前面学习的自定义记录类型数据构建语法，可以比较容易地理解自定义表格类型数据的方法，示例演示如图 6-52 所示。

图 6-52　自定义表格的语法形式

基础语法结构与自定义记录定义相似，唯一的区别是需要在方括号前增加 table 关键字作为系统提示，将数据类型定义为表格类型。

2．系统默认表格数据列类型为任意

因为在语法形式上表格类型的定义与记录类型的定义存在很多相似性，所以我们简单做一个对比来了解表格定义的特性。

首先是默认类型，与记录一样，对某个未指定类型的列，系统会默认其列字段类型为

任意型 any。该特性也可以从实际表格数据的构建中看出（默认创建的表格各列均为任意型），如图 6-53 所示。

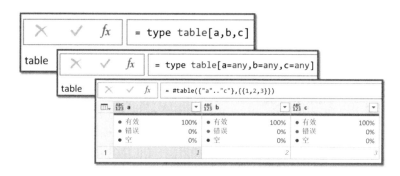

图 6-53　自定义表格类型数据的默认 any 类型特性

左上角的两种定义方式相互等效，无论是否指定，其默认类型均为任意型，右下方为常规表格数据的构造过程，在未指定列字段类型的情况下，表格默认类型同样也为任意型。对于表格数据，我们也可以使用类型数据为表格同时指定列名称和列类型，如图 6-54 所示。

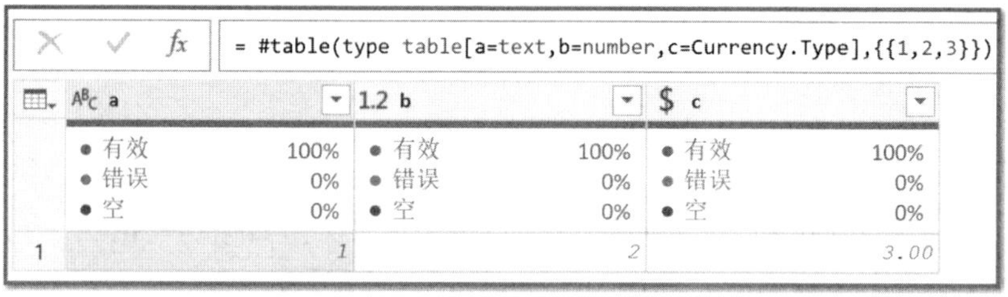

图 6-54　利用自定义表格类型数据构建指定列类型的表格

我们在使用表格构建函数 #table 时，在第一参数中输入自定义表格类型数据即可同时为表格指定列名称和列数据类型。看上去这个过程好像没有问题，但是如果仔细看会发现这里再次出现了我们前面多次提到过的"声明而不转化"特性。例如，字段 a 我们声明为 text 文本类型，表格标题栏左侧的标识符也已经更新为 ABC，但实际该数据依旧为数字，没有发生转变。

3. 构建表格时指定的字段类型仅为声明

很多类型数据并不执行真正的类型转换，而是类似于装饰信息一样，提供对该数据的类型声明信息。如果想要这种特性更加明显，我们可以稍微对代码修改一下，不妨来看看图 6-55。

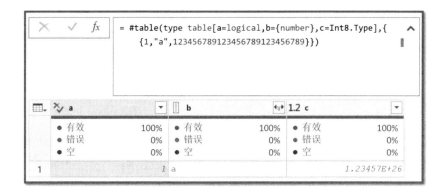

图 6-55　声明不转化特性

可以明显看到声明不转化特性的表现。例如：a 列声明为逻辑值，而实际值为数字 1；b 列声明为数字列表，而实际为文本 a；c 列声明为内置装饰类型 Int8.Type 整数，而实际是超出其容纳范围的巨大数字。

> 说明：PQ 编辑器对这部分类型声明信息也做出了反应，例如列标题左侧的类型标识符就发生了改变。因此，实际上类型生效与否、是否仅声明不产生任何实质变化，其实都是取决于 PQ 引擎如何识别和操控我们提供的信息。而目前官方并没有就类型数据的应用提供非常完善的方案和使用说明。随着时间推移和技术的不断更新，这些本身并不明确的特性可能也会随之发生变化。需要注意的是，麦克斯将这些内容放在这里的目的是向读者揭开技术后台的运行逻辑，让大家更好地体会开发团队的设计思维，有助于触类旁通。

4. 自定义表格类型要求行列整齐

继续进行自定义记录类型数据的构建特性对比。我们知道，在记录自定义过程中省略号，可以表达该记录接受任意数量的任意类型的新字段数据。但是在表格中这样指定是不被允许的，如图 6-56 所示。

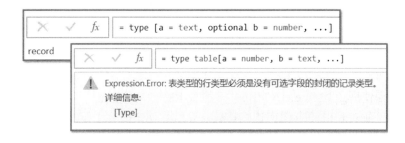

图 6-56　自定义表格类型要求行列整齐

会产生这样的差异,一种比较合理的理解方式是在自定义表格类型定义过程中,指定的字段并非起到"约束字段列名称和数量"的作用,而是为表格中的每行记录数据提供了一个固定模板。而表格数据本身不允许每行数据的字段数量不一致,因此在自定义类型时不允许使用省略号"…",否则表格可能会出现的新字段列。

5. 表格的主键

与记录等其他类型不同,在表格类型数据的背后还隐藏了一种特殊的特性名为"主键"。对于相同内容的多张表格,我们可以对不同列设定主键属性来进行区分。这种概念类似于我们为表格指定了"独一无二"的索引列。同时在 PQM 当中也设定了一套专门用于处理主键的函数,使用演示如图 6-57 所示。实操应用较少,读者简单了解即可。

图 6-57 为自定义表格类型数据添加主键特性

如图 6-57 所示为直接利用 Type.AddTableKey 函数为表格类型数据中指定的 ID 列附加主键属性。与这个过程类似,如果已经有一张实体表格,并且需要对其中某个字段列附加主键特性,则可以直接使用 Table.AddKey 函数,使用演示如图 6-58 所示。

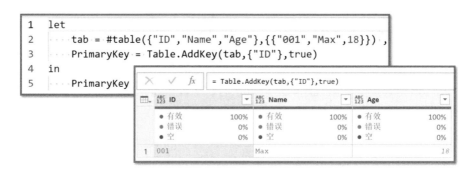

图 6-58 为表格数据添加主键特性

上述表格为使用函数 Table.AddKey 添加主键特性后的数据表。在外观上,其实是否添加了主键的性质对表格没有任何影响。但在系统内部,拥有主键的表格在大数据集运算中的性能会得到系统的自动优化。上述这种添加主键性质的方式也可以使用以下代码,二者是等效的,如图 6-59 所示。

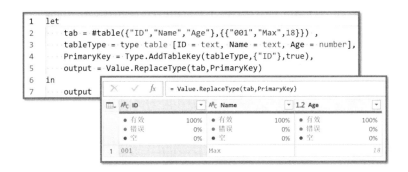

图 6-59　为表格添加主键（等效写法）

我们首先准备了相同的表格数据，然后自定义符合该数据的表格数据类型并为其添加了主键特性，最后使用数据值类型替换函数将附着有主键特性的类型值赋予数据值本身。如果我们使用 Table.Keys 函数查看上述两个范例中表格的主键信息，可以看到是完全一样的，如图 6-60 所示。

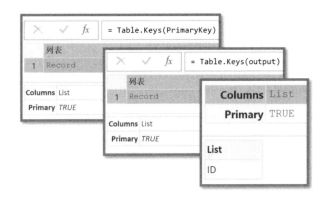

图 6-60　查看表格的主键信息

6．隐藏的名称对应问题

最后我们来看一个隐藏的名称对应问题。当我们使用自定义表格类型数据为某张表格数据指定新类型时，系统其实允许我们不进行列字段名称的一一匹配，如图 6-61 所示的场景不会返回错误，是可以正常运行的。

如图 6-61 所示，我们定义了一个基础的表格数据，其中包含单列名为 oldName 的数据。然后定义一个自定义表格类型数据，在该类型中唯一列的列名称为 newName，再将该自定义类型数据通过数据值类型替换函数赋予原表格数据。最终得到一张包含单列名称为 newName 的表格。

这看起来好像并无不妥，没有任何系统错误返回，我们利用系统默许的这个规则实现了对于表格列数据名称的修改，一切都很“美好”。但一定要注意，这种列名称的修改方法极不规范，虽然在标题处显示为新的名称（PQ 编辑器认可了），但是实际上系统内部（比如其他函数）并不一定会认可这个新的名字，如图 6-62 所示。

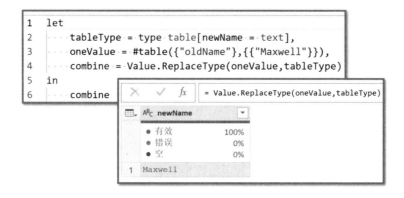

let
tableType = type table[newName = text],
oneValue = #table({"oldName"},{{"Maxwell"}}),
combine = Value.ReplaceType(oneValue,tableType)
in
combine
= Value.ReplaceType(oneValue,tableType)
newName
有效 100%
错误 0%
空 0%
1 Maxwell

图 6-61　隐藏的名称对应问题 1

let
tableType = type table[newName = text],
oneValue = #table({"oldName"},{{"Maxwell"}}),
combine = Value.ReplaceType(oneValue,tableType),
filter = Table.SelectRows(combine,each [newName] = "Maxwell")
in
filter
= Table.SelectRows(combine,each [newName] = "Maxwell")
Expression.Error: 找不到记录的字段“newName”。
详细信息:
oldName=Maxwell

图 6-62　隐藏的名称对应问题 2

可以看到，即使成功完成了列名称的重新指定，但在参与运算如筛选时，系统依旧无法使用新名称，因而返回了错误结果。随着代码的逐步复杂化，这个问题会进一步扩大，最终导致编码混乱，因此在实操中一定要避免使用这种方式。

6.4.5　自定义方法类型的构建

1. 自定义方法的语法形式

方法类型数据的使用频次相较三大数据容器来说肯定是偏少的，但其实对于自定义方法类型的书写反而是最熟悉的，因为自定义方法类型数据的语法与平常书写的自定义函数

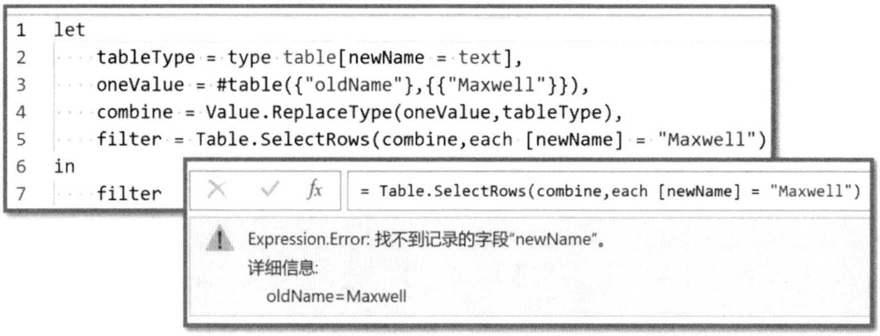

很相似,使用范例如图 6-63 所示。

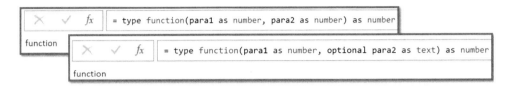

图 6-63　自定义方法的语法形式

可以看到除了需要增加一个名为 function 的关键字外(类似于 table),其后方的所有输入参数和输出参数名称及类型定义均与自定义函数的编写过程相同。其实可以视为每当我们使用代码完成一次自定义函数的编写时,系统便会按照我们所给出的输入输出参数信息自动定义属于该方法的自定义方法类型数据。

2. 定义方法与定义方法类型数据的区别

不过相似归相似,我们在创建自定义函数和构建自定义方法类型数据时所遵循的规则是不同的。例如在自定义函数中,我们可以提供任意的输入和输出数据参数,也可以不提供任何参数和输出类型,编写最简单的自定义函数,如图 6-64 所示。

在自定义方法类型数据时,必须明确给出所有的输入参数名称类型及输出参数的类型,否则会返回错误。常见的错误情况如图 6-65 所示。

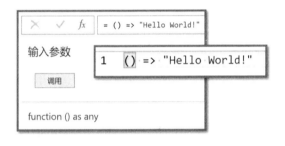

图 6-64　自定义函数可以选择不提供参数信息

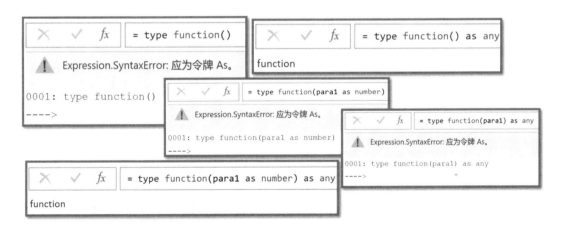

图 6-65　自定义方法类型数据要求明确参数信息

3. 自定义方法类型应用范例回顾

我们在第 4 章中曾经讲过关键字元数据 meta，并且利用该关键字可以将自定义函数附加信息显示在系统内置的官方文档中，如图 6-66 所示。

```
1   let
2       myFunction2 = (n as number) as number => n*n,
3       typeFunction = 
4           type function (n as number) as number
5           meta    [
6                       Documentation.Name = "请输入函数名称",
7                       Documentation.LongDescription = "请输入长文本函数描述",
8                       Documentation.Examples = 
9                       {
10                          [
11                              Description = "请输入范例描述",
12                              Code = "请输入范例代码",
13                              Result = "请输入范例结果"
14                          ]
15                      }
16                  ],
17      retypedFunction = Value.ReplaceType(myFunction2,typeFunction)
18  in
19      retypedFunction
```

图 6-66　自定义方法类型应用范例的回顾

在这个过程中，除了 meta 元数据关键字外，还有一个很重要的核心知识便是自定义方法类型数据。学习了自定义类型数据的理论知识后，我们可以很轻松地理解这个过程。

4. 方法类型应用的声明特性

类型数据应用的声明不转换性质已经多次强调，对于自定义方法类型数据的应用逻辑也相似。对现有方法类型数据应用自定义方法类型时，只作为信息声明，不影响原方法中各参数的作用，范例演示如图 6-67 所示。

```
1   let
2       myFunction = (txt as text) => "Hello World!",
3       myFunctionType = type function(txt as number) as text,
4       replaceType = Value.ReplaceType(myFunction,myFunctionType),
5       call = replaceType(1)
6   in
7       call
```

× ✓ fx　= replaceType(1)

⚠ Expression.Error: 无法将值 1 转换为类型 Text。
详细信息:
　　Value=1
　　Type=[Type]

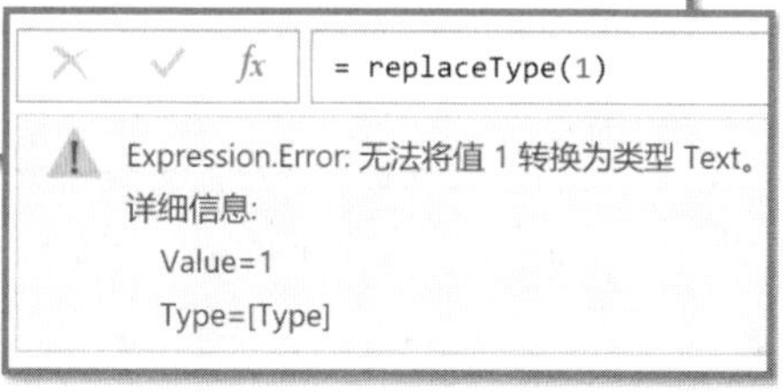

图 6-67　方法类型应用的声明特性

在第一步中定义了一个输入为文本，输出为文本的自定义函数，在第二步中定义了一个输入为数字，输出为文本的自定义方法类型数据，并在第三步中将该类型赋予了第一步中的自定函数。最后在第四步中调用替换类型后的方法并输入数字 1。可以看到最终依旧返回了错误，提示输入参数类型不满足文本，即后添加的方法类型约束并未真实生效，系统依旧使用该自定义函数创建时的参数设定。

6.4.6 自定义复合类型的构建

通过前面几节，我们已经完成对自定义类型数据语法的学习。最后可以做的一件事便是综合所有的语法结构定义出更复杂的复合类型数据，如图 6-68 所示。

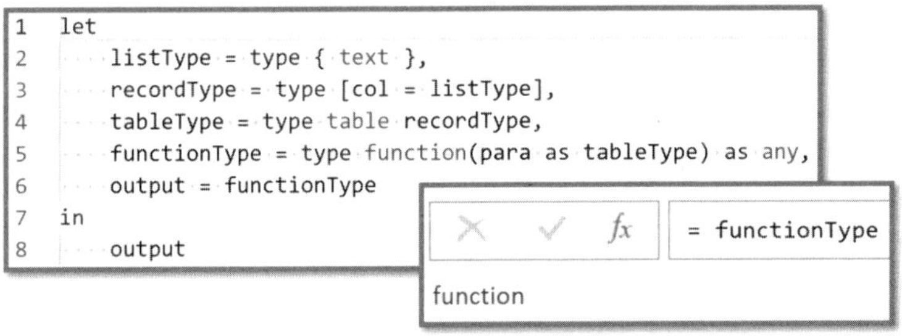

```
1  let
2      listType = type { text },
3      recordType = type [col = listType],
4      tableType = type table recordType,
5      functionType = type function(para as tableType) as any,
6      output = functionType
7  in
8      output
```

图 6-68　自定义复合结构的类型数据

我们通过四个步骤，将前几节中不同类型的自定义类型数据进行了"杂糅"，最终生成了一个具有复合结构的类型数据。它表达的含义是一种自定义方法类型数据，接受名为 para 的参数，输出任意类型的值。其中，para 要求为表格，表格中包含单列，单列中的元素类型为"文本列表"。

> 说明：变量名也可以用于自定义类型的定义。

6.4.7 类型定义上下文

1. 类型定义上下文的概念

在自定义类型数据的最后，我们再重点强调一个概念——类型定义上下文（Type Context）。我们将定义 type 关键字后到完成类型定义的这段范围称为类型定义上下文，与普通的代码环境有所区分。

如果注意看我们在定义过程中的代码，则会发现一些异常之处。例如，类似于 list、record、table 和 function 这些关键字（除此以外还有其他类型的名称，如 number、text 也都是同理),它们虽然属于内置于系统的有特殊意义的关键字,但是在常规代码环境下,我们依旧可以直接将它们当作简单的单词来使用,甚至可以作为变量名使用。但一旦跟在关键字 type 后,则具有特殊的含义。这便是不同上下文环境的作用,系统会采取全然不同的代码翻译方式,这也是类型定义拥有独特的编写语法的原因。

> 说明:同理,在常规编码环境下,定义类型数据的这些语法结构也都无法识别。

2. 跳出类型定义上下文的方法

了解了基础概念,我们便可以介绍跳出类型定义上下文的方法了。前面我们演示了复合多种结构共同搭建自定义类型数据的范例,其中的特别之处便是使用了变量引用作为类型定义的语法。在这个过程中需要注意,我们是在类型定义上下文中直接引用常规代码环境中定义的变量。如果变量的名称与类型定义上下文中的关键字冲突,则需要一些特殊的方法来跳出上下文,那便是括号,使用演示如图 6-69 所示。

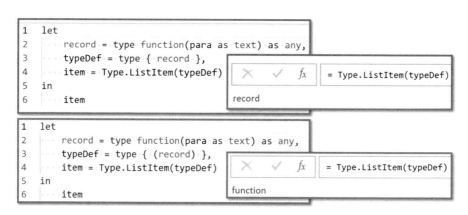

图 6-69 跳出类型定义上下文的方法

上下两图的唯一区别在于是否对 typeDef 步骤中的 record 添加括号。可以看到,因为存在类型定义上下文的关系,常规情况下想要引用同样名为 record 的变量数据作为定义类型是行不通的,因此最终返回的类型为"记录"。但在添加括号后,系统会判定在 typeDef 步骤中括号内的代码处于常规代码环境而非类型定义上下文中,因此可以正常引用 record 变量中定义的方法类型数据。最终返回的结果类型为"方法"。

6.4.8 自定义类型综述

本节我们重点了解 PQM 类型数据的构建。除了基础的 type 关键字创建类型数据外,我们重点关注了自定义类型数据的构建过程。其中包括列表、记录、表格和方法四大类,它们各不相同但同时拥有非常多相似的性质，如声明不转化等。最后我们又补充理解了类型定义上下文以及跳出方法。

可以看出，虽然 PQM 为类型数据设计了一套自己的语法，可以创建出非常多满足个人需求的类型，但是更多的是"纸上谈兵"，实际应用意义不大。这些定义的语法结构只能配合关键字 type 来使用，最终被存放到变量中或者作为信息附加到现有的数据上，而不能在自定义函数时直接使用，影响函数的构建，如图 6-70 所示。

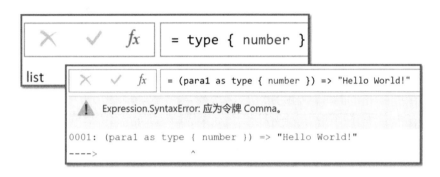

图 6-70　自定义类型的应用范围限制

不仅在自定义函数时无法应用，as…is 运算符目前也无法支持自定义类型的判定，更不用说还有替换类型声明不转化的特性存在。自定义类型数据和我们此前提到的一样，不会让大家在学习 M 函数语言的路上瞬间拥有曾经没有的数据处理能力，它需要我们更好地理解 M 函数语言的设计理念和运行逻辑。或许在未来的某一天，类型数据可以发挥更大的作用。

6.5　本章小结

本章内容比较偏底层。许多讲解的性质，并不像常用的运算符和 M 函数等那么"稳固"，很有可能随着版本的更新以及技术的进步被开发团队所调整（目前我们可以看到对于类型数据的更大可能性，开发团队也并没有非常明确的方案，这也是为什么我们会觉得类型系统的内层像个半成品的原因）。因此不需要刻意记忆本章所讲的很多特性，应该去理解 M 函数语言类型的设计思路。同时本章内容的编写也非常感谢 Ben Gribaudo、Gerhard Brueckl 和 Chris Webb 等同仁的研究与奉献。

本章我们了解了 PQM 知识框架下"数据类型"板块中非常独特的"类型数据"。主要分为四个部分介绍，分别是概述、原始类型、装饰类型和自定义类型。其中，概述和原始类型部分是与日常使用密切相关的基础知识衍生，帮助大家更深入地了解类型数据，而后两部分分别针对两种类型数据的特殊性，即装饰信息和自定义类型进行介绍。

从下一章开始，我们将会使用 M 函数语言处理实际的问题。跟随和"入门分册"相同的四大板块知识脉络，进入 M 函数的领地。函数使用进阶是一个挺大的话题，其中包括使用进阶函数、使用其中的进阶参数、使用某些具备特殊性能的特别函数，以及掌握它们的日常经典搭配、组合嵌套等。我们会将这些内容分步骤、分章节地呈现，完成对函数使用的全面强化。下一章我们将会学习函数的高级参数运用，进一步强化理解函数的性能。通过本章的学习，我们的知识又一次得到了扩充，如图 6-71 所示。

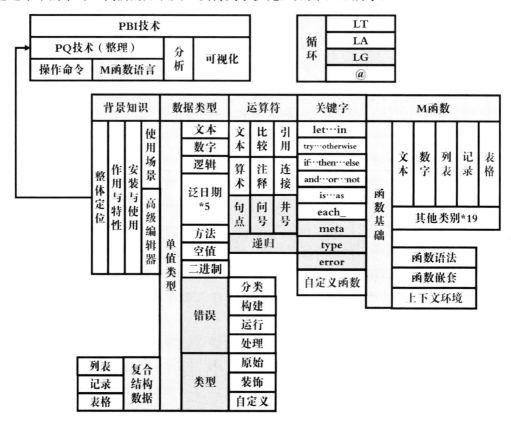

图 6-71　M 函数语言知识框架（类型数据）

第 3 篇
函数进阶

▶▶ 第 7 章　高级参数

▶▶ 第 8 章　进阶函数

▶▶ 第 9 章　特殊函数

第 7 章 高级参数

欢迎读者正式进入函数的世界。本章我们将会对入门分册已经介绍的函数进行性能升级，学习其高级参数的运用。

首先给出一个简单理解高级参数的定义：用于实现函数基本功能的参数以外的其他参数，都可以视为高级参数。而高级参数的作用只有一个，即提供基础功能所不具备的新特性，实现更强大的数据控制能力。虽然目标相同，但是实现的机制和模式有所区别，这也是很多人在学习 M 函数使用高级参数时容易被混淆的地方。因为种类繁多，每个函数的高级参数和实现方式并不完全相同，因此学习起来比较困难。

在本章节中，麦克斯将会按照参数的特征，对 PQM 函数中的高级参数进行分类讲解，建立读者对高级参数的系统认知（高级参数很重要，在实操中会高频使用，可以大大提高 M 函数的功能并降低代码的复杂度）。

本章共分为 5 个部分讲解，每个部分代表不同类型的高级参数实现，如有简单为函数附加特性的高级参数，提供特殊循环结构的高级参数，创建虚拟辅助列参与运算的高级参数，提供特殊条件匹配功能的高级参数等。每一部分我们都会讲解高级参数的运行逻辑，并提供具体的函数范例供读者参考和理解。

本章的主要内容如下：
- M 函数的高级参数。
- 识别高级参数模式类型。
- 使用多种具有典型模式的高级参数。

7.1 附加特性类高级参数

第一类高级参数，我们先来看逻辑最简单但表现多样的"附加特性"高级参数。这类高级参数的特点便是提供一个参数作为开关（可能为可选参数），这个开关可以控制函数某种附加特性的启用，或是更加精准地控制附加特性的不同工作模式。我们只需要按照需求选择对应的模式，便可以从函数中获得额外的更强大的功能。让我们举几个例子来看看吧！

7.1.1 附加精确度特性

第一个出场的成员是 List.Sum 列表求和函数。没有想到吧，到了进阶环节还是我们的老朋友第一个出场。不过它可能是一位"熟悉的陌生人"，因为它也拥有高级参数，而这个高级参数可用于控制求和运算的精度，这个参数就是 precision，使用演示如图 7-1 所示。

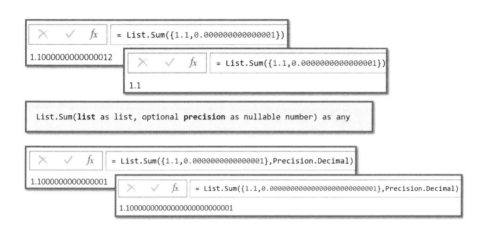

图 7-1 List.Sum 函数的高级参数附加精确度特性展示

可以看到，在常规情况下使用函数 List.Sum 进行求和是可以正常运行的。一旦数据的精度要求较高，如小数点后 15 位，则计算结果会发生偏差，且不显示完整结果。此时为了保证数据计算的精确度，提高求和精度，我们可以使用函数高级参数 precision，并设置为 Precision.Decimal，实现更高精度的求和。

> 说明：部分 M 函数的附加特性类高级参数是使用逻辑值进行控制，如 true 表示特性开启，false 表示特性关闭。这种形式相较于使用参数名称的选择模式更像"开关"，但本质没有区别。另外一种附加特性高级参数的形式便是提供特殊情况覆盖的能力。例如，参数在例外情况下可以设置默认值，如 List.First 函数的第二参数可以设置当目标列表为空时的默认返回值。

7.1.2 附加返回所有结果特性

第二个范例我们来看一个在入门分册中已经学习过的函数 List.PositionOf，即列表元素定位函数。该函数可以查找指定元素在列表元素中的索引位置，类似于 Excel 中的工作表函数 MATCH，起到查询匹配的功能。在常规状态下，它仅返回首个匹配结果的位置，行为与 MATCH 非常类似。但通过高级参数控制其返回模式，我们可以轻松获得最后一次匹配位置和所有匹配位置的信息，示例演示如图 7-2 所示。

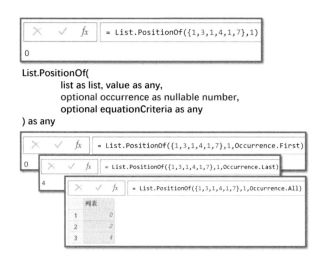

图 7-2　occurrence 高级参数附加返回所有结果特性展示

可以看到，添加 occurrence 高级参数后，可以选择性地控制匹配定位函数的返回模式是首次、末次还是所有。因为在入门分册中已经学习过该函数的这种特性（不仅在一个函数中出现，在文本函数和表格函数的 Position 类函数中也有该参数），我们便不再强调其基本用法，来关注这种高级参数的使用特征。

这里同样是提供了一个开关，一个从多种模式中选择的轮盘，可以实现一些附加的特性，但是这次提供了 3 种选择模式。其实模式的数量并没有什么影响，少的有两种，多的有 5 种（RoundingMode）、6 种（JoinKind）甚至七八种。这些参数的名称其实在入门分册的函数列表及在线官方文档的大类函数 Overview 页面中都是可以看到的，如图 7-3 所示。

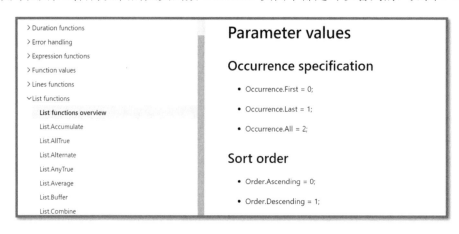

图 7-3　在线官方文档中的参数列表

> 注意：再次强调，虽然附加特性类高级参数一般可以使用数字来替代"冗长"的参数名称，但是建议读者完整输入名称，不要使用数字替代，这样可以降低出错概率，提高后续代码的维护。

虽然在大多数情况下实现这种附加特性的方法都是利用高级参数进行模式的控制，但是在 PQM 当中部分函数也会将这种具备附加特性的功能独立设置为一个函数，如众数函数 List.Mode，在需要读取完整的众数名单时便需要使用独立的函数 List.Modes，而不能使用高级参数进行设定，范例演示如图 7-4 所示。

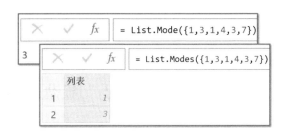

图 7-4 一些特殊情况展示

7.1.3 附加修约模式选择特性

我们在数字修约函数 Number.Round 中，也可以通过这类附加特性高级参数来实现更强大的功能，如进行修约模式的修改。这一次可选的模式变得更多，足足有 5 项。这种使用方式我们也曾经在入门分册中学习过，使用演示如图 7-5 所示。

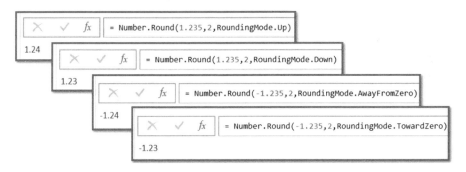

图 7-5 Number.Round 函数的其他修约模式

> 说明：关于 5 种数字修约函数的区别和 5 种修约模式的区别，这里不再展开说明。有疑问的读者可以复习入门分册的数字函数章节。

7.1.4 附加特性类高级参数小结

虽然举例不多，但是附加特性的高级参数在使用上确实非常简单，掌握在什么函数的什么位置设置什么模式代码可以达到什么效果即可。唯一需要注意的是不同函数所提供的附加性质有所区别,这一点也无法在篇幅中将 PQM 中的所有函数的附加特性都讲解一遍,需要读者在日常运用中逐渐了解。

通过上述不同函数的附加特性的范例,大家也能够看出来,这一类参数的作用其实与函数的设置相似,不像高级参数。其中一部分常用的高级参数我们甚至认为是函数的普通特性。不需要过分纠结,我们可以将其视为一种最简单的高级参数,目的为函数提供附加特性。

7.2 虚拟辅助类高级参数

第二类高级参数我们来看看在实操中最典型的虚拟辅助列高级参数。这种高级参数是我们后续了解其他高级参数的基础,因此了解它的工作逻辑非常重要。

7.2.1 排序的虚拟辅助列

我们在入门分册中曾经学习过基础排序函数,其中包括列表排序函数 List.Sort 及表格排序函数 Table.Sort,利用这两个函数我们可以轻松实现对于列表数据元素的升降序排序和对表格指定列的多条件升降序排序。但在实操中,很多时候排序需要在数据预处理的场景下实现,直接使用排序函数无法完成。如图 7-6 所示为某班级所有同学三科成绩分数表,现要求按照总分降序完成排序工作,你会发现使用普通排序我们需要提前做一些准备工作。

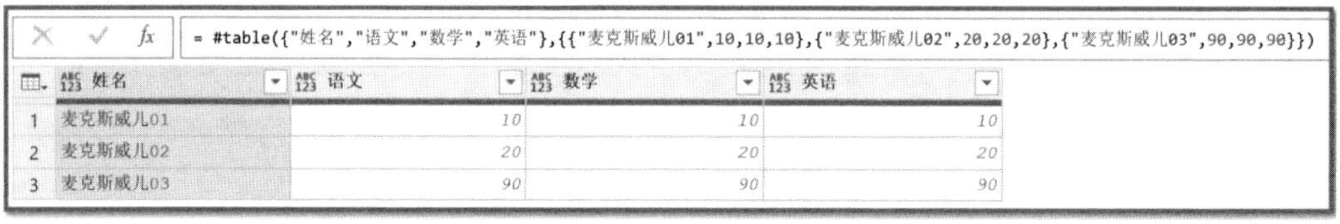

图 7-6 原始成绩表数据

如果要解决上述问题,一般的做法为:首先使用 Table.AddColumn 函数为表格添加列,并将其中的语文、数学和英语三科成绩求和并汇总于新列中,然后对表格中的总计列执行降序排序,最后删除冗余的辅助列,完成任务。范例演示如图 7-7 所示。

可以看到,利用上述思路成功解决了问题。可以很明显地看出来,这个问题本身并不复杂,但实际上却耗费了我们用三个步骤来完成,代码有一些复杂。是不是有一种自己在"绕路"的感觉?有更加合适的办法吗?实际上,对于上述问题,函数的选取是没有问题的,只是因为没有灵活掌握高级参数的应用所以导致部分功能没有发挥出来,推荐的做法如图 7-8 所示。

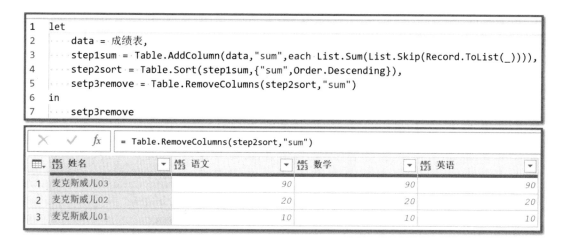

图 7-7 复合条件排序的一般解决办法

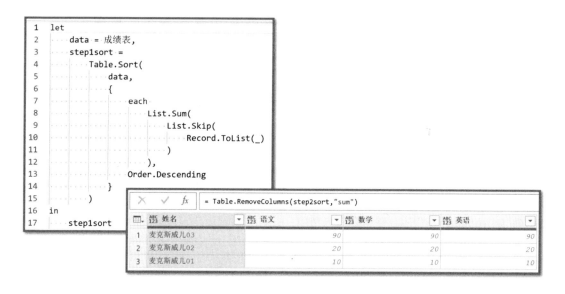

图 7-8 借用高级参数一次性实现复合条件的排序

可以看到这次我们一步便完成了上述任务,而且使用的核心函数只有一个,那就是 Table.Sort 表格排序函数。利用该函数自带的高级参数实现了虚拟辅助列的特性。

具体运行原理如下:

(1)函数会针对原数据表(成绩表)中的每一行执行"行循环"(这一点类似于 Table.AddColumn 函数)从而得到行循环的上下文,即表格中每行的行记录数据。

(2)通过在高级参数(第二参数)中定义的自定函数,我们执行对每位同学语文、数学、英语三科成绩的汇总任务。

（3）按照这个"不存在"的求和结果列对原表格进行排序，完成任务。

这里我们再展开对这个过程的细节说明。首先，第二参数的结构比较特殊，是使用列表包括的两个元素，分别为自定义函数和模式开关。其实在其他函数中也有更为简单的形式，但在 Table.Sort 函数中，因为我们需要使用这个高级参数同时实现"虚拟辅助列"和"指定排序方式"的功能，因此结构比较特别。其次，为何说这个求和列是不存在的呢？在实际情况中，系统当然是完成了对三科成绩的求和，而这里所说的不存在是指没有像常规的解决办法一样，因为添加了自定义求和列，所以求和结果会出现在表格结构中。因为我们这里使用的是高级参数，所以所有的求和结果只出现在函数运行的缓存当中，临时被计算出来，短暂地被使用，并在完成排序后会自行释放。这也是这类高级参数在代码结构上呈现出非常高的简洁程度的原因。运行逻辑可以参考图 7-9 辅助理解。

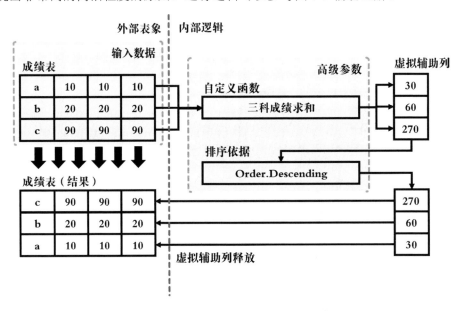

图 7-9　表格排序函数高级参数运行逻辑

7.2.2　去重的虚拟辅助列

通过对排序函数及其范例的学习，我们已经初步掌握了虚拟辅助列高级参数的使用。可能读者还有非常多的疑问，因此我们这一次更换函数对象，更换范例场景，让读者从不同的角度再一次观察虚拟辅助列高级参数的使用。相信通过两个阶段的对比学习，读者可以更容易地找出其中专属于虚拟辅助列的特征。

那么这一次的主角是去重函数，即 Distinct。它拥有的高级参数也可以帮助我们更加快速地完成数据的整理工作。例如，某公司现在有一份销售记录数据，其中包含本月份所有的销售成交记录，每一行都以销售员姓名-销售额的形式进行记录。现在要求我们从中提取一份当月所有销售员首次开单的销售记录，原始数据如图 7-10 所示。

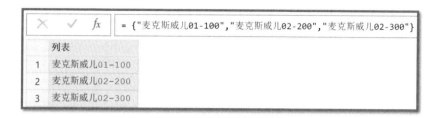

图 7-10　销售记录原始数据

如果要解决上述问题，我们的一般做法为：首先使用 Table.FromList 或 Table.FromColumns 函数将列表数据转换为表格；然后提取销售记录列分隔符"短横线"前的任务；以提取名称列为条件去重；最后删除其他列，完成任务。范例演示如图 7-11 所示。

```
1  let
2      data = #"2销售记录",
3      step1table = Table.FromColumns({data}),
4      step2extract = Table.AddColumn(step1table,"name",each Text.BeforeDelimiter([Column1],"-")),
5      step3distinct = Table.Distinct(step2extract,"name"),
6      step4remove = Table.RemoveColumns(step3distinct,"name")[Column1]
7  in
8      step4remove
```

图 7-11　复合去重的一般解决办法

可以看到，问题虽然也被成功解决，但是依旧出现了我们前面所提到的"绕路"感。明明是不复杂的一个需求，但是因为原本数据就存在一定程度的"数据团积"，因此我们需要先将其整理为干净的数据表后，再进行去重提取来完成任务。更加灵活的办法当然就是使用虚拟辅助列高级参数，如图 7-12 所示。这里读者不妨自行打开 PQ 编辑器，尝试独立运用高级参数来更快速解决这个问题。

```
1  let
2      data = #"2销售记录",
3      step1distinct = List.Distinct(data,each Text.BeforeDelimiter(_,"-"))
4  in
5      step1distinct
```

图 7-12　借用高级参数一次性实现符合条件去重任务

我们只用了一步便完成了上述去重任务，核心便是借助列表去重函数的高级参数实现类似于虚拟辅助列的功能。如果将此例与上一个排序范例进行对比，便可以清晰地看到二者的相似之处。其实除了演示的这两类函数外，在 PQM 中还存在很多具有类似特性的函数，它们都拥有一个共同的参数名称 equationCriteria 和 comparisonCriteria。读者在自学其他函数时可以参考本章介绍的典型高级参数模式去理解，以获得更高的学习效率。最后再次强调一下虚拟辅助列高级参数的运行逻辑，如图 7-13 所示。

> **说明**：equationCriteria 和 comparisonCriteria 是存在差异的，但在本章所讲解的特性中二者几乎等价，可以类比学习，二者的相似程度很高。

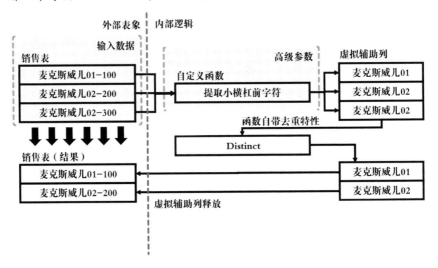

图 7-13 列表去重函数高级参数运行逻辑

7.2.3 虚拟辅助高级参数小结

通过前面两个小节的学习，我们已经掌握了具备虚拟辅助列特性的高级参数的使用方法。最后我们从整体上来观察一下这种高级参数的特性。

首先，虚拟辅助列特性其实广泛地出现在列表函数和表格函数中，除了我们前面演示过的 Table.Sort 及 List.Distinct 函数外，List.Sort 列表排序函数、List.PositionOf 列表匹配函数、List.ContainsAll 列表包含判定函数和 Table.Contains 表格包含判定函数等也拥有这个特性。不同函数对于这类高级参数的使用逻辑基本是相同的，读者可以举一反三进行学习和使用。

> **技巧**：不太确定的时候，可以通过语法提示器查看某个函数是否包含 equationCriteria 和 comparisonCriteria 的高级参数，并使用空查询进行简单测试。

其次，我们再着重了解一下虚拟辅助列这种特性。通过前面两节的演示范例，相信大家也都看到了，这种高级参数特性在运用时，其实并没有提高处理问题的能力。我们可以创造实体辅助列数据来解决问题，这对于 PQM 来说并不难。因此这种特性带来的好处是运算效率和代码精简程度的提升，类似于开发团队给我们创造的一种捷径。当我们需要创建临时辅助列时，可以选择实体辅助列，也可以选择高级参数带来的虚拟辅助列特性，多了一种更好的选择。

最后，我们再提一个细节问题，这个问题与第 3 章的循环有关。如果仔细观察虚拟辅助列特性会发现，因为我们使用的是列表数据及表格数据创建虚拟辅助列，所以所有的参数都是我们自定义的，并且系统会自动创建一个隐藏的循环框架，最终结合自定义函数和循环框架实现虚拟辅助列的创建。需要特别注意，这里的隐藏循环框架对于列表而言是元素循环，对于表格而言是逐行地记录数据循环。

7.3　条件判断类高级参数

第三类高级参数名为条件判断高级参数，它可以根据自定义指定的条件对参与运算的元素进行判断，并根据判断结果执行与函数对应的操作。看起来好像有些复杂，但实际操作相较于虚拟辅助列来说不会更复杂，也可以变相理解为它是虚拟辅助列特性的一个衍生。

7.3.1　条件抓取前 N 项元素（位置）

条件判断高级参数的第一个举例函数是 List.FirstN，用于抓取列表的前 N 项元素，其基础使用我们在入门分册中已经讲过，这里我们重点关注它的第二参数，名为 countOrCondition。非常有趣的一个名称，同时反映了该参数的两种完全不同的状态，第一种为 count，表示选择要返回的数量，第二种为 condition 条件，表示根据条件返回目标列表中的元素。具体如何使用先按下不说，我们先通过一个实际的范例感受一下。假设目前我们拥有一个列表数据，在其尾部拥有部分冗余数据，现在要求抓取其中的纯数据部分，移除尾部冗余。原始数据如图 7-14 所示。

可以看到我们的抓取目标是前面的所有数据，而后附的一些补充信息并不在考虑范围内。遇到类似的数据整理问题时我们的做法是：首先使用列表循环函数将所有的数据转化为数字类型；然后移除列表中的所有错误值，代码演示如图 7-15 所示。

通过创建循环结构，再利用数据类型转换配额错误屏蔽关键字，实现了将非目标数据转换为空值的效果，最后再将空值筛选、去除，完成任务。这个解决思路"绕路感"不是那么强。但实际上，我们可以借助 List.FirstN 的高级参数一次性抓取满足要求的结果数据，演示如图 7-16 所示。

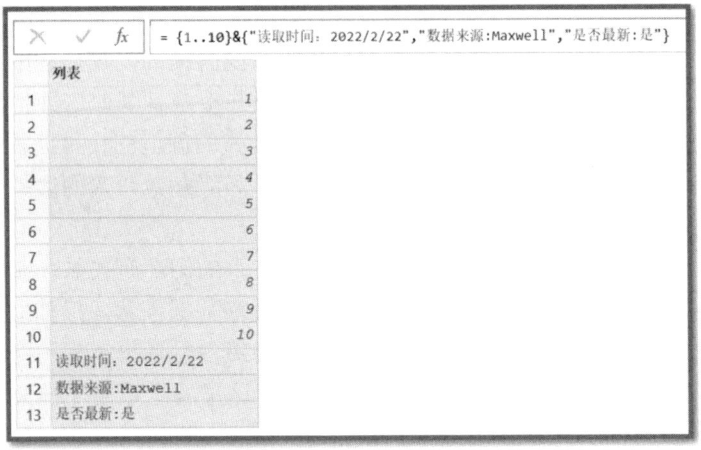

第 3 篇　函数进阶

图 7-14　待处理原始数据

图 7-15　尾部冗余清理的一般解决办法

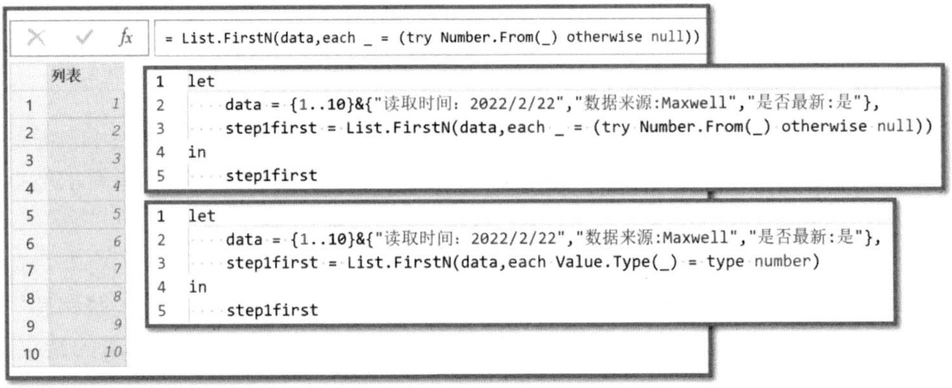

图 7-16　借用高级参数高效处理尾部冗余清理问题

首先看上面的解决方法。在使用 List.FirstN 函数之后，我们直接为第二参数设定了自定义函数，用于判断列表中的元素是否满足为非目标值的条件，最终直接获取到了目标数据。首先，系统自动构建循环框架，然后依次判断其中的元素是否满足第二参数所指定的条件，如果计算结果返回 true 则表示满足，否则表示不满足，系统会自动提取第一次不满足条件之前的所有列表元素。

针对上面的描述有一些细节情况需要补充：首先，在循环框架上，与虚拟辅助列的完整全循环框架不一样，List.FirstN 函数的高级参数所创建的循环称为"半循环"，即列表中的所有元素不一定都会循环提取和执行一遍第二参数所定义的自定函数。具体循环多少个元素，完全取决于条件判定的结果；其次，构建的半循环也是从列表开头进行循环并且会持续执行，直到遇到不满足条件的元素才停止，类似于第 3 章介绍的条件 while 循环。

因此综合上面补充的两个细节可以看到，演示范例中的公式会依次提取列表元素执行第二参数定义的函数运算，并根据返回结果决定是否继续执行循环。对于前半段的数字而言，因为抓取结果均为数字，不会产生错误，所以自定函数的判定结果均为 true，一直未生效，循环持续执行。一旦进入尾部冗余数据的范畴，因为经过 Number.From 函数转化为数字的过程后变为错误值，自定义函数输出 false，所以触发判定，系统停止循环。最终结果中便不再包含冗余部分的数据，只剩下干净的数字部分。List.FirstN 函数高级参数的运行逻辑如图 7-17 所示。

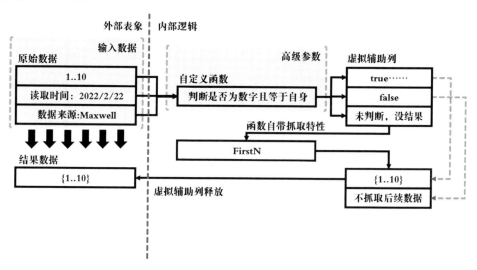

图 7-17　List.FirstN 函数高级参数运行逻辑

> **说明**：图 7-16 演示的为第二种解决方式，整体框架依旧采用了 List.FirstN 函数的高级参数，但是条件判断部分的写法比较特别。感兴趣的读者可以自行理解和尝试。实操中不建议这么书写，因为类型数据的相关功能不稳定，存在一定风险。

7.3.2 条件抓取前 N 项元素（大小）1

看到本节的标题，你是否会觉得和 List.FirstN 很相似，心里大概已经知道要讲什么了。如果是这样，那么麦克斯真的非常高兴，因为你已经吸收了上一节的核心内容，已经观察到规律准备举一反三了。在这里提醒一下读者，本节讲解的大部分范例逻辑与上一节是相同的，因为它们都是为了讲解条件判定高级参数而准备的范例。List.MaxN 列表最大值提取函数可以视为 PQM 中较难的函数，因为它将两个非常重要的高级参数"杂糅"在了一起（这里我们重点讲解其中的一项），要认真了解它的特性。

这里依旧以一个简单的实际范例作为引入。假设我们拥有学校某班级某次考试的成绩、姓名和性别信息数据，现要求获取高分同学的记录（高分要求为大于 90 分，并且从高到低进行排序），原始数据如图 7-18 所示。

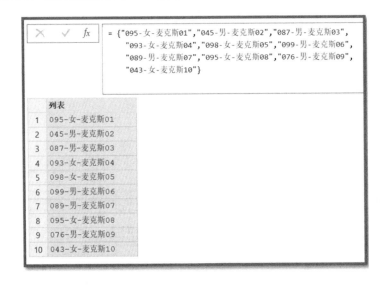

图 7-18 原始成绩记录

可以看到数据呈列表形式，其中，成绩、性别和姓名三个字段使用短横线作为连接符存储在一个单元格中，并且行与行之间的成绩是乱序排列的。因此最终想要获取高分同学的成绩，一般的思路是：首先，利用列表筛选函数实现对高分同学记录的筛选；其次，利用列表排序的虚拟辅助列参数实现对该复合列表的成绩降序排序，代码演示如图 7-19 所示。

因为该问题的核心处理需求集中在条件筛选和排序上面，因此在两个步骤中分别完成了对这两个环节的处理。值得一提的是，这里的列表排序使用了我们在前面讲解的虚拟辅助列高级参数，降低了代码的复杂程度。如果我们从另一个角度来理解排序，其实就是比较大小。因此，使用 List.MaxN 函数便可以直接实现上述功能，代码如图 7-20 所示。

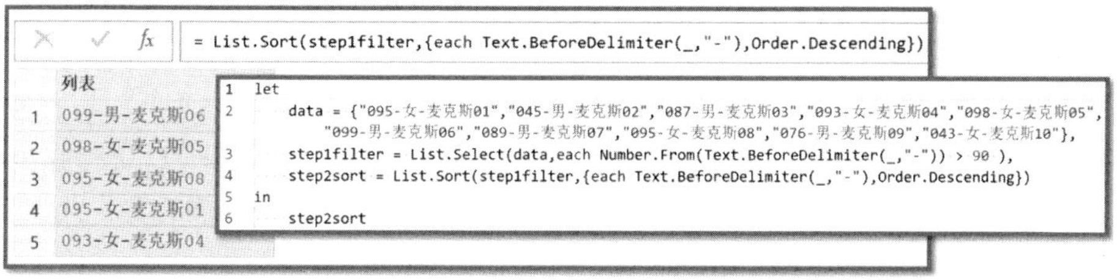

```
= List.Sort(step1filter,{each Text.BeforeDelimiter(_,"-")},Order.Descending})
```

列表	
1	099-男-麦克斯06
2	098-女-麦克斯05
3	095-女-麦克斯08
4	095-女-麦克斯01
5	093-女-麦克斯04

```
1  let
2      data = {"095-女-麦克斯01","045-男-麦克斯02","087-男-麦克斯03","093-女-麦克斯04","098-女-麦克斯05",
               "099-男-麦克斯06","089-男-麦克斯07","095-女-麦克斯08","076-男-麦克斯09","043-女-麦克斯10"},
3      step1filter = List.Select(data,each Number.From(Text.BeforeDelimiter(_,"-")) > 90 ),
4      step2sort = List.Sort(step1filter,{each Text.BeforeDelimiter(_,"-")},Order.Descending})
5  in
6      step2sort
```

图 7-19　成绩筛选排序问题的一般解决办法

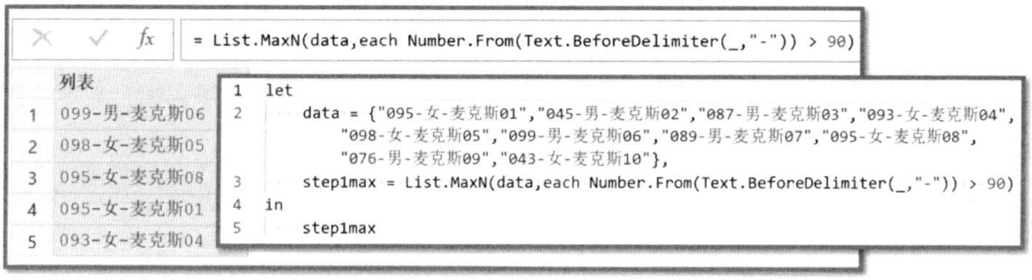

```
= List.MaxN(data,each Number.From(Text.BeforeDelimiter(_,"-")) > 90)
```

列表	
1	099-男-麦克斯06
2	098-女-麦克斯05
3	095-女-麦克斯08
4	095-女-麦克斯01
5	093-女-麦克斯04

```
1  let
2      data = {"095-女-麦克斯01","045-男-麦克斯02","087-男-麦克斯03","093-女-麦克斯04",
               "098-女-麦克斯05","099-男-麦克斯06","089-男-麦克斯07","095-女-麦克斯08",
               "076-男-麦克斯09","043-女-麦克斯10"},
3      step1max = List.MaxN(data,each Number.From(Text.BeforeDelimiter(_,"-")) > 90)
4  in
5      step1max
```

图 7-20　借助高级参数完成成绩筛选排序任务

可以看到 List.MaxN 函数一次性完成了两个步骤的综合任务。这个过程是如何实现的呢？对于 List.MaxN 函数来说，第二参数是高级参数 countOrCondition，其有两种状态。不论对于哪种状态来说，函数的第一步操作均为将原列表数据降序排序，如图 7-21 所示。

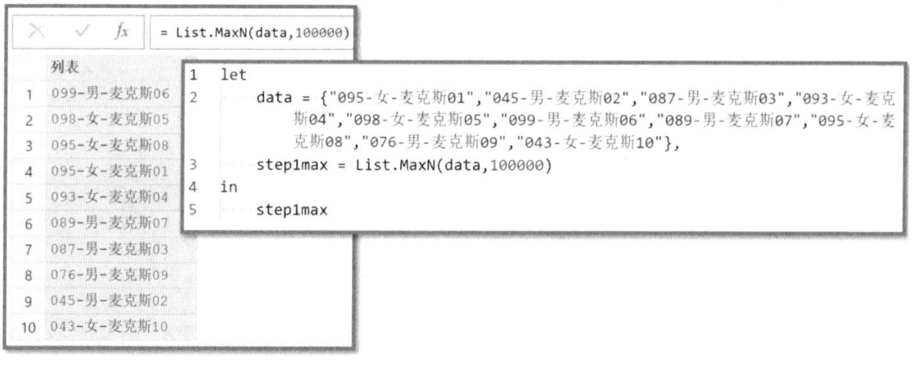

```
= List.MaxN(data,100000)
```

列表	
1	099-男-麦克斯06
2	098-女-麦克斯05
3	095-女-麦克斯08
4	095-女-麦克斯01
5	093-女-麦克斯04
6	089-男-麦克斯07
7	087-男-麦克斯03
8	076-男-麦克斯09
9	045-男-麦克斯02
10	043-女-麦克斯10

```
1  let
2      data = {"095-女-麦克斯01","045-男-麦克斯02","087-男-麦克斯03","093-女-麦克斯04","098-女-麦克斯05","099-男-麦克斯06","089-男-麦克斯07","095-女-麦克斯08","076-男-麦克斯09","043-女-麦克斯10"},
3      step1max = List.MaxN(data,100000)
4  in
5      step1max
```

图 7-21　List.MaxN 函数运行第一步：默认降序排序

当我们为 List.MaxN 函数的第二参数设定一个远大于列表元素数量的值时，便可以看到返回结果是完整的原始数据列表。但不是原有的顺序，而是降序排序（对于数字和文本等都遵循降序排序的规则）。而本质上高级参数的 count 部分也正是从这样的一个降序列表中抓取前 N 项的返回结果。

运行逻辑的第二步是根据第二参数所指定的条件，即 countOrCondition 的 Condition 部分会依次对已排序的原始数据列表进行循环判断并提取结果。先给出结论：这个过程几乎和 List.FirstN 函数一模一样，可以类比学习，快速理解。主要的区别之一在于我们会对输入原始列表进行预排序，再对预排序的结果进行逻辑判断。在本例中是从头开始依次对列表元素中的成绩进行判定，只要满足分值大于 90 分便保留，直到遇到第一个不大于 90 分的数据停止，类似逻辑如图 7-22 所示。

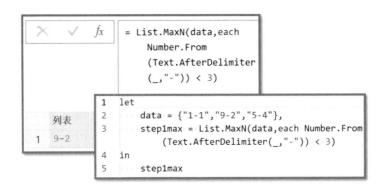

图 7-22　List.MaxN 函数运行第二步：从前往后的条件判断

原始数据在执行完第一步降序排序后，正确的顺序应当为"9-2、5-4、1-1"。在经过条件抓取后满足小于 3 的元素应该有"9-2、1-1"，但实际只返回了"9-2"。这就是从前往后的判断逻辑，当遇到第一个不满足的判断结果时便终止运行，即使后续还有满足条件的项目也不纳入判断，与 List.FirstN 函数非常相似。

通过以上两个步骤对 List.MaxN 函数的运行逻辑进行了剖析，希望读者能理解它的工作原理。最后，通过范例的运行逻辑示意图来梳理一下整个过程，如图 7-23 所示。

7.3.3　条件判断高级参数小结

前面我们完成了对条件判断高级参数的学习。该参数的官方名称为 countOrCondition，常规场景下简单模式为 count，可以指定要获取的目标数据个数的信息；复杂模式下也可以采用 condition 模式，使用自定义函数设定判断条件更有针对性地保留目标数据。这有点像我们在入门分册中对函数的二级分类，提取数据是按照位置或条件来实现，这里的条件判断高级参数正是将两种性质合二为一的一种尝试。

和其他我们列出来的 PQM 典型高级参数一样，条件判断高级参数的使用场景不仅限于我们详细描述的 List.FirstN 函数和 List.MaxN 函数，在其他函数如 List.Skip、List.RemoveFirstN、Table.Skip 和 Table.FirstN 中也会出现，可以举一反三进行理解和学习（同时要注意每个函数的专属特性，如 List.MaxN 函数就有独特的隐性降序排序操作等）。

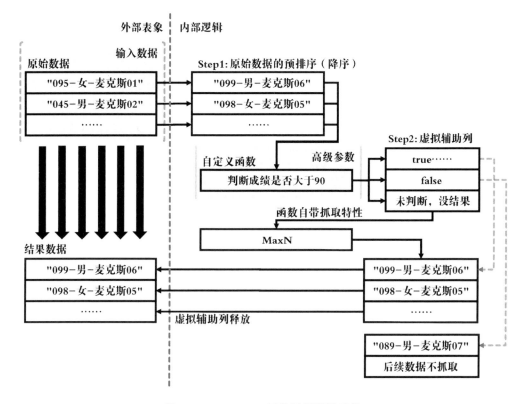

图 7-23 List.MaxN 函数运行逻辑示意

最后还要提一下隐藏的循环结构性质。和虚拟辅助列高级参数一样，条件判断高级参数同样会为函数新增隐性的循环框架。但是这里的循环框架结构和虚拟辅助列有一个本质的区别需要着重强调，那就是这里的循环不一定会执行完，而是根据条件来决定执行多少次，以及执行到哪里。

7.4 虚拟辅助类高级参数（进阶）

第四类高级参数严格来说不算一个新的类型，它是常规"虚拟辅助列"高级参数的进阶版本，拥有更复杂的运行逻辑，读者在学习 PQM 函数语言的过程中经常受其困扰。虽然特性上有所差异，但在官方文档给出的函数语法结构中，虚拟辅助列高级参数的名称均为 equationCriteria，不论是否拥有进阶特性。

7.4.1 复杂条件的定位匹配

对于虚拟辅助列高级参数的第一个进阶函数我们介绍列表定位函数 List.PositionOf 的

高级版本——List.PositionOfAny 函数。它可以使用对多个目标值查找列表元素的索引位置，是日常处理数据常用的一个函数，其基本使用如图 7-24 所示。

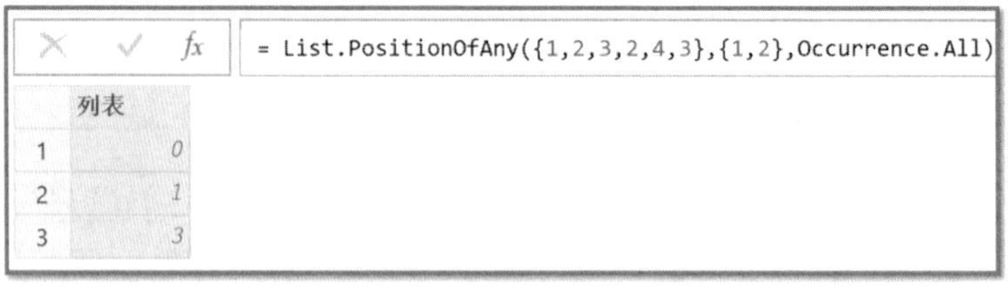

图 7-24　List.PositionOfAny 函数使用演示

可以看到，List.PositionOfAny 函数轻松实现了从数字列表中定位所有数字 1 和数字 2 出现的索引位置（0 起），分别为 0、1、3。其中第三参数 Occurrence 函数便是我们介绍的第一类附加特性高级参数。使用它，我们完成了对所有目标查找值出现位置的定位。

以上是基本用法，不属于我们这次关注的重点。我们这次的目标是 List.PositionOfAny 函数的第四参数，其可以指定自定义规则，完成更复杂的条件定位匹配任务。下面使用一个具体的实例来说明。假设现在我们拥有一组学校录取名单数据，如图 7-25 所示。我们的目标是要定位所有学校的标题所在的行，以便将其分组处理和显示。

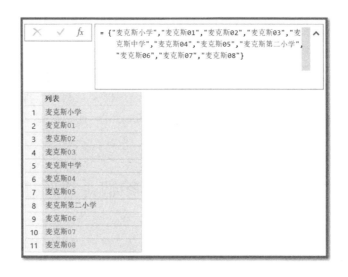

图 7-25　原始数据

如图 7-25 所示为原始数据，它被不同的学校名称分为了三组。每组包含一行基础标题数据及若干行不等的学生姓名数据。现在要求定位所有学校标题所出现的行索引位置。

常规处理思路如下：

（1）构建列循环框架，依次读取所有列的原始数据。

（2）进入循环框架，读取每个数据点，并判断结尾是否"小学"或"中学"。
（3）如果是则返回对应行的索引号，否则返回空值 null。
（4）移除列表中的所有空值。

代码演示如图 7-26 所示。

```
= List.RemoveNulls(step1transform)
1  let
2      data = {"麦克斯小学","麦克斯01","麦克斯02","麦克斯03","麦克斯中学","麦克斯
           04","麦克斯05","麦克斯第二小学","麦克斯06","麦克斯07","麦克斯08"},
3      step1transform =
4          List.Transform(
5              List.Positions(data),
6              each
7                  if  Text.End(data{_},2) = "小学" or
8                      Text.End(data{_},2) = "中学"
9                  then _
10                 else null
11             ),
12     step2remove = List.RemoveNulls(step1transform)
13 in
14     step2remove
```

图 7-26　复杂条件定位标题的一般解法

我们使用 M 代码复现了上述 4 步的操作逻辑，最终返回三组数据标题所在的索引行号，分别为 0、4、7（在这组代码中使用了一个典型的索引抓取循环技巧，值得读者去练习）。不过即使解决了问题，也同样存在着结构复杂，使用大量函数才可以实现的问题。因此我们引入 List.PositionOfAny 函数的高级参数来解决这个问题，演示代码如图 7-27 所示。

```
= List.PositionOfAny(
1  let
2      data = {"麦克斯小学","麦克斯01","麦克斯02","麦克斯03","
           麦克斯中学","麦克斯04","麦克斯05","麦克斯第二小学","
           麦克斯06","麦克斯07","麦克斯08"},
3      step1transform =
4          List.PositionOfAny(
5              data,
6              {"中学","小学"},
7              Occurrence.All,
8              each Text.End(_,2)
9          )
10 in
11     step1transform
```

图 7-27　借助高级参数处理复杂条件定位问题

可以看到完成相同任务，这次只使用了一个函数。虽然依旧用了 4 行，但这里只是做代码格式化，让读者能更好地区分 4 个参数各自的任务。

最明显的变化除了增加第四参数的高级参数以外，原来的第二参数目标查找值其实也发生了一些变化。这是很重要的一个观察点，可以看出原数据中不包含任何"小学"或"中学"的目标值。这里的目标值需要随着第四参数的规则设置而发生变化。例如在演示范例中，第四参数执行的逻辑为提取原始数据列中每个元素的末尾两个字符。读者可能会认为，按照虚拟辅助列高级参数的逻辑，系统是这样运行的：

（1）构建循环，将原列表数据的每个值提取末尾两位，形成虚拟辅助列。
（2）根据修改过的目标查找值在虚拟辅助列中查找索引位置。
（3）根据第三参数的设定返回查找结果。

错误的理解方式逻辑示意图如图 7-28 所示。

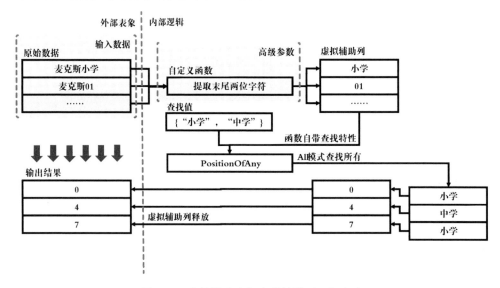

图 7-28　虚拟辅助高级参数的错误理解方式

再次强调，这种理解方式虽然在本范例中没有出现问题，但是并没有真实地展现出进阶虚拟辅助高级参数的处理逻辑，后果是会导致使用者在其他场景下不知不觉地掉入"陷阱"。

为了让大家更好地理解其中的运算细节，我们独立搭建了一个能够完整反映进阶虚拟辅助列高级参数特性的小环境来进行说明。在理解真实的运算逻辑后，我们再返回本节的范例进行二次理解。小环境的代码如图 7-29 所示。

该范例代码没有公布结果。按照此前的逻辑，先留一点时间给读者自行判断，你认为这个代码会返回什么样的结果呢？答案如图 7-30 所示。

不知道答案是否符合你的预期呢？如果按照常规的虚拟辅助列思维来看，由于我们对原始数据列表进行了提取和类型转换处理，因此辅助列应为 1、2、2，直接定位数字 2 应当是没有任何问题的。但是结果给出了"无法将值 2 转换为类型 Text"的错误。这是为什么呢?

```
1  let
2      data = {"a-1","b-2","c-2"},
3      position =
4          List.PositionOfAny(
5              data,
6              {2},
7              Occurrence.All,
8              each
9                  Number.From(
10                     Text.AfterDelimiter(_,"-"))
11             )
12         )
13 in
14     position
```

图 7-29　虚拟辅助高级参数运行逻辑说明 1

图 7-30　范例演示答案

以下是正确的理解方式:

(1) 上面第一步的理解是没有任何问题的,系统会按照类似于虚拟辅助列高级参数的处理方式对原始数列表执行循环,并按照高级参数定义的函数完成对所有列表元素的处理。

(2) 这一步很关键,系统并非直接将目标查找值放入虚拟辅助列中进行查找,而是将设定的目标查找值输入高级参数自定义函数中进行运算。

(3) 将原始列表数据的处理结果和目标查找值的处理结果过进行比对和匹配,只有结果相同时才返回其所在位置的索引号,完成整个定位过程。正确的运算逻辑示意如图 7-31 所示。

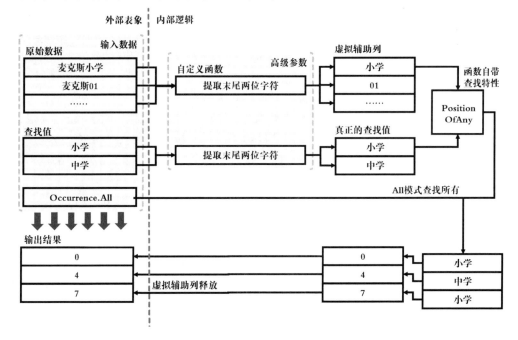

图 7-31　虚拟辅助高级参数的正确理解方式

对比正确和错误的理解方式之后可以看到，最关键的一点是，是否将目标查找值也输入高级参数自定义的函数中进行处理，这也是如图 7-30 所示错误值的产生原因，因为数字 2 作为目标查找值也会被输入自定义函数中进行文本提取，所以最终因为类型不匹配而返回错误，正确的写法如图 7-32 所示。

图 7-32　虚拟辅助高级参数运行逻辑说明 2

通过修改目标查找值参数为文本-2，便可以满足参与自定义函数运算的要求，因为最终经过处理后，目标查找值为文本 2，因此可以返回正确的结果。这里特别注意的一点是，因为调整了目标查找值，所以在自定义函数部分的类型转换函数 Number.From 便是多余的，可以删除。

至此，我们已经可以正确理解进阶虚拟辅助高级参数的运算逻辑了。为了便于大家理解，麦克斯一般会将第二参数称为"标准答案"，即如果在原始数据列表中经过自定义函数处理的结果与"标准答案"经过自定函数处理的结果一样，那么就视为定位成功，返回目标值所在位置的索引号。所以其实在目标查找值的部分输入 a-2、b-2 甚至-2 都是不影响正确结果的，在这个范例中它们都具备第二参数应该有的特征。

最后，让我们再返回到实操范例中重新理解代码的运算逻辑，如图 7-33 所示。

正确的运行逻辑如下：

（1）对原始数据列表构建循环框架，并按照高级参数指定的自定义函数循环处理所有的列表元素，得到虚拟辅助列 1，其中包含所有元素的后两位字符。

（2）将目标查找值列表同样输入高级参数所定义的自定义函数中进行循环处理，得到虚拟辅助列 2，该列为"标准答案"。因为这里的目标查找值仅有两个字符且均为文本，所以不会出现我们此前见到的错误值返回。

（3）查看虚拟辅助列 1 中哪些元素与虚拟辅助列 2 的标准答案匹配，再根据第三参数设定的返回模式，返回匹配元素的索引位置，完成任务。

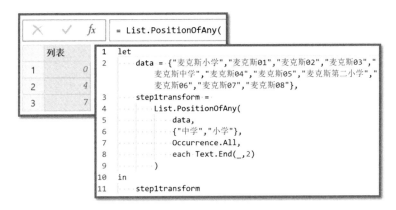

图 7-33　借助高级参数处理复杂条件定位问题

7.4.2　表格行数据的匹配移除

第二个演示范例同样包含类似的高级参数使用逻辑，读者可以举一反三，帮助理解。在这里向读者展示一个熟悉又陌生的环境，以加深对这类高级参数的理解，防止在实际问题处理过程中没有识别出它的"真面目"。

本次范例的主角为表格行数据匹配移除函数 Table.RemoveMatchingRows，这里依旧以一个简单的实操范例进行说明。假设现有一张值班表，其中包含日期和多个值班员的字段列，如图 7-34 所示。现在要求移除表格中与自己不相关的值班记录。

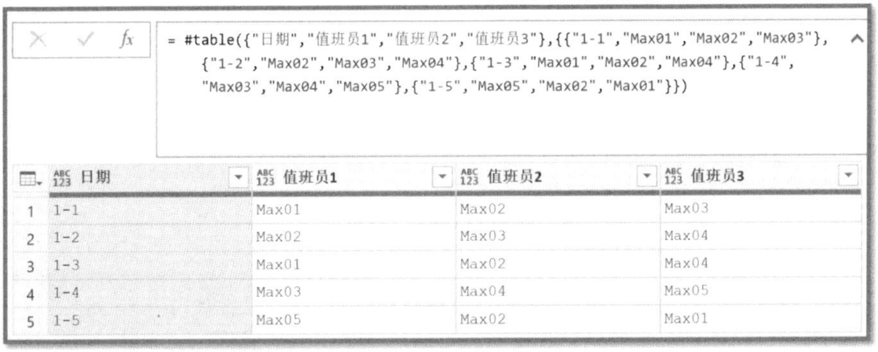

图 7-34　原始数据

原始数据表格中共有 4 个字段，分别为日期及当天的三位值班员姓名字段。假设笔者为值班员"Max01"，我们希望移除所有无关的值班记录。常规的处理思路为：使用表格筛选函数进行复杂筛选条件定义，代码如图 7-35 所示。

图 7-35　移除无关记录的一般处理方法

这是该问题的一般解决办法。说实话，这个方法的复杂度已经降到 PQM 允许范围内的一个较低的范围，没有精简的必要。因为在表格或者列表元素的抓取及保留上面，筛选函数拥有最高的灵活度。

在这里我们还是会继续给出表格移除行函数的使用方法，一方面是为了训练虚拟辅助列高级参数的使用，另一方面是为了让大家看看正向思维和反向思维处理问题的差异。如果仔细观察上面处理问题的过程会发现，我们的任务目标是移除不包含自身的相关记录，但利用筛选功能实现的其实是"保留与自身相关的记录"。虽然二者的结果是相同的，但是二者的解决思路完全不同，这种思维在我们日常处理数据问题时常常会使用到。接下来，我们来看看使用 Table.RemoveMatchingRows 函数，正向贴合移除逻辑的解决方法，如图 7-36 所示。

图 7-36　借助高级参数完成移除无关记录任务

我们使用表格移除匹配行函数完成了相同的任务，返回了相同的结果。但麦克斯相信部分读者在阅读上述代码的时候会遇到一些困难,这个困难也正是我们本次第二范例要着重说明的地方。

在正常情况下,如果我们要使用表格移除匹配行函数进行数据移除,在高级参数的部分一般是直接描述"需要移除的目标记录特征"。例如,我们在上一个范例中定位目标元素的索引位置,在高级参数部分描述目标值的尾部特征。但是从图 7-36 所示的代码中可以看到,我们的要求是移除与自身无关的记录,那么高级参数也应当描述"与自身无关的记录",但是其代码与图 7-35 中的代码判断部分是完全相同的,描述的是"与自身相关的记录"。这里面有点矛盾。

要理解这一点,我们需要再次强调虚拟辅助列高级参数的运算逻辑。在运算逻辑当中其实并没有某种正向或反向的概念。无论你的描述是什么,函数所执行的永远都是将"目标值标准答案"输入函数,然后筛选出与标准答案匹配的原始数据项目。因此在这个范例中,我们提供的标准答案是"[]"空记录,而空记录经过高级参数自定义函数处理的结果是 false,因此会自动匹配原始数据表中所有经过自定义函数判定同为 false 的行,最终这些匹配的行将被执行移除操作。那么自然,只有与自身不相关的表格行记录数据会被判定为 false 进而被移除,由此我们完成了任务。因此,我们在实操中其实完全可以挑选容易描述的方面进行自定义函数的编制,逻辑判定的反转与否可以通过修改"标准答案"进行更改。双向逻辑对比代码如图 7-37 所示。

图 7-37　通过调整标准答案使逻辑反向

可以看到,我们对第二参数的标准答案做了一些修改,实现了移除所有"与自身相关的"表格数据记录。通过两种状态的对比,可以更清晰地看到其中的逻辑差异,在实操中可以灵活运用。

7.4.3　虚拟辅助高级参数小结

通过前面几节内容的学习,我们已经掌握了虚拟辅助高级参数的使用。它属于虚拟辅助列高级参数的升级版本，参数名均为 equationCriteria，新增了"标准答案"的特性，让我们可以更加精准地控制目标值的匹配。重点掌握目标值与自定义函数的配合逻辑即可。

另外这类高级参数同样不只出现在上述范例的两个成员 List.PositionOfAny 和 Table.RemoveMatchingRows 中，在列表及表格函数带 Position、Matching 和 Contains 字样的函数中也有可能会出现，使用时请注意关联，举一反三。

7.5 复合高级参数的配合应用

最后我们来填补一下在前面留下的"小坑"，讲一下 List.MaxN 函数的第二个高级参数的使用。在这个函数中除了列表数据输入参数外，还包含我们已经介绍的 countOrCondition 高级参数，以及另一个高级参数 comparisonCriteria。只有通过这两个高级参数的共同作用，List.MaxN 函数和 Table.MaxN 函数才能够发挥完整的功能。因为它杂糅了这两个高级参数的使用特性，我们可以将其称为复合高级参数。

7.5.1 条件抓取前 N 项元素（大小）2

还记得我们在 7.3 节中列举的范例吗？提取满足高于 90 分同学的名单。这里我们依旧沿用这个案例，但稍微对数据环境做一些修改，你会发现使用原来的那种处理方式就不可行了。修改后的代码及结果演示如图 7-38 所示。

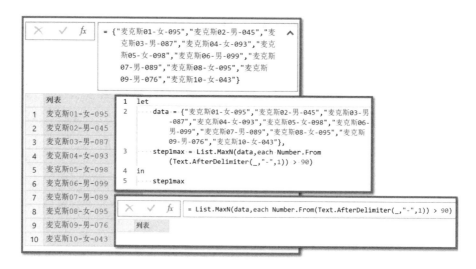

图 7-38　修改数据后原代码失效

可以看到，在原始数据方面其实并没有很大的区别，唯一改动的是在内容列表中各个字段的前后排列顺序,从原本的"分数-性别-姓名"被修改为"姓名-性别-分数"。其次,因为字段顺序的变化而配套修改了 List.MaxN 函数 countOrCondition 参数部分的分值提取逻辑。虽然做了对应修改,但是结果依然不能够正确返回,这是什么原因呢?

通过结合 List.MaxN 函数的运算逻辑可知,原因是系统会在条件判定提取前会对数据进行降序排序。而在修改后的数据中,因为分数在后面,姓名在前面,所以排序结果便由原本的成绩降序排序转变为姓名降序排序。在降序排序后,首个学生记录为"麦克斯10",其对应分值为 43,没能通过 Condition 高级参数的条件判定,因此返回结果为空。

这里,麦克斯举这个例子是想说明在利用 List.MaxN 函数的过程中,只掌握一个高级参数会存在一定限制,无法更加灵活地控制整个提取过程。而这种对排序的控制,其实可以通过该函数的 comparisonCriteria 来解决。这里麦克斯就不卖关子,先给出代码结论,然后再聊聊其中的执行细节及注意事项。解决代码如图 7-39 所示。

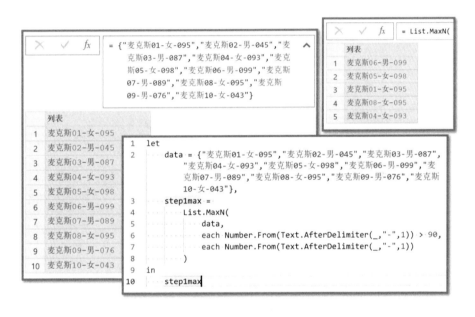

图 7-39 借助复合高级参数解决问题

如果你突然看到这样的一串代码,不知道有何感想。虽然只有简简单单的几行,但是却看不懂。不要紧,放轻松,在学习本章内容之前这可能是一个难点,但现在我们已经掌握了不少高级参数的使用经验,只需要稍作说明即可理解了。

首先需要明确的一点便是:对于两个高级参数,不论外表看它们多么相似,甚至在实操中可能会出现一模一样的情况,如图 7-40 所示,但它们的作用、实现的效果、控制的环节是完全不同的。

说明:读者暂时不需要纠结为什么会返回这个结果,完整阅读后作为思考题练习吧。

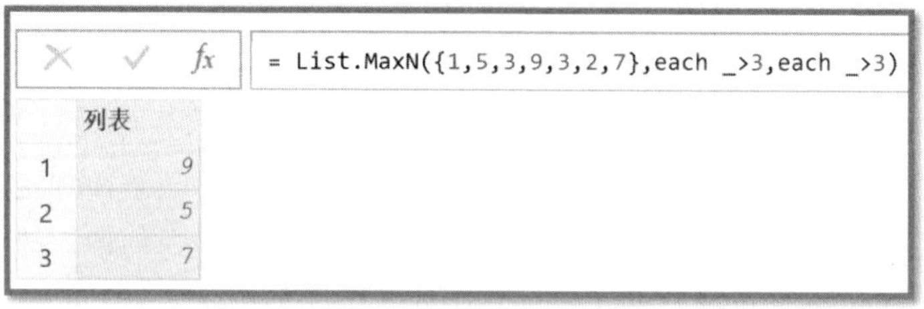

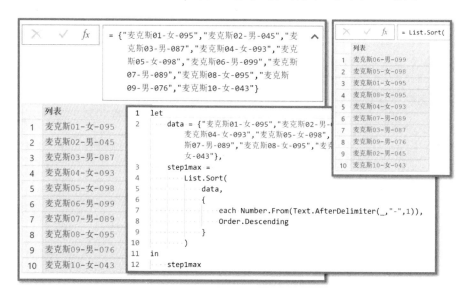

图 7-40 思考题

首先我们来说新增的这个 comparisonCriteria 参数带来的特性。它的作用是构建循环列表，对原数据列表中的每个参数都执行一次运算，并根据运算结果对原列表进行降序排序。

读者有没有联想到什么？这个性质是不是很像排序的虚拟辅助列？类似于使用 List.Sort 函数高级参数对原列表指定运算规则然后再去排序，如图 7-41 所示。

图 7-41 高级参数的排序效果代码模拟

再来看 countOrCondition 高级参数的特性。这个是我们非常熟悉的过程，系统会对列表数据从头到尾建立循环结构，依次经过自定义函数的处理后保留满足条件的结果，直到遇到第一个未满足条件的判定，类似于使用 List.FirstN 函数对排序后的列表执行大于 90 分的判定，并保留从开头起连续大于 90 分的数据点，如图 7-42 所示。

综合上述两个步骤再来理解我们在图 7-39 中所见到的代码便不会再有任何困难了，整体运行逻辑如下：

（1）系统依据第三参数所指定的规则对数据列表进行循环处理，并依据处理结果对原数据列表降序排序。

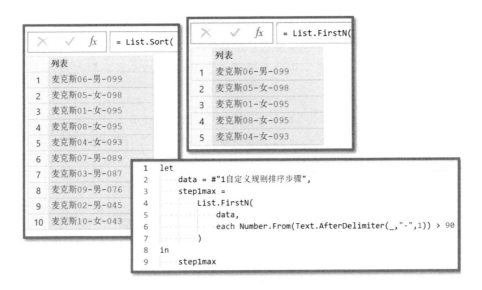

图 7-42　高级参数的条件抓取效果代码模拟

（2）在降序排序列表的基础上执行第二参数所指定的条件判定。

（3）从列表头部元素开始判定，一直到第一次出现未满足判定的元素。逻辑示意如图 7-43 所示。

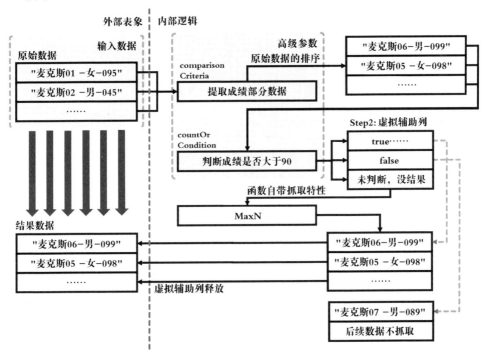

图 7-43　List.MaxN 函数的完整运行逻辑

至此，我们已经完成了对 List.MaxN 函数两大高级参数的复合应用逻辑的介绍。由于两类高级参数我们在前面已经分别讲解过，大家都比较熟悉了，这里着重关注的是两个高级参数的配合使用上。类似的逻辑也会出现在函数 Table.MaxN 表格最大 N 行上，可以类比使用。

> 注意：List.MaxN 函数和 Table.MaxN 函数虽然类似，但是开发团队并没有为参数的位置进行统一设定，因此要注意这两个参数不要设置在错误的位置上，函数语法对比如图 7-44 所示。

```
List.MaxN(list as list, countOrCondition as any, optional comparisonCriteria as any, optional includeNulls
```

```
Table.MaxN(table as table, comparisonCriteria as any, countOrCondition as any) as table
```

图 7-44　高级参数位置在不同函数中的差异演示

最后，我们再对前面遗留的思考题做一点简单的补充。读者可以先自行思考其运行逻辑，在脑海中推演为何会返回如图 7-40 所示的结果。

按照 List.MaxN 函数的运行逻辑，我们会首先对原始数据列表中的每个元素执行大于 3 的判定，并依据判定结果对列表进行排序。因此第一步返回了"大大大小小小"6 个数字元素。在第二步中因为判定逻辑同样为"是否大于 3"，所以只有前三项"大大大"被保留作为最终结果输出，剩余的"小"字被移除。

7.5.2　筛选销售员最高销售记录案例

理论部分讲解完毕，在这里我们提供一个用于练习 List.MaxN 函数复合高级参数应用的案例，帮助大家理解对于不同类别高级参数的使用及高级参数之间如何配合应用。

1. 案例背景

案例场景：原始数据为公司各销售员的全年销售数据，但数据都团积在单个文本字符串中，现在要求提取出个人全年销售业绩最好的月份的记录并合并显示所有结果。原始数据与目标实现效果如图 7-45 所示。

可以看到，在原始数据中包含两个字段的表格数据，分别为销售员及销售额。其中，销售额字段包含每位销售员对应不同月份的销售额明细记录。现在要求提取每位销售员拥有最高销售额的相关月份的记录。

第 7 章　高级参数

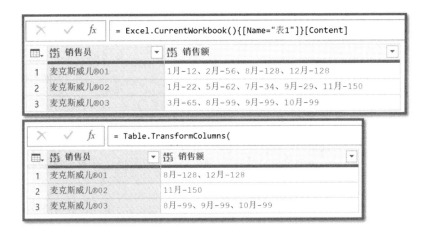

图 7-45　筛选销售员最高销售记录：原始数据与目标效果

2. 思路分析

遇到问题时，可以采用我们在入门分册中便已经学习过的"两角度"分析方法。在结构上本案例要求对数据结构没有改动。主要的变化体现在信息层面上，我们需要清除部分非目标数据，提取目标数据，因此整体可以选取 Table.TransformColumns 作为框架函数构建循环。

进入销售额列，获取每位销售员的所有销售记录数据后，问题便转换为如何对不同月份的销售额记录进行抓取，排除其他冗余值。这时便需要 List.MaxN 函数来发挥作用了。因此我们将每位销售员的销售额拆分为列表，输入列表最大项函数，然后设置对应的条件即可完成任务。这个步骤就需要配合使用我们在前面学习的复合高级参数。

3. 解答代码

如图 7-46 所示为案例解答代码，主体被分为三段。第一段用于构建循环批处理框架，使得我们可以进入销售额列字段数据并依次提取每位销售员的所有销售记录。第二段则利用内嵌 let…in 结构完成部分准备工作，如将提取得到的每位销售员记录按月拆分为列表，以及构建用于从数据点"月份-销售额"中提取销售额数据的自定义函数。

第三段则是使用 List.MaxN 函数的主要"阵地"。我们首先对拆分后的列表数据 data 执行循环运算，根据高级参数 comparisonCriteria 所指定的提取自定义函数抓取数据点中的销售额进行降序排序。然后在降序排序列表的基础上，执行高级参数 countOrCondition 所指定的条件判断，保留前 N 条降序排序的销售额。

这个部分的内嵌逻辑相对有些复杂，核心是为了应对可能出现的多条并列最高销售额的情况。因此需要先找出该销售员所有销售记录中的最高额，然后将其作为控制 List.MaxN 函数的条件（具体实现方法很多，此处尽量多使用 Max 系列函数）。

• 173 •

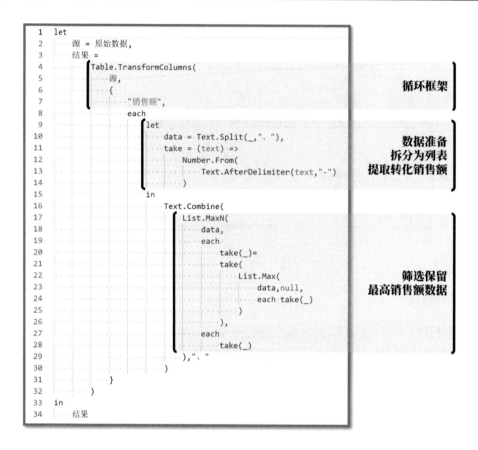

图 7-46　筛选销售员最高销售记录：解答代码

7.5.3　复合高级参数的配合应用小结

通过前面的学习，我们以 List.MaxN 函数为例了解了在 PQM 当中高级参数的配合使用方法。说实话，目前这种情况在 PQM 当中出现得较少，可以说是绝无仅有的双高级参数复合函数。这也使得平平无奇的一个简单的最大值抓取函数升级成了 PQM 当中最难以掌握的函数之一，难度甚至能够与 List.Generate 相提并论。不过随着难度提升，我们也获得了更强大的数据操控能力。

7.6　本 章 小 结

本章我们介绍了典型的几大类 PQM 函数的高级参数运用。实际上这并不能完全覆盖 M 函数中所有的高级参数。某些函数有独属于自己的特殊性能，这需要我们通过更多的实操练习进行掌握。关于这部分参数的使用，在下一章中会涉及。

最后我们再简单回顾一下本章的关键要点。本章的关键字为"运用高级参数"，因此我们的主要目标集中在 PQM 函数高级参数的使用上。本章介绍了 5 大类典型高级参数的运用，它们分别是附加特性高级参数、虚拟辅助高级参数、条件判断高级参数、虚拟辅助高级参数（进阶）和复合高级参数。其中，附加特性高级参数的使用是最简单且多变的，每个函数所附加的特性需要逐一熟悉和理解，表现形式为通过关键字进行模式选择。而中间的三大类高级参数则占据了函数高级参数的主流，在很多不同的函数中会出现且运算逻辑相似性较高，使用时需要注意区分。最后一类则是较为少见的多种高级参数综合于单个函数内的复合应用，虽然它们在实操中出现较少，但它们是在进阶之路上必须要克服的一个难点。经过本章的学习，我们的知识框架进一步得到了拓展，如图 7-47 所示。

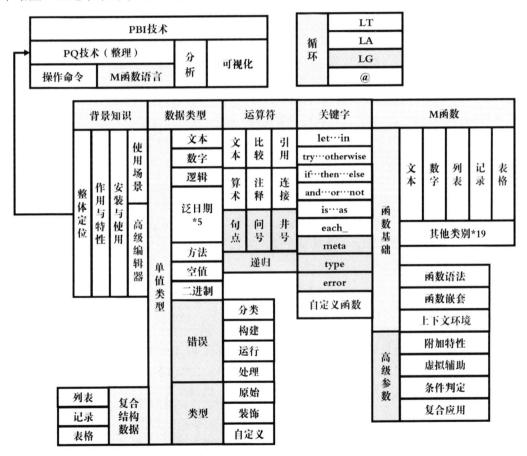

图 7-47　M 函数语言知识框架（高级参数）

第 8 章 进 阶 函 数

上一章我们主要学习了函数内部的高级参数,本章我们会将函数视为一个整体进行学习,介绍一些我们在入门分册中未曾见过的进阶函数,同时对一些在入门分册中曾经提到但没有具体说明的函数会展开讲解,提升读者使用进阶函数的技巧。

本章共分为 3 个部分,分别针对文本类型、列表类型和表格类型当中的进阶函数进行介绍,其中,表格类型中补充的进阶函数更多,需要重点学习。

本章的主要内容如下:
- Text.BetweenDelimiters 等进阶文本函数的使用。
- List.TransformMany 等进阶列表函数的使用。
- Table.FromPartitions 等进阶表格函数的使用。

8.1 文本进阶函数

文本类函数的综合使用难度均不高,偏向于功能应用,缺少结构性循环函数,因此基本已经在入门分册中讲过了。本节我们主要补充说明两个成员函数,分别是 Text.BetweenDelimiters 和 Text.PositionOfAny。

8.1.1 提取分隔符之间的文本

要说在文本类型函数中最难学习的成员是谁,那么非 Text.BetweenDelimiters 莫属。虽然从表面上看它需要完成的任务就是从文本中提取"分隔符之间的文本",但是因为详细设置的参数较多,因此使用场景较复杂,下面让我们一起来看一下。

注意:函数名称中的 s 容易被遗漏而产生错误,因为该函数需要定位起点和终点的多个分隔符位置才可以实现文本的提取,所以是复数形式,需要加 s。

1. 默认状态下的抓取

如图 8-1 所示为 Text.BetweenDelimiters 函数在默认状态下的使用,也是最简单的一种使用场景,不需要附带任何附加参数,系统便会依次从左向右定位起点分隔符和终点分隔符，并返回中间部分的文本字符串。

fx
= Text.BetweenDelimiters("123(456)789(000)999","(",")")
456

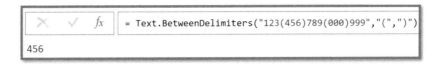

图 8-1　默认状态下的抓取

可以看到，因为在原文本数据中第一个左括号和第一个右括号之间为“456”，因此系统成功定位并返回。不过此处一定要注意一个使用 Text.BetweenDelimiters 函数的常见错误，那便是认为系统是在原文本数据基础上同时定位“起点”和“终点”的。这么理解是不对的，真实情况是先定位起点，然后在起点的位置从左向右定位终点。范例演示如图 8-2 所示。

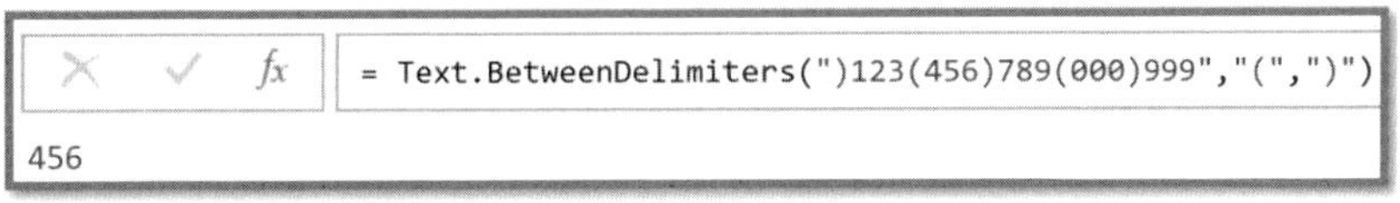

fx
= Text.BetweenDelimiters(")123(456)789(000)999","(",")")
456

图 8-2　终点是在起点的基础上查找

可以看到，我们在原文本数据的基础上在开端添加了一个“右括号”，但系统并没有定位得到结果“123”，反而是继续返回“456”。这是因为系统会自动在起点位置从左向右继续检索终点。记住这种特性，在后面更为复杂的情况中还会再次出现，而且影响会更大。

2. 起点或终点缺失的情况

如果在定位过程中发生了起点或终点缺失的情况，则抓取的结果会发生变化。如果终点缺失，则从起点位置提取到数据末尾；如果起点缺失则提取不到数据内容，范例演示如图 8-3 所示。

fx
= Text.BetweenDelimiters("123(456789(000999","(",")")
456789(000999
fx
= Text.BetweenDelimiters("123456)789000)999","(",")")

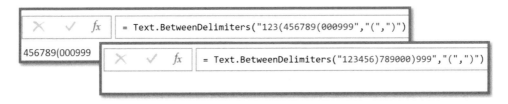

图 8-3　起点或终点缺失的情况

3. 跳过指定数目的分隔符

如果在原始数据中出现多个指定的目标分隔符，那么不论是起点还是终点，我们都可以独立指定需要跳过多少个分隔符才可以准确定位目标分隔符。这种特性需要借助于 Text.BetweenDelimiters 函数的第四及第五参数。范例演示如图 8-4 所示。

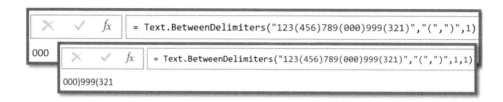

图 8-4　跳过指定数目的分隔符

可以看到，通过跳过指定数目的目标分隔符，我们实现了更可控、更精准的文本提取。其中第四参数和第五参数分别控制跳过的起点分隔符数目和终点分隔符数目。这里再次强调：所有的终点分隔符定位都是基于起点的位置。因此在上述范例中，因为跳过一个起点分隔符，所以定位到"9(0"中的分隔符；然后在此基础上再从左向右继续定位终点分隔符，如果不跳过则返回"000"，如果再跳过一个终点分隔符则返回"000)999(321"。

4．控制检索分隔符的方向

我们还可以通过高级参数附加特性，即控制分隔符检索方向来实现更加精准的分隔符定位控制和文本提取。先演示使用范例，再说明运行逻辑，如图 8-5 所示。

```
= Text.BetweenDelimiters(
        "123(456)789(000)999(321)",
        "(",")",
        1,{0,RelativePosition.FromEnd}
    )
789
```

图 8-5　控制检索分隔符的方向

可以看到，第五参数的形态发生了变化，使用列表同时提供了两个元素信息，分别表示需要跳过的终点分隔符数量及检索的方向。跳过数量的运用通过前面的内容大家已经知道它的含义了，方向的设定有两种选项。如同附加特性高级参数一样，我们可以从 RelativePosition.FromStart 和 RelativePosition.FromEnd 函数中进行选择和设定，它们分别表示从左向右（默认）和从右向左的分隔符检索方向。

📖 **技巧**：一般不会主动设定从左向右的模式，直接采取默认模式即可。只有特别需要反向执行时才会主动修改高级参数来添加模式信息。

因此如图 8-5 所示的字符串提取逻辑就变为：

（1）定位左括号，因为设置了跳过 1 个起始分隔符，因此定位到"9(0"中的左括号。

（2）在起点分隔符的基础上定位终止分隔符。这里因为设定了反向检索，所以是从"9(0"向左检索，不跳过分隔符，因此定位到"6)7"。最终返回的是"9(0"中左括号到"6)7"中右括号范围内的字符，即"789"。

通过这个范例，我们除了掌握了 Text.BetweenDelimiters 函数第四和第五参数的使用方法，此外还有两个细节也是值得注意的。第一，可以看到，我们最终定位的起点其实在终点的右侧（有别于常规的起点在左，终点在右），系统也成功并正确返回了结果，而且结果依旧是按原文本顺序返回的，没有颠倒。第二，再次强调一下前文提到的"终点定位是基于起点位置开始，而非原始字符串的两端"。

5. 函数运用总结

以上便是我们对 Text.BetweenDelimiters 函数在实操中可能出现的各类情况进行的讲解，循序渐进地让大家看到了该函数在文本提取上的变化。类似于范例中第五参数的复杂形式，第四参数也可以按照类似方式设定，感兴趣的读者可以自行尝试。最后我们通过函数基础信息表来简单回顾一下该函数的重要信息，如表 8-1 所示。

表 8-1　Text.BetweenDelimiters函数的基本信息

名　　称	Text.BetweenDelimiters
作　　用	提取文本中指定分隔符之间的字符串
语　　法	Text.BetweenDelimiters(text as nullable text, startDelimiter as text, endDelimiter as text, optional startIndex as any, optional endIndex as any) as any　第一参数text为待提取文本；第二参数startDelimiter为起始分隔符；第三参数endDelimiter为结束分隔符；第四参数startIndex可选，表示检索时跳过的起始分隔符数量；第五参数endIndex可选，表示检索跳过的结束分隔符数量；其中，第四和第五参数都可以附加检索方向控制模式设定，可选模式有RelativePosition.FromStart和RelativePosition.FromEnd，要求填写形式为列表"{index, mode}"，结果返回提取得到的文本字符串
注意事项	该函数属于按条件提取文本内字符串函数中使用最复杂的一个，它的"兄弟"函数还可以实现提取分隔符之前和之后的字符串。使用该函数需要注意：（1）名称中的复数；（2）高级参数的要求形式和使用逻辑；（3）终点定位基于起点

8.1.2　局部文本字符串的定位

第二个补充说明的进阶文本函数为 Position 类别。与我们此前在高级参数学习过程中曾经讲解过的 Position 函数类似，在 Text 文本类型中也有 Position 定位函数（在表格 Table 类型中也有对应的 Position 类型定位函数）。我们希望通过横向对比，让读者对不同类型的相似函数在使用可以举一反三。只要掌握了关键点，就可以快速掌握多个函数的使用。

1. 默认状态下的定位

Text.PositionOf 函数最基础的使用是依次设定待查找定位的原文本字符串、目标字符串和返回模式，函数便会根据要求找到目标字符串在原字符串中出现的位置，如图 8-6 所示。

图 8-6　默认状态下的定位

上述定位方法我们其实在列表和表格 Position 类函数的使用中已经很熟悉了。没有什么需要特别强调的。但是与 List.PositionOf 函数及 Table.PositionOf 函数相比它有一个明显的特点就是，在文本类型中没有"虚拟辅助类高级参数"。

2. 比较器高级参数

为什么会没有呢？可以想象的是虚拟辅助高级参数的一个核心前提便是拥有一组数据，可以提供循环和构建虚拟辅助列。这在列表和表格中都不成问题，因为列表有一组元素，表格有一组行记录数据。但是文本则没有，因此顺理成章地，开发团队便没有设计此类高级参数，但取而代之的是添加了"比较器高级参数"。

那么新问题又来了，什么是比较器？什么是比较器高级参数呢？我们暂时先不用纠结这些问题，先来看一个应用范例，再展开一点进行说明，如图 8-7 所示。

图 8-7　比较器高级参数

可以看到，在常规状态下我们定位原字符串中的 ABC 会对应返回结果"14"，因为字符串 ABC 中的 A 出现在原字符串的索引位 14 上，没有任何问题。如果我们此时想要同时将原字符串中的小写字母 abc 也定位出来，是不是就需要使用 Text.PositionOfAny 函数呢？想法是对的，但不可执行，因为 Text.PositionOfAny 函数只能定位多个单字符，多字符是无法实现定位的。

想要实现该目标，需要借助高级参数设定，在其第四参数中提供 Comparer.OrdinalIgnoreCase 比较器。可以看到最终正确地返回了两个结果，分别为 3 和 14。这其实就是比较器发挥了作用，在定位的过程中忽略大小写因素。

> 说明：关于不同的器类函数使用（拆分器、合并器、比较器、替换器）更详细的讲解我们将会在第 9 章中展开介绍。

3．函数运用总结

如果对比 Position 类函数在文本、列表和表格中的表现，我们可以找到 6 个相似的函数，实现对不同对象的定位工作。为什么会出现这种现象呢？因为对于数据整理任务来说，所有的操作都离不开"增、删、改、查"这几大类，定位也属于查的范畴。不论是在哪个类型的数据中，定位这种需求都是存在的。同时，PQM 对于类型的限定要求非常高，因此针对不同类型有发挥相似功能的多个函数。不仅仅是 Position 如此，其他的如 Remove、Replace、Split…Combine、First…Last 等函数都有这种现象。因此横向对比学习可以大大提高对函数的理解能力。

同时，毕竟是针对不同类型的函数，即使设计目的相似，根据处理类型不同仍然有自己的特性差异，如刚才我们演示的高级参数差异，使用时要注意。想要熟练地掌握这些函数的使用细节，需要更多的练习和思考。

8.2　列表进阶函数

本节我们针对列表进阶函数展开介绍。列表函数的数量不少，功能也非常强大。正如我们在入门分册中曾经强调的，它属于 PQM 批处理过程中的处理中枢，是非常重要的函数类型。而承担处理中枢的列表函数正是我们已经非常熟悉并且作为重点函数细致讲解过的列表三剑客——List.Transform、List.Accumulate 和 List.Generate。其中，List.Generate 是在入门分册中未曾提及但是在本节第 3 章中已经重点讲解的函数成员。本节我们要补充介绍的进阶列表函数也不多，只有两个，分别是 List.TransformMany 和 List.Contains。

8.2.1　多列表自定义转换

首先学习的函数为 List.TransformMany（简称 LTM），它可以实现同时对多个列表数据的自定义转换。可以理解为普通 List.Transform 列表转换函数的升级版本，从原本对某个单一列表元素的循环转换，进阶为对两个列表排列组合的循环转换。但同时要注意，虽然相较普通列表转换函数在功能上会更强大，但函数的使用灵活度有所下降。这是函数设计上的一种“平衡”，根据目的设计和使用方法，在物理逻辑上限制了它无法做到面面俱到。

1. 范例背景

接下来我们以一个实际的范例进行讲解和说明。假设我们现在要求实现：以 9×9=81 的形式完成九九乘法表的构建，目标效果如图 8-8 所示。

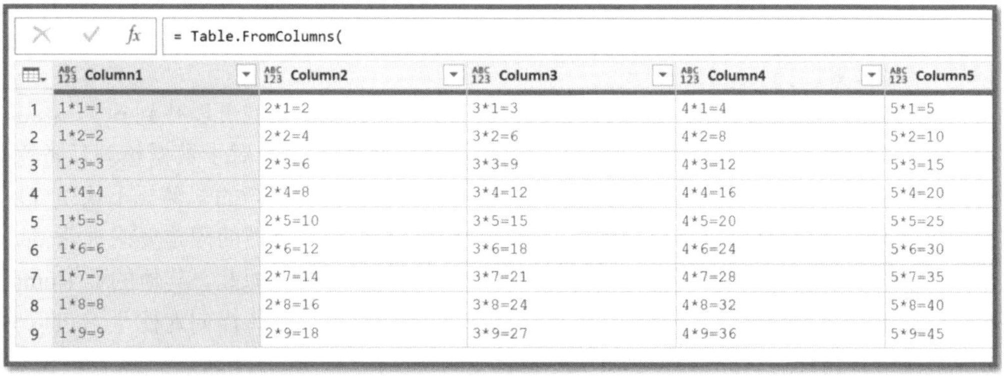

= Table.FromColumns(

	Column1	Column2	Column3	Column4	Column5
1	1*1=1	2*1=2	3*1=3	4*1=4	5*1=5
2	1*2=2	2*2=4	3*2=6	4*2=8	5*2=10
3	1*3=3	2*3=6	3*3=9	4*3=12	5*3=15
4	1*4=4	2*4=8	3*4=12	4*4=16	5*4=20
5	1*5=5	2*5=10	3*5=15	4*5=20	5*5=25
6	1*6=6	2*6=12	3*6=18	4*6=24	5*6=30
7	1*7=7	2*7=14	3*7=21	4*7=28	5*7=35
8	1*8=8	2*8=16	3*8=24	4*8=32	5*8=40
9	1*9=9	2*9=18	3*9=27	4*9=36	5*9=45

图 8-8　九九乘法表范例目标效果

可以看到，不需要特别屏蔽重复的计算项，完整呈现即可。相信这个例子对于读者来说并不难，因为我们在入门分册中，以这个范例对列表转换函数的嵌套使用、上下文穿透做了介绍。

注意： 如果读者不熟悉，不能够在短时间内快速完成该数据的构造（构建包含所有元素的列表列即可，不一定要表格），那么建议读者先自行尝试完成这个例子，然后再继续阅读。多列表转换函数的理解要基于这种函数嵌套逻辑，演示代码如图 8-9 所示。

2. 常规解答

可以看到，原始数据为基础的“{1..9}”列表，通过两次对该列表元素的循环利用，我们可以在最内层以 x 和 y 变量获取两组列表的所有排列组合情况，并在获取之后使用文本格式化函数 Text.Format 将其改成 9×9=81 的形式，最后再在最外侧嵌套 Table.FromColumns 函数将列表列数据组织为表格形式，完成任务。这种方法无疑是最简单的（如果你熟练掌握了 LT 函数及上下文穿透），我们在日常使用中也非常推荐这种处理方法。如果你可以掌握进阶的“多列表转换函数”，那么可以进一步优化你的代码。

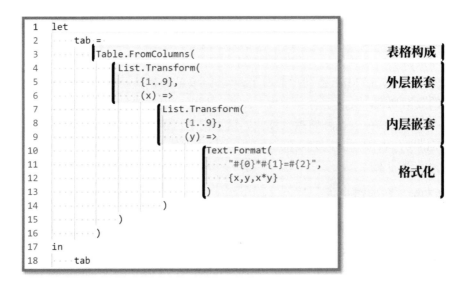

图 8-9　九九乘法表常规的实现代码

3. 多列表转换的等效写法

如图 8-10 所示为多列表转换函数对上述问题的等效写法,可供参考。在这里我们先看代码,再对代码的执行逻辑进行分析。

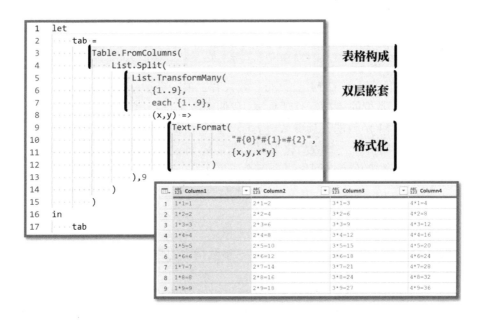

图 8-10　九九乘法表多列表转换的等效写法

虽然函数不同，如果对比就会发现，函数实现的整体结构是一样的，都分为表格构成、双层嵌套循环和格式化三个部分。除了格式化方面的代码一样之外，其他两部分有细微差异。这种差别就是由函数的运行逻辑造成的。

在这个范例中，LTM 函数同样抓取了两组 1~9 的数据执行循环，并将其构造为满足目标格式的数据列表，表面上看和常规解法是一样的，但是我们不再需要考虑两层循环嵌套的逻辑。同时需要注意循环转换的结果，这里的是一个完整的列表，最终要构建九九乘法表，需要借助列表拆分函数 List.Split 将列表中以 9 个元素为一组拆分为独立的列表，最终再构建为完整的表格。

4．函数的运行逻辑

上面的解说可以从整体上了解 LTM 函数完成了什么运算，要彻底理解这个过程，我们需要深入了解 List.TransformMany 这个函数，了解其参数组成和运算细节。List.TransformMany 函数的基本信息如表 8-2 所示。

表 8-2　List.TransformMany函数的基本信息

名　　称	List.TransformMany
作　　用	循环转换两个列表的所有排列组合
语　　法	List.TransformMany(list as list, collectionTransform as function, resultTransform as function) as list　第一参数list为原始待循环列表数据；第二参数collectionTransform为一阶段转换逻辑，要求为自定义函数的方法类型，可以直接使用常量也可以使用函数进行自定义构建；第三参数resultTransform为二阶段转换逻辑，同样要求为自定义方法类型，使用函数填充。与一阶段转换的本质区别在于输入自定义函数的参数数量增多了；结果返回按指定逻辑转换后的大列表
注意事项	着重理解它和普通LT函数的相似和差异之处

通过表 8-2 我们了解到 LTM 函数的参数共有三项，类型分别为列表、方法和方法。其中，第一参数属于常规的待循环处理列表，我们来着重查看第二和第三参数的运行逻辑。

首先我们将 LTM 函数的三项参数进行了不同程度的简化，以突出参数的运行逻辑。例如在图 8-11 中我们将第三参数简化为仅包含常量 Max 的方法，将列表简化为三个元素 1、2、3，将第二参数简化为返回仅包含两个元素 1、2 组成的列表常量方法，最终得到的结果为 6 个 Max。为什么会是这个结果呢？来听听麦克斯对运行逻辑的解释。

如图 8-11 所示，函数的运行逻辑如下：

（1）依次循环提取第一参数中原列表的元素。

（2）将拿到的元素作为输入参数输入第二参数指定的自定义函数中进行运算。在本例中便是将单值元素转换为 1 到 2 的列表{1,2}。

（3）这一步是理解 LTM 函数逻辑的关键，也是最难的一部分。它将原列元素作为参数 x，将第二参数转换后的列表元素作为参数 y 输入第三参数，并按照指定的运算逻辑生成结果列表返回。因为原列表数据有 3 项，二参约束的列表有 2 项，因此最终在结果列表中有 2×3 共计 6 项元素，均为 Max。

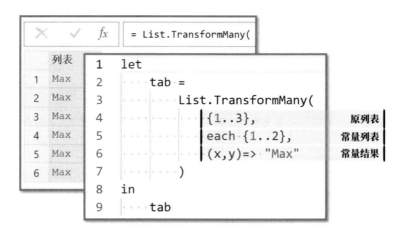

图 8-11　LTM 函数运行逻辑简化范例 1

我们初步看清了每个参数所完成的任务，但还有一个重要的问题没有讲清楚，那就是一参的数量和二参的数量是如何影响结果元素数量的？下面我们通过逻辑示意图进行说明，如图 8-12 所示。

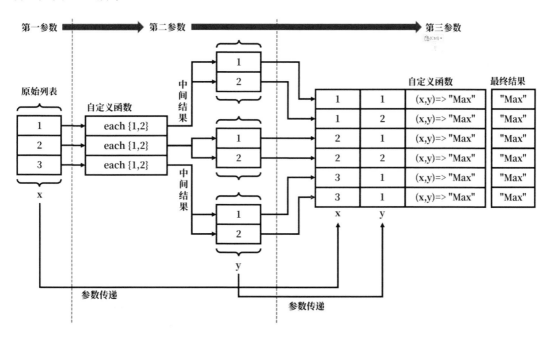

图 8-12　LTM 函数运行逻辑简化范例：运行逻辑

从图中可以看出的一个关键点便是：系统会将第一参数原始列表中的所有元素当作第

三参数的输入参数 x，同时会将第二参数生成的中间结果列表元素当作第三参数的输入参数 y。最后再利用第三参数结合二者运算生成最终的结果列表。而在这个过程中，因为原列表有 3 个可以作为 x 的元素，而且每个 x 对应有 2 个不同的 y，因此最终排列组合的结果共有 6 项，这就是结果列表元素的由来。

理解了 LTM 函数运行逻辑后，我们再回到本节一开始的"九九乘法表"的应用范例，你会发现理解起来一点也不困难了。对应的运行逻辑如图 8-13 所示。

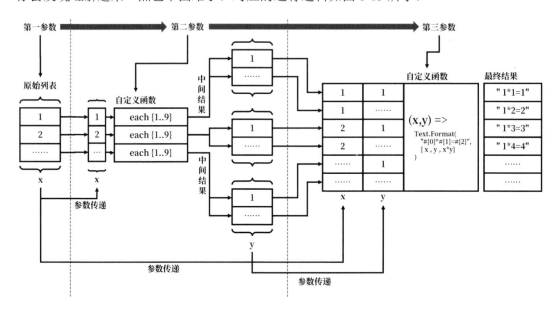

图 8-13　九九乘法表 LTM 写法运行逻辑

5．函数的变体范例与常见使用错误

通过上述"九九乘法表"的范例演示，我们已经掌握了 List.TransformMany 函数的基本使用方法，如了解了它的语法结构，各个参数的作用和运算逻辑等。但这个范例属于最简单的应用，实际应用会更为灵活。下面我们将演示几种更为灵活的变体应用及常见的出错情况，加深读者对于函数的理解。

第 1 例：如图 8-14 所示，我们为第一参数和第二参数指定两个独立的列表数据后，便可以使用 LTM 函数轻松实现对上述两个列表所有元素的排列组合。这是 LTM 函数自带双层循环的使用。

第 2 例：如图 8-15 所示，在指定原列表后，在第二参数中构造与目标重复次数元素数量相同的列表（元素是什么不重要，列表中的数量即为重复次数），在第三参数中直接返回原列表元素，然后就可以按照指定次数重复列表元素。该例隐晦地运用了 LTM 函数的排列组合性质。

图 8-14　利用 LTM 函数进行排列组合

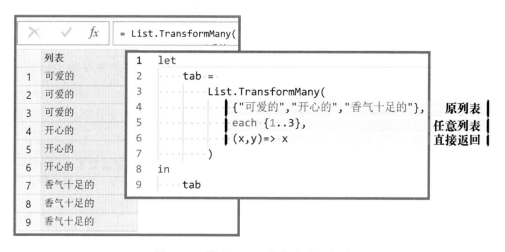

图 8-15　利用 LTM 函数构造重复序列

　　第 3 例：如图 8-16 所示，在第一参数中设定列表元素数量与循环次数相同的列表，在第二参数中设定需要重复的原始数据列，最后在第三参数中直接返回二参结果，即可实现利用 LTM 函数构建循环列表的效果。与上一个例子可以对比理解。

　　注意：在实际操作中重复列表的构造建议使用 List.Repeat，此处仅作为深入理解函数运行逻辑的范例参考。

　　第 4 例：如图 8-17 所示，可以尝试使用 LTM 函数实现了 LT 列表转换功能。可以看到，当我们对列表"{1..3}"执行批量乘 10 操作时，系统返回了错误提示"无法将值 10 转换为类型 List"。

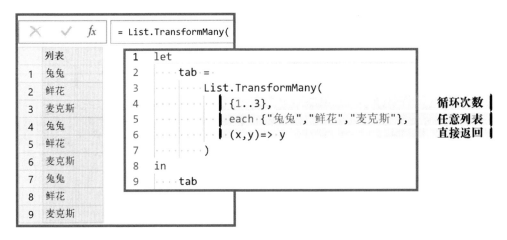

图 8-16　利用 LTM 函数构造循环序列

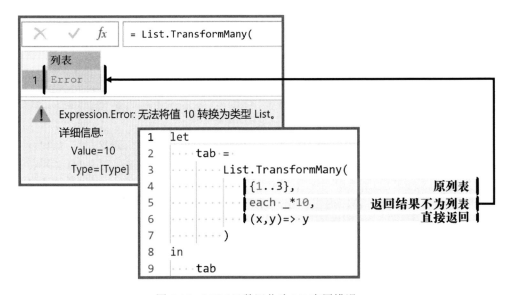

图 8-17　LTM 函数退化为 LT 应用错误

错误原因是什么呢？关键在于第二参数指定自定义函数经过元素运算之后的返回类型。LTM 函数要求第二参数运算结果必须为列表 List 类型，否则返回错误。例如上述范例中错误提示 10，便是系统读取了原列表中首个元素 1，并经过第二参数运算后得到的结果。因为无法通过函数对返回类型的校验，因此产生了错误。如果需要实现上述 LT 函数的模拟效果，需要手动进行列表的构造，如图 8-18 所示。

第 5 例：如图 8-19 所示，当尝试将第三参数设置为直接返回输入数据的自定义函数（each）时，系统返回错误值 "2 参数传递到了一个函数，该函数应为 1"。这句话可能会引发一些疑问，LTM 函数命名支持 3 个参数，我们也提供了 3 个参数，参数数量和函数要求是匹配的，但为什么会提示参数不匹配的错误呢？问题在于我们只为第三参数提供了一个参数而非两个。虽然系统在函数语法中只要求第三参数必须为方法 Function 类型，但要求是需要提供两个分别来自第一参数和第二参数的输入数据，不可以直接使用 each _ 。

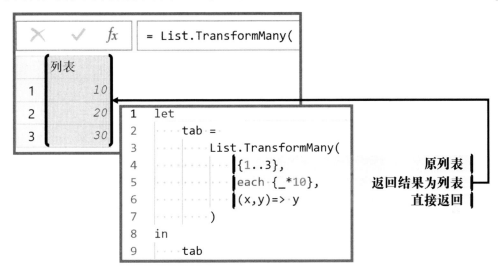

图 8-18　LTM 函数退化为 LT 应用

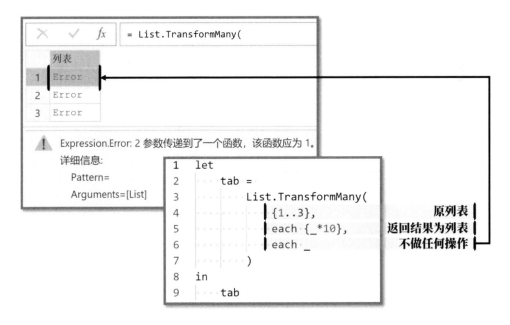

图 8-19　LTM 函数的第三参数要求

6. 对比分析

对于 LTM 函数的讲解和说明，通过前面的九九乘法表范例、运行逻辑示意图及多种变体应用和错误范例，相信读者有了一个深刻的理解。最后我们从整体上来看，LTM 函数和使用双层 LT 函数构建循环嵌套之间到底存在哪些相同点和不同点，以便帮助大家更准确地进行函数的选取。

首先说相同点，二者都可以实现对两个列表数据的排列组合的遍历，如果存在排列组合的需求，则二者可以任意挑选。差异则相对更多，理解这些差异也正是决定我们是否能在实操中准确选择函数的关键：

灵活度上双层嵌套会更高，如果需要更多列表的排列组合遍历，LTM 是没有办法继续增加的，但 LTM 在代码结构上更紧凑。

LTM 函数自动化程度更高，在遍历之后会自动将所有的组合结果平铺为列表显示，不需要专门将列表列数据合并（具体根据实际需要选择），这是在显示的数据结果格式上存在的差异。

综上所述，最后给出一个使用 LT 函数模拟 LTM 函数的自定义函数范例供参考，如图 8-20 所示。

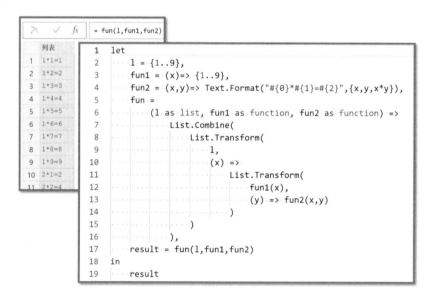

图 8-20　使用 LT 模拟 LTM 函数参考范例

8.2.2　列表元素包含判定

第二个补充讲解的进阶列表函数为 List.Contains，它用于检测列表中是否包含目标数据，类似于 List.PositionOf 函数，但 List.Contains 函数用于检测目标值是否存在，而 List.PositionOf 函数用于检测目标值的具体位置，包含的信息量更大。

1. 函数的基础使用

如图 8-21 所示为我们在入门分册中见过的 List.Contains 函数家族的基本用法，它可以轻松获取包含在列表数据中的某个元素信息。升级版本的函数 List.ContainsAll 与 List.ContainsAny 还可以判断多个元素是否被包含在列表数据中（分为全部元素被包含和任意元素被包含两种模式）。

图 8-21　List.Contains 函数家族的基本用法

2. 包含检测高级参数的使用

我们需要重点补充的是列表包含函数家族中共有的高级参数 equationCriteria 的使用，它满足我们在第 7 章中提到的虚拟辅助列高级参数的应用模式，使用演示如图 8-22 所示。

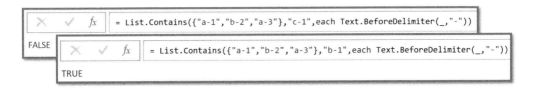

图 8-22　包含检测高级参数的使用 1

我们对一组包含产品编号的列表元素执行包含检测，但直接检测名称的要求过于严格，我们只需要检测其中的字母类别是否被包含在列表内。因此在范例中借助 List.Contains 函数的高级参数，提取列表元素中的类别标识符进行判定。具体高级参数的运行逻辑这里不再赘述，此处仅作为复习，读者可以参考对应的章节。这里再次强调在此类高级参数的使用过程中，二参提供的目标值同样会经过三参运算后再匹配，而非直接创建虚拟辅助列后匹配，如图 8-23 所示。

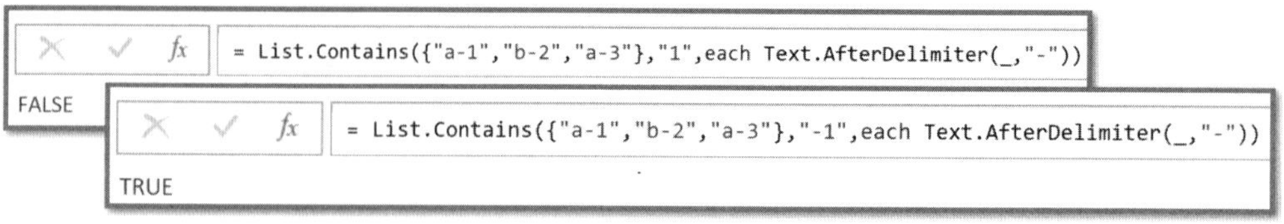

图 8-23　包含检测高级参数的使用 2

对于 List.Contains 函数的其他家族成员，其高级参数的使用与上述范例类似，注意事项也相同，唯一区别在于可以进行多元素的复杂逻辑判定。使用演示如图 8-24 所示。

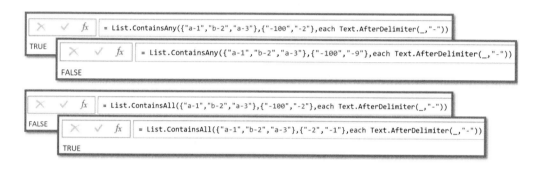

图 8-24　包含检测高级参数的使用 3

8.3　表格进阶函数

本节是本章内容的最后一节，我们将针对表格进阶函数展开介绍。我们从入门分册对表格函数的概览介绍中就已经知道其函数成员数量庞大，达到了 100 以上。其中不乏大量具有进阶性能的函数需要补充说明，如表格类型转换函数中的 Table.FromList 和 Table.ToList，以及功能强大的具有多维度并行循环特性的表格内容替换函数 Table.ReplaceValue 等。本节我们将会挑选十几个进阶表格函数进行学习。

8.3.1　表格列表相互转换函数

首先要讲解的是一组表格类型转换函数 Table.FromList 和 Table.ToList，它们与 Table.FromColumns 和 ToColumns、Table.FromRecords 和 ToRecords 等函数类型一样，都用于表格类型数据到其他类型数据的相互转换，因此一般都成对出现。本节介绍的 Table.FromList 和 Table.ToList 函数负责的是表格到列表之间的相互转换任务。

1. 函数的基础使用

首先来看一下 Table.FromList 和 Table.ToList 函数的基本使用。如图 8-25 所示为使用列表数据在普通拆分器下拆分展开为表格的过程，是最基础也是最简单的用法。

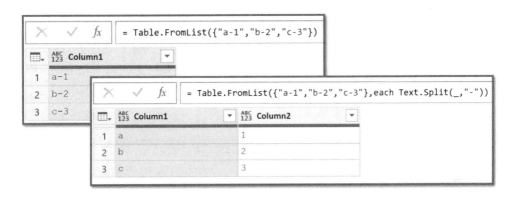

图 8-25 列表转换为表格函数的基本用法

可以看到，原始数据为拥有三个元素的列表，同时为其第二参数指定了自定义函数，对输入数据执行按分隔符"-"拆分为列表，最终实现将单列列表数据转化为按分隔符拆分为两列的表格数据，这个过程类似于 Excel 功能的"分列"。

> **技巧**：如果不需要指定任何拆分逻辑，函数也不是直接返回原始列表，而是将列表数据转化为单列的表格数据，在数据类型上发生了巨大的变化。因此在实操中如果只是单纯地需要类型转化的特性，那么可以使用该函数快速实现。

这个过程是如何实现的呢？Table.FromList 函数的参数要求又是什么？我们需要了解其语法结构来加深对它的理解，其基本信息如表 8-3 所示。

表 8-3 Table.FromList函数的基本信息

名 称	Table.FromList
作 用	将列表数据按指定规则拆分转化为多列的表格数据
语 法	Table.FromList(list as list, optional splitter as nullable function, optional columns as any, optional default as any, optional extraValues as nullable number) as table 第一参数list为原始待转化的列表数据；第二参数splitter为可选参数，用于指定拆分的逻辑，要求为方法。此处可以使用自定义函数也可以直接使用拆分器函数（将在第9章介绍）；第三参数columns可选，可以用于指定结果表格的列名称或列数；第四参数default可选，用于指定各行拆分结果列数不统一时缺陷位置的默认值；第五参数extraValues可选，用于指定拆分结果数据超出指定的列范围后的数据处理模式。有ExtraValues.Ignore、ExtraValues.Error、ExtraValues.List三种模式可选；结果返回按指定逻辑转换后的表格
注意事项	注意该函数与常规的表格拆分函数Table.SplitColumn的区分

如果你看到上面的基础信息后对函数参数还是迷迷糊糊的话，完全不需要担心。这是正常现象，因为进阶函数的特点便是可选的高级参数数量较多。仅凭简单的文字信息难以具象地理解每个参数的含义。接下来我们将针对其中每个参数的作用进行逐一介绍。

2. 拆分器高级参数

Table.FromList 函数的第二参数便是高级参数 splitter，名为拆分器。该参数的原意是引导用户直接使用系统预设的拆分器函数实现拆分。但作为进阶使用者而言，预设模式是不够用的，因此前面为读者演示的范例中使用的是自定义函数。splitter 参数是 Table.FromList 函数最关键的参数，需要准确理解该函数的循环结构及循环上下文数据才可以正确地使用它。基本使用如图 8-26 所示。

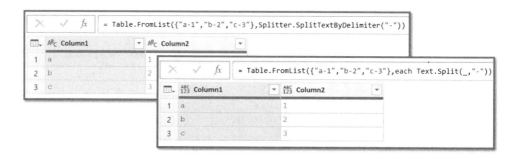

图 8-26　拆分器高级参数

可以看到，在函数的第二参数输入拆分器或自定义函数均可以正确运行，完成任务。关于拆分器函数我们将在第 9 章中介绍，此处仅作为铺垫。现阶段读者可以将拆分器函数简单理解为一种系统定义的特殊函数，类型为方法 Function，可以完成更高级的文本拆分工作。

我们重点来看如果想要在第二参数中运用自定义函数，应该遵循哪些编写规则。这里先给出结论再说明：

自定义函数的输入数据取决于循环上下文环境，在 Table.FromList 函数中，循环上下文为列表中的每个元素。

自定义函数的输出要求为列表类型，结果列表中的元素会被分布到表格的多列中以行的方式显示。运行逻辑如图 8-27 所示。

可以看到，函数在接收到第一参数的原始列表后，会为其搭建一个循环结构，针对列表中的每个元素依次执行提取和处理操作。如果未指定第二参数，则不进行处理直接返回单列的原结果，如果指定第二参数则按照自定义函数所指定的逻辑对从循环上下文环境中提取的列表元素进行处理（此处要求处理结果必须为列表）。最终，系统会将每个元素的拆分列表作为输出表格的行数据分布到各列显示。

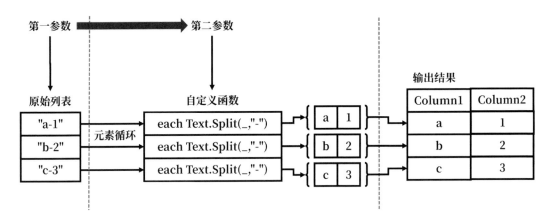

图 8-27　Table.FromList 函数运行逻辑（第二参数）

理解上述的循环运行逻辑后，再回顾上述两大要求就可以轻松理解了。如果自定义函数的输出不为列表，则函数会无法正常识别将结果自动分布到多列，如图 8-28 所示。

图 8-28　Table.FromList 函数第二参数的自定义函数输出必须为列表

3. 列名称高级参数

Table.FromList 的第三参数 columns 同为高级参数，其作用是指定拆分得到的各列的名称或指定拆分列的数量，有两种形式，使用范例如图 8-29 所示。

可以看到，如果指定第三参数为数字，则结果表格会包含指定数目的列。但根据实际拆分结果的列数和指定列数之间的关系可能会出现多种情况：

- 如果指定的列数小于拆分结果列数，则默认返回错误并提示"结果中的列数超过了预期"。
- 如果指定的列数等于各元素拆分结果的最大数目，则显示完整结果。部分行中空缺的数据点默认使用空值 null 填充。

- 如果指定的列数大于各元素拆分结果的最大数目，则显示完整结果，并且多余的列数据默认使用空值 null 填充。

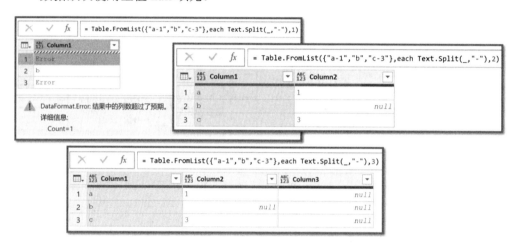

图 8-29　Table.FromList 的列名称高级参数 1

> 说明：空缺值是原列表各行经过拆分器处理后得到的列表元素数量不同而产生的，因为分布到每行的元素不同，所以由默认值替代部分缺失。默认值的设定可以通过函数的第四参数来完成。

另外一种形式则是通过"文本列表"数据输入第三参数，在指定好列数的同时一并指定结果表格的各列名称（列数由列表元素数量确定），使用演示如图 8-30 所示。

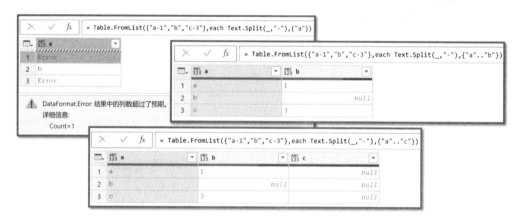

图 8-30　Table.FromList 的列名称高级参数 2

4．默认值空缺

如果需要对拆分结果列中参差不齐的空缺值进行设定，则可以使用第四参数。在默认情况下均采用 null 进行填充。使用演示如图 8-31 所示。

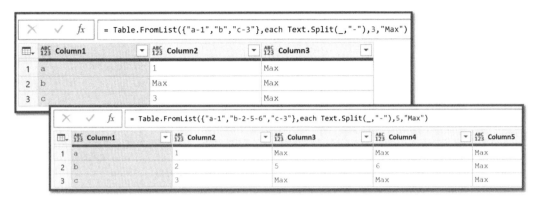

图 8-31　Table.FromList 的空缺默认值参数

5．冗余值的处理

第五参数负责"冗余值"的处理模式设定。注意此处要与空缺值进行区分，空缺值是指定的列数较大，而实际拆分后数据列数较小，最终导致部分单元格空缺现象，而冗余值是指定的列数较小，而实际拆分后数据列数较大，最终导致部分列数据冗余。

冗余值处理模式共有 3 种，通过常量参数进行设定，可选项有 ExtraValues.Ignore、ExtraValues.Error 和 ExtraValues.List。默认状态下是以错误值 Error 的模式进行处理，如图 8-29 和图 8-30 所示的结果中的列数超过了预期错误值，便是因为该模式的设定而引发的。如果希望规避这种错误值的出现，可以选择 Ignore（忽略）模式或 List（列表）模式，使用演示如图 8-32 所示。

图 8-32　Table.FromList 的冗余值处理方式：参数忽略模式

可以看到，虽然数据拆分之后最多会出现两列表格，但是因为指定了只返回单列的表格，所以在默认情况下系统会返回错误。如果我们希望忽略冗余数据，只返回前面的首列，则可以开启 ExtraValues.Ignore 模式。

如图 8-33 所示，如果希望保留完整数据而不忽略和产生错误值，则可以选择列表模式。函数会自动保留指定的列数减 1 的列数据，并将剩余其他数据以列表的形式团积在表格的末列中。因为在表格中指定保留两列数据，所以函数完整保留了首列数据，并将其余的第二列与第三列数据以列表的形式存储在 Column2 中。

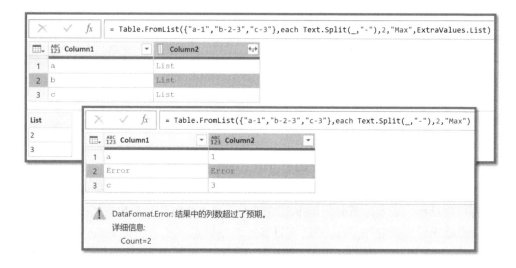

图 8-33　Table.FromList 的冗余值处理方式参数：列表模式

6. 表格转换为列表的逆过程

通过前面的学习相信读者已经掌握了 Table.FromList 函数的用法，了解了其运行逻辑及各个参数发挥的作用，知道了如何将列表数据拆分为表格数据的方法。在 PQM 中还有它的兄弟函数 Table.ToList，可以实现其逆过程，即将表格数据转化为列表数据。使用难度和复杂度相对较低，在此简单演示一下，读者可以参考 Table.FromList 函数的使用逻辑进行理解，范例演示如图 8-34 所示。

图 8-34　将表格转换为列表函数的演示 1

可以看到，在默认状态下，如果我们使用 Table.ToList 函数对表格数据进行转化，系统会自动将各列数据转化为文本形式后再使用英文制式下的逗号进行连接，最终成功将表格数据压缩为列表。Table.ToList 函数的基本信息如表 8-4 所示。

表 8-4　Table.ToList 函数的基本信息

名　称	Table.ToList
作　用	将表格中的多列数据压缩、合并为列表数据
语　法	Table.ToList(table as table, optional combiner as nullable function) as list　第一参数 table 为原始待转化的表格数据；第二参数 combiner 为可选参数，用于指定合并每行每列数据的合并器。也可以使用自定义函数指定规则进行和并；结果返回按指定逻辑转换后的列表
注意事项	注意该函数与常规的表格合并列函数 Table.CombineColumns 的区分

在简单情况下使用默认状态的单表格参数即可完成类型转换任务，如果希望在合并压缩表格数据的过程中获得更大的操控灵活性，则需要借助于高级参数第二参数进行合并规则的自定义。范例演示如图 8-35 所示。

图 8-35　将表格转换为列表函数的演示 2

可以看到，通过指定合并器参数（第二参数），我们实现了对合并规则的设定，将默认的逗号分隔符调整为使用短横线作为连接分隔符，完成表格到列表的转换。

📖 说明：合并器与拆分器函数类似，都属于 PQM 的四大器类函数。其作用是将多个文本进行合并，拥有众多更高级的版本。在此处仅作为铺垫，第 9 章将会展开介绍。

如果需要准确书写高级参数中的自定义函数，那么需要理解函数搭建的循环结构及循环上下文环境。不需要担心，Table.ToList 与 Table.FromList 函数虽然不同，但是二者有相似之处，可以通过类比学习，快速掌握。

我们先给出结论再进行演示说明：

- 自定义函数的输入数据取决于循环上下文环境，在 Table.ToList 函数中，循环上下文为表格中的每行数据，每行数据以列表而不是记录的形式呈现。

- 此处对自定义函数的输出没有要求，不像 Table.FromList 函数一样要求输出为列表 List 类型。运行逻辑如图 8-36 所示。

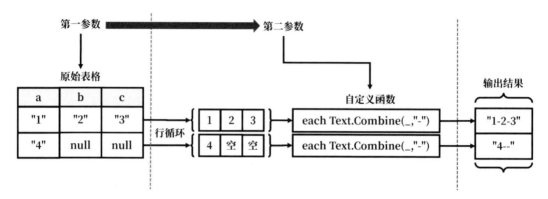

图 8-36　Table.ToList 函数的运行逻辑

可以看到，当决定使用 Table.ToList 函数对表格进行类型转化后，函数会自动为表格创建"逐行循环"的结构。但和常规的以记录形式存储每行数据的行循环不同，Table.ToList 函数的设计目的是将表格数据转化为列表，因此字段标题不是重点关注要素。此处的行循环是以列表数据的形式执行的，因此在循环过程中，从上下文环境中读取得到的数据均为列表数据，如图 8-37 所示。

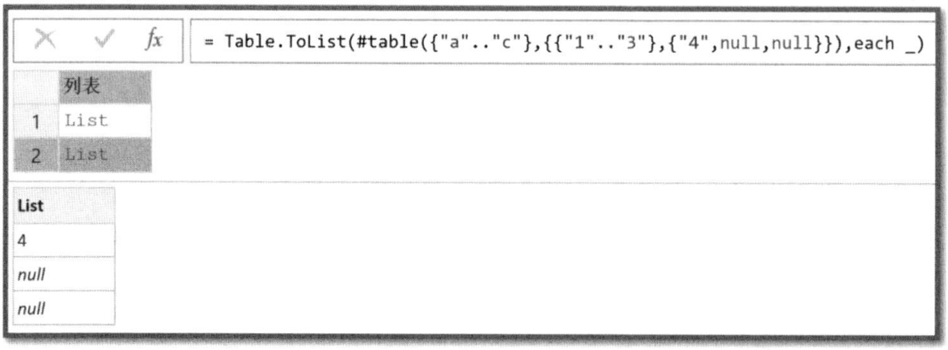

图 8-37　Table.ToList 函数循环上下文

自定义函数的输入数据也正是由原表格中的每行数据构成的列表，输出类型可以是任意的自定义函数的输出结果，均会被安排在对应的列表位置上（整体过程与将表格的所有列合并为单列的过程相似，主要差异是数据类型）。高级参数的自定义函数的错误设定演示如图 8-38 所示。

图 8-38　正确设定与错误设定自定义函数的对比

8.3.2　将其他值转化为表格类型的函数

第三个进阶表格函数依旧属于类型转换函数，但所属的转换对象发生了变化。我们可以使用该函数实现单值（包括文本类单值和数据容器）到表格数据的转换，这个函数是 Table.FromValue。如图 8-39 所示为该函数的基本应用。

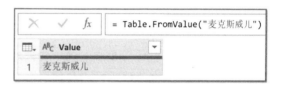

图 8-39　Table.FromValue 函数的使用演示

1．函数的基础使用

我们为 Table.FromValue 函数输入单值文本作为参数，系统会自动将该值转化为只有一行一列的表格数据。该函数的使用非常简单，只有一个参数，仅用于类型数据的转换。Table.FromValue 函数的基本信息如表 8-5 所示。

表 8-5　Table.FromValue 函数的基本信息

名　称	Table.FromValue
作　用	将其他类型数据转化为表格类型数据
语　法	Table.FromValue(value as any, optional options as nullable record) as table 第一参数 value 为原始待转化的数据，类型为任意；第二参数 options 为可选参数，要求为记录形式，用于补充附加信息，如转化后表格的列标题等；结果返回转换后的表格
注意事项	该函数的第一参数不只接受文本、逻辑和数字这样的单值进行转换，对于复合结构的数据容器同样可以转换，但规则有些许差异。总体来说，该函数可以类比 Number.From 和 Text.From 函数，可以对任意类型数据执行转换，以获取表格类型数据

2. 数据容器类型值的转换

对于数据容器中的列表和记录，Table.FromValue 函数也具备转换为表格的能力，但表现各不相同，使用演示如图 8-40 所示。

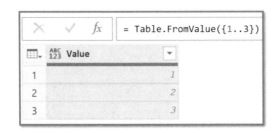

图 8-40　使用 Table.FromValue 函数将列表数据转换为表格

可以看到，列表数据在经过 Table.FromValue 函数转换后成功变为了表格，但并非是一行一列包含一个 List 列表元素的表格，而是将列表中的多个元素作为单列表格中的多行数据呈现在表格中。

> **注意**：转换后的表格列并非常规的默认列名称 Column1，而是固定的 Value。这是使用该函数配合后续函数进行数据处理时可能会忽略的细节，可能会引发由于指定的列名称不正确使处理过程无法继续的错误。

如图 8-41 所示为记录数据在经过 Table.FromValue 函数转换后的结果。可以看到，转换结果并没有按照常规方式将记录代表横向的行数据对位转化为以 a、b 为标题，Max/max 为第一行数据的表格，而是按照字段名称与字段值的键值对形式分别存储在表格的 Name 名称字段（键）和 Value 值字段（值）中。

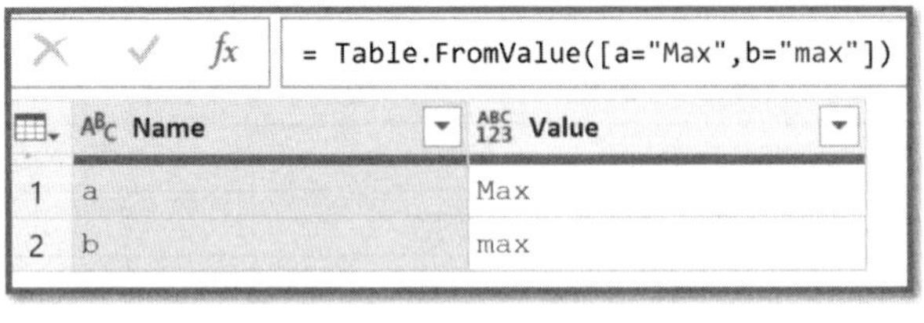

图 8-41　使用 Table.FromValue 函数将记录数据转换为表格

> **说明**：这种转换性质是否似曾相识？还记得我们在入门分册中讲解过的记录类型转换函数 Record.ToTable 以及 Record.FromTable 函数组吗？这里可以类比理解，如图 8-42 所示。

第 8 章 进阶函数

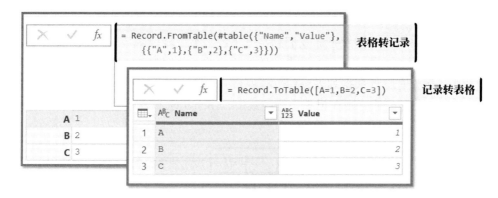

图 8-42 记录与表格转换函数的基本使用

3．附加信息高级参数的使用

虽然 Table.FromValue 函数在转换记录类型数据时的行为表现与 Record 的表格类型转换函数非常相似，但也多了一个非常独特的附加信息高级参数，可以帮助我们指定新的字段名称，使用演示如图 8-43 所示。

图 8-43 Table.FromValue 函数附加信息高级参数的使用

我们依次对列表数据、单值数据和记录数据均指定了高级参数附加信息，试图将结果表格的列名称修改为指定的 Max。可以看到，只有对于单值和列表类型的转换才可以成功使列名称发生变化，而对于记录则会忽略指定值，采用既定的默认值。

8.3.3 表格类型转换函数总结

通过前面两节的内容，我们完成了对表格类型转换函数的进阶介绍。至此，我们便已经完成了所有表格类型转换函数的学习。其中包含近十种不同的函数，是 PQM 学习过程中的易混淆点和易错点。因此下面我们总结一下各个类型转换函数的功能、差异和关联。

首先我们先简单回顾一下与表格类型转换相关的函数有哪些，一部分主要集中在表格类型函数中，例如有与行数据列表、列数据列表、记录数据列表相互转换的三对函数，如图 8-44 所示。还有一部分则在记录类型函数中，用于记录和表格之间相互转换的函数，如图 8-45 所示。

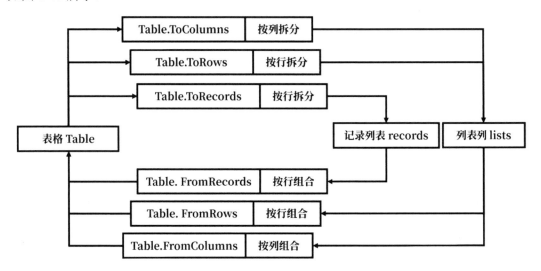

图 8-44　在入门分册中总结的表格类型转换函数关系

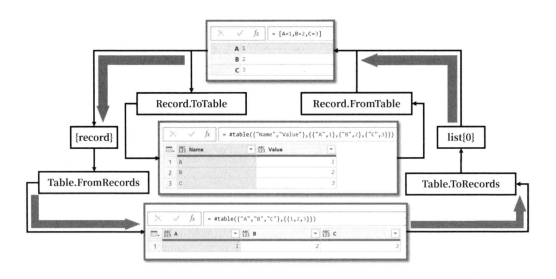

图 8-45　在入门分册中总结的记录类型转换函数关系（表格相关）

在我们学习了新的表格类型转换函数后,完善了整个知识结构。因此关于表格类型转换的所有相关函数完整地集中在图 8-46 中,读者可以对照进行梳理一下。如果在日常使用过程中对这些函数的关联关系有些模糊,可以快速通过此图进行回忆。

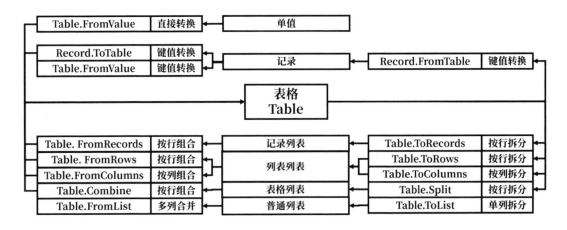

图 8-46　表格相关的类型转换函数关系

说明:建议读者按照如图 8-46 所示的关系图谱依次回忆每个函数的功能与作用,简单测试一下自己是否对其中的部分成员有所遗忘。表格的类型切换函数是影响实际代码编写的一类重要函数。

8.3.4　表格分组函数

表格分组函数 Table.Group 是表格进阶函数介绍的下一个目标,也是日常处理数据中高频使用的重要函数。它包含多种不同的模式和复杂的循环逻辑,可以实现根据指定条件对表格数据进行分组隔离,独立处理的能力,值得重点关注。

1. 函数的使用与功能

在学习 Power Query 命令的过程中,有一个功能是一定不会错过的,那便是分组依据。它可以指定表格中的多个字段列为条件,对表格不同行的数据施行自动分组,是数据处理的利器,这个功能在 M 函数语言对应的便是 Table.Group 函数。如图 8-47 所示为其基本应用。

我们对原始数据表应用"转换"选项卡下的"分组依据"命令,设定以班级字段为条件对表格数据进行分组,并对分组结果中的年龄列提取最大值,将其称为"最大年龄"字段,提取最小值,将其称为"最小年龄"字段。从结果中可以看到,我们成功地将各班级的最大年龄与最小年龄提取出来了,这就是分组依据功能的基本用法。

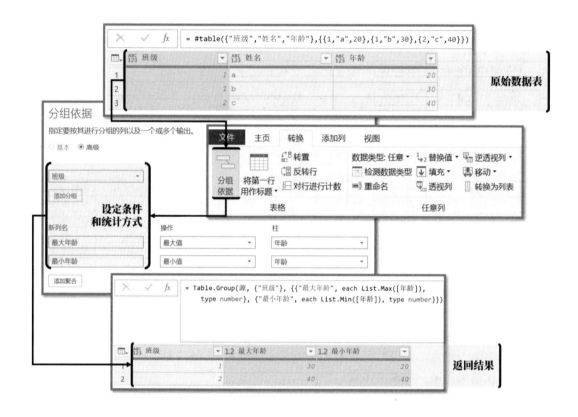

图 8-47 函数的基础使用与功能对应:系统生成代码

> 说明:学习 PQ 操作命令的读者在学习该函数时可以更快速地对比学习,后面会详细介绍各参数的功能及函数内部的运行逻辑。读者可以在学完后再对照图 8-47,掌握分组命令的操作。

如果此时观察最终结果,在公式编辑栏中不难发现,分组依据功能使用的 M 函数便是 Table.Group,并且在这个过程中主结构复杂,复杂的处理逻辑基本都是通过 Table.Group 函数完成的,这也正是 Table.Group 函数的强大之处。Table.Group 函数的基本信息如表 8-6 所示。

表 8-6 Table.Group函数的基本信息

名 称	Table.Group
作 用	根据指定条件对表格数据分组并应用指定的统计方式

续表

语　　法	Table.Group(table as table, key as any, aggregatedColumns as list, optional groupKind as nullable number, optional comparer as nullable function) as table第一参数table为原始待处理的表格数据；第二参数key名为"条件"，用于指定应用于表格数据的分组条件字段。该参数的类型要求为any，在日常运用中有两种形式：（1）如果指定单条件作为表格分组条件，则以文本形式提供字段名称；（2）如果需要指定多字段并列作为条件，则需要以文本列表的形式提供参数。第三参数aggregatedColumns属于需要提供复合信息的参数，用于指定多种不同的统计方法对分组数据执行运算；第四参数groupKind为可选参数，用于设定对数据的分组模式，可选模式有两种，分别为GroupKind.Local和GroupKind.Global，默认状态下为后者；第五参数comparer比较器为可选参数，要求类型为方法，可以通过自定义函数指定更为特殊的分组逻辑；结果返回转换后的表格
注意事项	掌握基本语法构成和第四、第五参数的高级参数使用即可，同时该函数有独立的循环结构和循环上下文需要掌握，较为复杂。除此以外，因为该函数对数据的调整程度较大，需要熟悉其工作逻辑以便在实际问题解决过程中更快地应用该函数

我们没办法通过简单的函数信息表就对某个函数达到深入的理解。但通过上面的演示范例和函数信息表可以让读者对 Table.Group 函数有一个整体认知。接下来，我们将具体看看每个参数的功能及使用。

2．单条件与多条件分组的指定

首先来看第二参数的两种形态。第二参数的核心作用是指定表格分组的依据，即只要指定字段的值相等，我们便认为表格中的这些行数据应当被分为一组。例如，在上一个范例中，将"班级"字段作为条件，将相同班级的同学数据记录分在了同一组，然后再进行后续的处理。这里我们以代码进行再次演示，如图 8-48 所示。

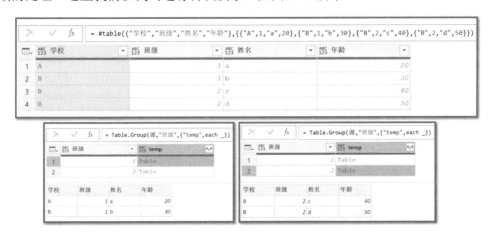

图 8-48　Table.Group 函数单条件分组条件的指定

可以看到，上半部分为拥有学校、班级、姓名和年龄四个字段的原始数据表，下半部分为使用 Table.Group 函数以班级字段为条件（通过第二参数指定班级）对表格数据的分组情况。

> **说明**：第三参数看上去很奇怪对吧？没有关系，目前我们重点关注第二参数的应用格式和效果即可，第三参数我们将在下面展开说明。

可以看到，因为我们以班级为条件进行了分组，因此最终结果数据共有两行（原数据中只有两种班级数据）。其中，第一行代表班级 1 的数据，包含原表格的前两行，第二行代表班级 2 的数据，包含原表格的后两行。我们成功地以"班级"字段为条件，将原表格中不同行的数据进行了隔离和区分。顺带一说，这种分组的性质是 Table.Group 函数的特长，也是处理数据问题常常使用的。

我们还可以拓展条件的范围，从单条件约束升级为多条件约束，以满足灵活多变的需求，但需要注意，此时第二参数要从单值的文本转化为能够存储多个值的文本列表。范例演示如图 8-49 所示。

图 8-49　Table.Group 函数多分组条件的指定

可以看到，利用列表作为参数输入 Table.Group 函数，将学校和班级两个字段同时指定为表格行数据的分组依据。最终结果出现了三行数据，因为班级和学校字段在原表中的所有组合情况为三种，分别为学校 A 班级 1、学校 B 班级 1 和学校 B 班级 2，在结果中，不同行中包含原表满足该行条件的所有数据。

以上便是表格分组函数 Table.Group 根据指定条件对表格数据分组的逻辑及参数设定方法。简单总结，函数会将指定单个或多个条件字段列中的所有存在的组合列写在分组后的表格中，并按照具体条件获取原表格中满足条件的所有行数据。

3. 分组后统计模式的设定

利用第二参数对表格数据执行单条件或多条件分组只完成了对函数运用的一半，我们还需要借助于第三参数来指定如何对分好组的数据执行统计工作。在这一部分我们将手动编写代码来获取所有班级内的最大年龄和最小年龄（前面完成的范例），如图 8-50 所示。

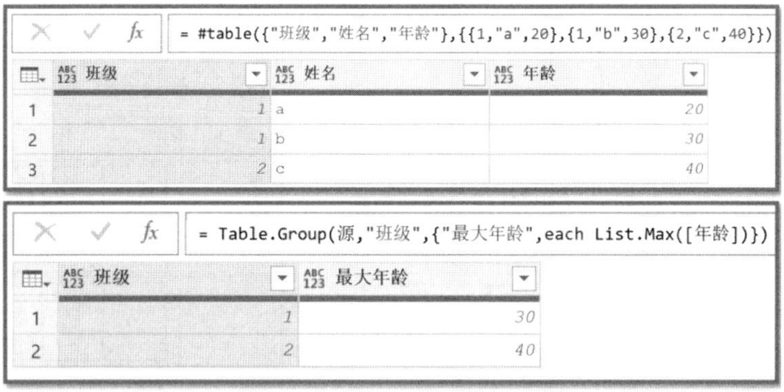

图 8-50　分组后统计模式的设定：单统计依据

图 8-50 为原始数据和利用分组函数统计各班级最大年龄的过程与结果。在代码中可以看到，我们以班级为条件对原表格中的数据进行了分组。但第三参数有些令人迷惑，我们来解释一下：它是一个包含两个元素的列表，第一个元素代表统计结果存储在最终表格中的列字段名称（如果指定一组则最终表格新增一列），要求为文本类型；第二元素用于指定在新列中各行应当存放的数据该如何计算，因此是一个自定义函数，为方法类型。

以上面的演示为例，在对班级数据分组之后，我们会获得一张两行的表格，分别代表 1 班和 2 班的数据。现在我们通过对第三参数的指定，在这张最终表格中添加一个新的列，名为"最大年龄"。在新列的各行我们统计"在当前班级的所有数据中年龄列的最大值"，最终实现了对各班级同学最大年龄信息的分组统计。

下面我们通过表格分组函数的循环框架和循环上下文来理解代码的细节，逻辑示意如图 8-51 所示。

图 8-51 为上述范例的函数运行逻辑示意图。从原始数据表格开始，先通过第二参数所指定的条件，按照上述逻辑完成对表格数据的分组。在本案例中为两组，共两行，第一行为班级 1 的相关数据，第二行为班级 2 的相关数据。然后通过第三参数指定为表格添加新的统计列，列名为"最大年龄"并创建行循环结构。

> **说明**：此处强调一下 Table.Group 函数在第一步"分组"的处理上是完全自动化的。用户可以干扰的项目不多，仅可以指定不同的条件或条件的数量。一旦指定完成，获取分组数据的过程便完全由系统自动完成，即使后续会创建循环结构，也是在分组后的表格基础上创建的。因此在本范例中可以循环的行只有两行，分别为班级 1 所代表的行和班级 2 所代表的行。

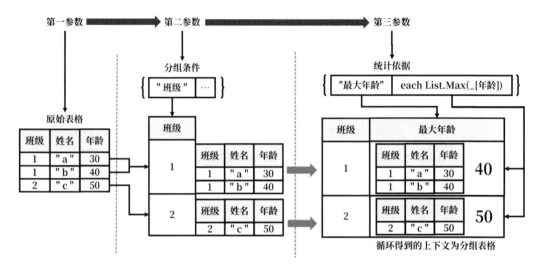

图 8-51　Table.Group 函数第三参数运行逻辑

在新的统计列中，函数开始执行"逐行循环"以创建需要填充到新列中的各行数据。数据的计算由第三参数给出的双元素列表中的自定义函数控制。注意此时每次循环所获得的上下文数据并非分组条件，如班级 1，而是根据以班级 N 为条件所筛选得到的分组表格，注意是表格。例如在范例中第一行的循环上下文是班级 1 相关的两行数据组成的表格，第二行的循环上下文则是和班级 2 相关的单行数据表格。最后我们通过自定义函数读取循环上下文提供的分组表格中的年龄列表数据并进行最大年龄的提取，任务完成。

以上便是第三参数的运行逻辑详细说明，其中的几个要点需要说明一下：

分组只需要提供条件，其余的由系统自动完成。

添加新列数据会在分组表的基础上创建逐行循环（类似于 Table.AddColumn 函数）。

逐行循环的上下文是与当前行条件相关的所有数据行组成的表格。

同时，我们也可以按照上述逻辑继续指定结果表中新的统计列，但需要将第三参数的格式修改为列表列，其中的每个元素均为一组双元素列表，包含新列名称和自定义处理逻辑，演示如图 8-52 所示。

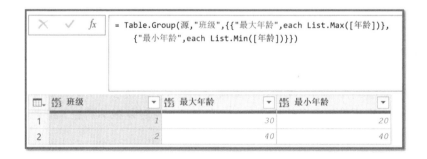

图 8-52　分组后统计模式的设定：多统计依据

4．本地分组与全局分组

Table.Group 函数的前三项参数所完成的任务属于该函数的基础应用范畴，在学习过程中只要掌握三个参数的作用和结构，条件指定的两种形态，统计规则的设定这三个方面即可。第四和第五参数属于该函数的高级参数部分，可以附加强大的数据分组特性（注意是分组特性会被加强，统计特性的强度取决于我们的自定义函数）。

第四参数名为 GroupKind，可以理解为"分组模式"。其有两种模式可选，分别为 GroupKind.Local 和 GroupKind.Global，对应本地分组和全局分组模式。如图 8-53 所示为 GroupKind.Global 分组模式代码和效果演示。

图 8-53　GroupKind.Global 全局分组模式演示范例

为了更加突出分组模式的特性，在这里更换了原始数据，如图 8-53 上半部分所示。现在以球队字段为条件对数据进行分组，采用的模式为 GroupKind.Global。最终结果为所有球队 a 的数据位于第一行，球队 b 的数据位于第二行。

你可能会奇怪，这种分组效果和常规的分组效果看上去似乎没什么区别。实际上它们是完全相同的，Table.Group 函数的默认分组模式即使不主动进行设置，也为 GroupKind.Global 全局模式。这种模式的特点在于，当指定条件后，系统会自动认为条件字段列中的所有相同值都归为一组，因为考虑了完整的数据集，所以被称为全局模式。与之相反的是本地模式，该模式只会考虑本地相邻的连续相同值为一组，演示范例如图 8-54 所示。

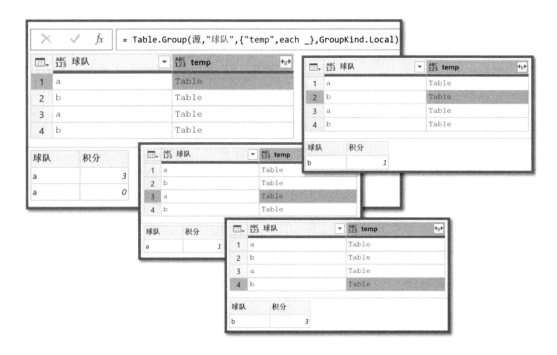

图 8-54　GroupKind.Local 本地分组模式演示范例

可以看到，在开启本地分组模式后，结果数据表发生了巨大的变化。可以看到，最终输出的表格中一共包含 4 行，分别为球队 a、球队 b、球队 a、球队 b。原本指定的条件看上去确实执行了对数据的分组（原数据为 5 行），但又没有执行彻底（执行彻底的话，结果为 2 行）。那这里面的分组逻辑是什么呢？

回顾本地分组模式的定义"它只会考虑本地相邻的连续相同值为一组"便可以理解该结果的生成逻辑。函数确实会将指定的条件列作为分组依据，但这一次不再像全局模式一样考虑所有在指定列字段下的相同值，而是从上至下考虑相同的相邻值。例如，在上述范例的原始数据中，首行为球队 a，次行同样为球队 a，而第三行则变为球队 b，前两行可以认为是相邻的连续相同值，因此归为同组。同时在最终结果表中可以看到首行为球队 a，其中包含的数据正是原始数据表的前两行。后续的所有数据也会按照这个逻辑进行分组，如原始数据表中的第 3、4、5 行分别为"球队 b、球队 a、球队 b"，因为不存在相邻的连续相同值，所以每行都被独立划分到一组中。综合上面的整个过程，最终，表格从 5 行原始数据压缩为 4 行的分组表格。

相较于全局模式而言，本地模式同样是将相同值划分为一组，但新增的一个附加条件是"要求为两个连续的相同值时才分为一组"，如果中间出现了其他值作为分隔，两端的结果会被认为是不同的组别。这种特性在处理连续类问题时非常实用，下面以一个简单的实例演示一下该特性的应用，如图 8-55 所示。

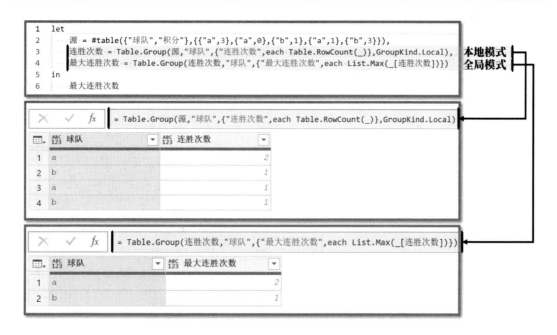

图 8-55　分组模式应用实例：统计最大连胜次数

范例所使用的原始数据同为球队积分表。现在要求完成对每个球队最大连胜次数的统计（在表格中的记录均为获胜记录且按时序排列）。

要完成该任务，我们分为两步，均要使用 Table.Group 分组函数，但分别使用了本地模式和全局模式。首先看第一步，即先获取每段的连胜次数。我们利用分组函数开启本地模式并提取分组后每段表格的行数来计算"连续获胜次数"。为了从结果表的各段连胜次数中获取最大值信息，并完成对多余数据的清除，我们第二次应用分组函数，同样以"球队"字段为条件，并对分组表格中的"连胜次数列"提取最大值，最终完成了任务。该案例连续使用两次表格分组函数且运用了两种模式，是不错的练习范例，读者可以自己练习一下。

5．比较器高级参数

表格分组函数的第五参数为比较器高级参数，需要我们自定义函数来完成更为精准的数据分组效果。同第四参数的分组模式一样，这个参数也是通过干预函数的分组来实现的，和统计标准无关。下面先来看一个使用范例，再说明其运行逻辑。

如图 8-56 所示，我们在代码部分引入了 Table.Group 函数的比较器高级参数，并提供了一串不知道如何工作的自定义函数。我们先来看一下函数生成的分组效果。可以看到，在原始数据表中共有 6 行数据，其中比较特别的是，在球队字段中并非所有行都有对应的名称，而是出现了一部分空值 null。此时我们需要将前三行数据视为球队 a 分组，后三行数据视为球队 b 分组，使用常规的分组模式便无法完成了。借助比较器高级参数，我们就成功的实现了在这个复杂场景下一次性完成分组的目标。

图 8-56　Table.Group 函数比较器高级参数使用范例

要完全理解这个高级分组特性，我们还是要从函数为我们创建的循环结构及运行逻辑入手，比较器高级参数的运行逻辑如图 8-57 所示。

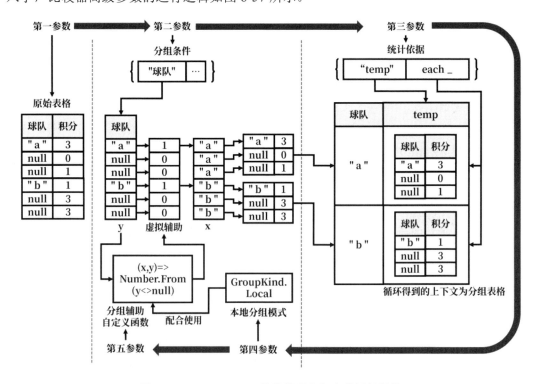

图 8-57　Table.Group 函数比较器高级参数运行逻辑

上述表格分组函数比较器高级参数运行逻辑示意图以如图 8-56 所示范例进行推演。函数首先会获得原始数据表，并根据第二参数确定目标需要分组的条件字段，在本范例中是单条件"球队"列。分组过程除了受字段依据的影响外，第四参数与第五参数也同样需要考虑。

因此函数在获得分组依据字段后，会执行第四参数所指定的分组模式，如果为默认的全局模式，则按照此前的理解正常分组；如果为本地模式，则需要查看是否附带第五参数，如果未指定第五参数，则按照相邻连续相同值的准则完成分组，如果指定了第五参数，则需要建立循环框架和虚拟辅助列来实现分组过程（这个环节是重点）。

注意：比较器高级函数一般搭配本地分组模式使用，以确保行循环顺序是从上至下的。

如范例所示，因为我们指定了(x,y)=> Number.From(y<>null)的自定义函数和本地分组模式，所以系统会提取分组依据列"球队"的数据构建逐行循环框架，并将其中的每个元素作为变量 y 输入自定义函数中进行运算，在本范例中，运算结果为列表 1、0、0、1、0、0，这便是利用自定义函数生成的虚拟辅助列。

与此同时，在循环进行变量 y 的运算过程中，系统也会根据辅助运算结果组织新的用于数据分组的凭证，即变量 x。变量 x 的生成逻辑如下：

（1）如果在虚拟辅助列中得到的运算结果不为 0，则将分组依据列即"球队"字段当前行的值赋予 x，即当前循环位置达到的运算结果不为 0 就刷新 x 值，并将当前 y 值赋予 x。

（2）如果在虚拟辅助列中的结果为 0，则不修改 x 的值，变量 x 保持上次的赋值状态。因此，当变量 y 完成了一轮循环时，每行对应的变量 x 状态也随之确定了。最终系统便会依据变量 x 的值对原表格数据行进行分组。在本范例中，所有变量 x 为球队 a 的行会被分为一组，而所有变量 x 为球队 b 的行会被分为另一组，任务完成。

以上便是 Table.Group 函数第五参数比较器高级参数的运行逻辑，确实有一定的难度，不太容易理解。我们暂且先了解一下整个运行流程，最好可以提出几个不解的问题，然后带着问题继续来看几个不同环境下的应用范例。也许在这个过程中，你的问题将会迎刃而解。

6．高级参数的应用范例（辅助理解）

这一部分，我们将会提供若干 Table.Group 函数第五参数的运用范例供读者参考，以加深读者对该参数的运行逻辑的理解。同时，在这个过程中我们会补充一些实操注意事项。让我们先来看第一个范例。

范例 1：如图 8-58 所示，原始数据表由姓名与角色两个字段构成，现在要求统计不同分组的成员人数（组长之后相邻的组员属于该组）。为了完成该任务，我们开启了分组函数的高级参数，采用与前面的范例类似的判断逻辑，以"组长"为判断条件创建分组断点，最后再统计分组表格的行数即完成任务。

说明：范例代码的结构与前面的范例结构很相似，这里不再展开说明其中的运行逻辑，读者可以自行对照理解。

图 8-58 高级参数的应用范例 1：附加信息

如果仔细观察结果表格会发现，该代码并没有完美解决我们的问题。虽然成功地将表格行数据划分为不同组别的数据，并且正确统计了各个组的成员数量，但是表格的角色一栏均为"组长"。我们希望可以显示各个组的组长名称以及各组人数，要如何解决呢？这是我们在使用 Table.Group 函数时可能会遇到的典型问题，常规的解法有两种，第一种解法如图 8-59 所示。

图 8-59 高级参数的应用范例 1：第一种优化解法

先不用着急看代码，我们来分析一下问题的核心，其实是在使用高级参数执行分组的过程中只能保留分组依据列的数据。例如，在这个范例中因为按照"角色"列进行分组，所以在最终的表格中所有的分组角色均为"组长"。想要解决这个问题，我们需要找到一种方法将需要的"姓名"列字段数据融入上下文环境变化的过程中。

在上述代码中，我们采取的方法便是在分组函数的第二参数中添加"姓名"作为分组依据，保证在最终的表格中有对应字段的数据。同时，因为我们采取的是高级模式，因此无论添加多少字段作为分组依据，也不会影响分组结果。分组与否完全取决于第五参数的自定义函数的设置情况。在添加了字段后，分组结果表格便拥有了"姓名"列数据信息，最后再将冗余的角色列移除即可。

> **注意**：在指定多字段为分组依据的情况下，一定要注意上下文环境会同步发生变化，从原本的单个元素转换为记录数据，因此在第五参数的自定义函数中，判定逻辑也要对应修改，如从 y 改为 y[角色]。

如图 8-60 所示为第二种优化解法的代码。总体思路与第一种解法一致，目标都是引入缺少的"姓名"列字段信息，但在细节处理上选用的方法不同。这一次并没有在分组依据中添加结果，而是在添加了一组独立的统计列，在该列中返回所需的姓名信息。这种方法相较于前面的方法更容易理解，供读者参考。

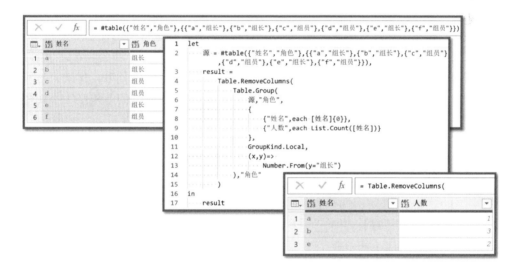

图 8-60　高级参数的应用范例 1：第二种优化解法

范例 2：如图 8-61 所示，原始数据为由"组别"和"积分"组成的两列数据，现在要求根据组别中的数字对数据进行分组，并求解各组总积分，如图 8-61 下半部分结果所示。

> **说明**：在如图 8-61 所示的代码中，第五参数的自定义函数并没有使用前面演示的 x 与 y 作为变量，而是使用了 group 和 current 变量。这两个名称是麦克斯推荐的具有实际含义的参数变量名，发挥的作用与 x、y 相同，但更易理解。其中，group 代表该组的组名，current 代表从当前循环上下文环境中得到的值。

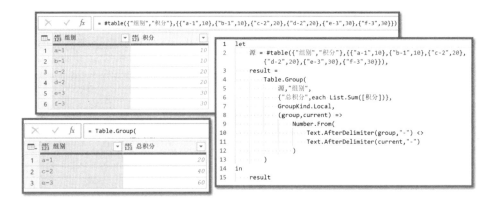

图 8-61　高级参数的应用范例 2：x、y 同场

这个问题使用其他函数做数据分析再进行统计可以比较轻松地解决。但如果要求使用 Table.Group 函数，大家还能顺利完成吗？代码如图 8-61 所示，使用的关键知识点简称为"x、y 同场"，即在循环过程中两个变量同时参与运算。具体运行逻辑说明如下：

首先系统会按照自定义函数的逻辑，抓取 x 与 y 两个变量在短横线分隔符之后的数字，并比较它们是否相等。如果相等则不分组，如果不相等则创建新的分组。变量 x 在第一行数据循环时并未开始赋值，因此与 y 变量比较分隔符后的字符得到的结果必为不相等，从而会创建分组，变量 x 被赋值为 a-1。然后继续执行第二行循环，此时 y 经过处理后结果依旧为 1，与上述 x 变量的值经过处理后判定得到 false 的结果，因此不进行分组。如此循环往复，对表格中的所有行数据执行分组操作，参考逻辑如图 8-62 所示。

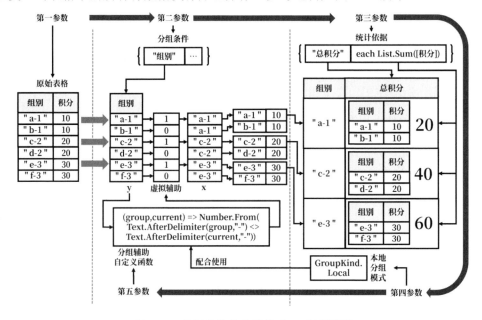

图 8-62　高级参数的应用范例 2：运行逻辑

对照理解会发现,虽然场景发生了变化。甚至参与自定义运算的变量数量也相应增多,但是总体的判断逻辑和循环结构都是相同的。只要理解判定逻辑,以任意变量或任意规则参与运算都可以。

部分读者可能会对第五参数中的函数 Number.From 感到奇怪,此处为何添加该函数将判定结果转化为数字?直接判定不可行吗?在此特别说明,主观上看确实是多余的,但目前的函数设计逻辑如此。函数要求第五参数的返回结果必须为数字,其中,0 值代表判定失败,其余数字则代表判定成功,否则返回错误值,如图 8-63 所示。

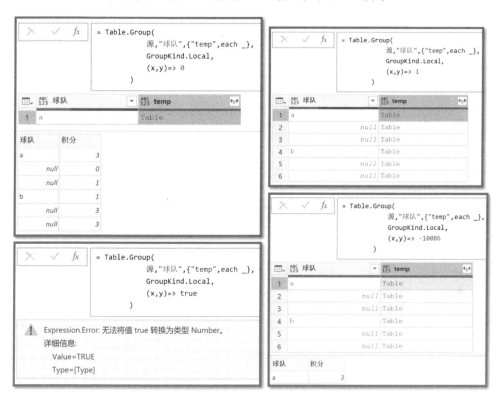

图 8-63　Table.Group 函数第五参数的要求

注意:不仅对输出类型有要求,第五参数还要求输入参数必须为 2 个,前者为分组名,后者为当前循环上下文数据。即使在判断逻辑中只使用其中一个变量,在函数中也必须满足两个参数作为输入,否则会返回错误。

8.3.5　表格拆解与组合函数

在 PQM 的函数中,能够实现表格数据按条件分组的函数不多,甚至可以说非常少。

第3篇 函数进阶

我们在上一节中看到的 Table.Group 便是其中之一，是日常最常用的分组函数。但实际上在 PQM 中还有另外一组函数也可以实现相似的数据分组功能，那便是 Table.Partition 表格拆分函数和 Table.FromPartitions 表格组合函数。它们和表格分组函数是 PQM 中少有的具有按条件批量分组数据功能的函数。不过在学习的过程中也要注意，虽然函数的设计目的有相似之处，但是参数设定细节和使用逻辑是不同的。

1. Table.Partition函数的基础使用

首先让我们一起来看看 Table.Partition 函数作为 PQM 当中"唯二的"表格分组函数，它到底能够实现什么效果呢？范例演示如图 8-64 所示。

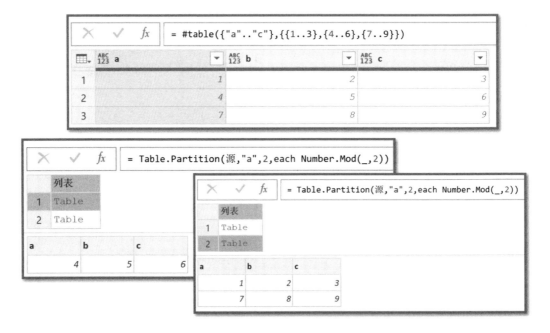

图 8-64　Table.Partition 函数的基础使用

可以看到，原始数据为三列三行的普通数据，现在要求将表格中的各行数据按照字段列 a 的奇偶性进行分组，即所有字段 a 为奇数的行被分为一组，所有字段 a 为偶数的行被分为另一组。

可以看到，上述任务要求属于典型的根据条件完成对数据的分组问题，但比较特别的是我们不可以直接以原始数据中的某一列或多列执行分组，需要像"虚拟辅助高级参数"一样优先对数据字段列 a 进行奇偶性判定后再依据判定结果进行分组。此时读者不妨想一想，如果遇到这样的问题该如何解决？使用 Table.Group 吗？如何编写代码呢？读者不妨动手尝试一下。Table.Group 函数对于上述问题的解法如图 8-65 所示。

第 8 章　进阶函数

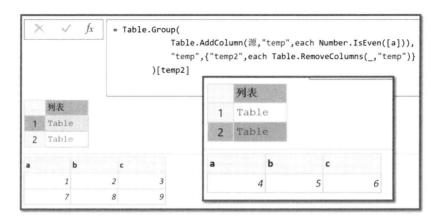

图 8-65　使用 Table.Group 函数处理范例问题的参考代码

在上述解答方法中可以看到，使用了手动添加辅助列进行奇偶性判定后再依据该判定结果实现对数据的分组，最后移除冗余数据信息完成任务。问题解决了，但是能够明显地看到，我们为了实现一个看上去并没那么复杂的任务而做了很多额外的准备工作。此时再回头对比 Table.Partition 函数所给出的解法便可以体会到它在处理这类问题上的高效性和便捷性，同时能够感受到，即使同为用于分组表格数据的函数，但它们在运行逻辑的设计上差异是巨大的，各有适合自己解决的问题。情况了解清楚了，我们再来仔细看看这个函数的参数及各个部分的运行逻辑，其基本信息如表 8-7 所示。

表 8-7　Table.Partition函数的基本信息

名　　称	Table.Partition
作　　用	根据自定义规则和字段值将表格行数据拆分为多个部分
语　　法	Table.Partition(table as table, column as text, groups as number, hash as function) as list第一参数table为原始待处理的表格数据；第二参数column列的类型要求为文本，用于指定应用于表格数据的分组条件字段；第三参数groups分组数用于指定最终结果列表中的分组表格数目；第四参数hash，名为哈希，要求为方法类型数据。该参数用于指定对于指定字段的自定义处理逻辑，类似于虚拟辅助列高级参数的使用（但有特殊要求，后面展开介绍）；结果返回分组后的表格列表
注意事项	重点掌握自定义函数设置的特殊要求

2. Table.Partition函数的运行逻辑

接下来我们便以上一部分中的范例代码为例，对 Table.Partition 函数的各个参数功能及其运行逻辑进行讲解，运行逻辑如图 8-66 所示。

原始数据表格为三行三列的普通数据表，因为在第二参数条件字段中指定了 a 列为分组依据列，所以系统会为该列数据创建循环框架，逐行提取该字段中的值（循环上下文就是指定字段中各行的值）并参与由第四参数所指定的自定义函数运算中，这个过程与虚拟辅助高级参数的运算逻辑非常相似。经过上述运算后，我们也可以得到一组新的虚拟辅助列数据，在本例中便是数字1、4、7经过运算后得到的1、0、1。

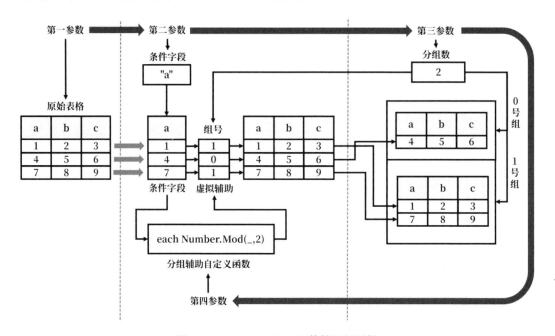

图 8-66　Table.Partition 函数的运行逻辑

> **注意**：经过运算得到的虚拟辅助列数据恰好有两种类型，这两种类型代表我们在第三参数中所约定的分组数。这不是巧合，而是前面曾经提到过的自定义函数设置的特别要求。后面会再着重展开说明，现在先对整体的运行逻辑进行讲解。

在获得了虚拟辅助列后，系统会根据该列数字对原始数据表格进行分组。其中，相同数字的被分为一组，最终结果会按照虚拟辅助列的数据大小进行表格排序。例如在本例中，原始数据表的第一行与第三行经过计算后得到的虚拟辅助列数据为1，而第二行计算结果为0，因此最终结果是单行表格在上，多行表格在下。我们一般称这里的虚拟辅助列结果为"组号"，最终结果按照组号大小进行排序。

以上便是 Table.Partition 函数的核心运行逻辑，可以看到，相较于 Table.Group 函数而言，运行逻辑的理解难度大大降低，只是相较于普通的虚拟辅助列高级参数附加了特别的分组特性。

3. Table.Partition自定义函数参数的特别要求

理解了运行逻辑后，我们来重点解决自定义函数的特别设置要求问题。虽然运行逻辑的理解难度不高，但是并非可以毫无拘束地使用自定义函数进行计算分组。Table.Partition

函数对于它的第三参数有特别的要求，并非只是依据虚拟辅助列的结果字段直接进行相同值的分组。为了理解这个特点，我们先来看一些错误的示范。

范例 1：如图 8-67 所示，Table.Partition 函数要求其自定义函数值返回"数字类型"的数据才可以正常进行分组，否则返回错误值。这是该自定义函数设定的基本要求，后续的需求也是在此基础上完成的。

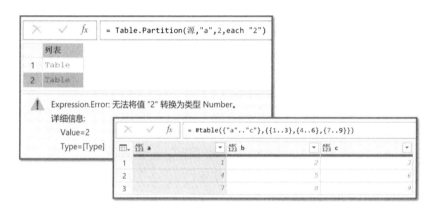

图 8-67　自定义函数的特别性质：返回数字 1

如图 8-68 所示，如果系统根据指定列数据和自定义函数共同生成的虚拟辅助列数据中的相同值对表格进行分组的话，那么就会产生类似于如图 8-67 所示的错误。切记 Table.Partition 函数的真正分组依据不完全是虚拟辅助列的值，而是"组号"虚拟辅助列的值，正确的解答方法如图 8-69 所示。

图 8-68　自定义函数的特别要求：返回数字 2

说明：此例与 Table.Group 函数部分末尾的举例类似，可以对比两种解答，加深理解。

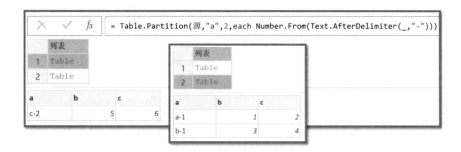

图 8-69　自定义函数的特别要求：返回数字 3

范例 2：如图 8-70 所示，依旧是基础的三行三列原始数据表。在图 8-70 中所演示的是分别将自定义函数全员返回 0 或 1 后的分组效果。不难看出，自定义函数返回的是组号，而组号控制的是当前行数据的最终分组位置。特别强调：组号是从 0 开始的，如果分组数为 2，但全员赋予的组号均为 2，那么结果等同于全员组号 0。如果全员赋予组号为 3，那么结果等同于全员组号为 1，以此类推，范例演示如图 8-71 所示。

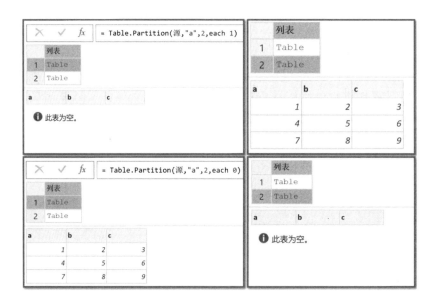

图 8-70　自定义函数的特别性质：组号的运行和作用 1

可以看到，在总组数为 2 的情况下，全员组号 2 的效果与全员组号 0 的效果相同，全员组号 3 的效果与全员组号 1 的效果相同。你发现了什么吗？对，超过总组数的组号也可以正常生效，但真正生效的组号是"该组号与总组数的余数"，如 2 比 2 余 0，因此组号 2 和组号 0 的效果相同；3 比 2 余 1，因此组号 3 和组号 1 的效果相同。前面的案例可以简化为如图 8-72 所示的代码。

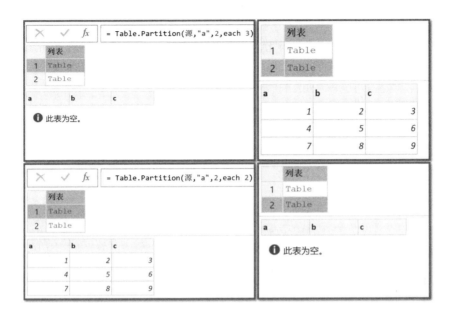

图 8-71　自定义函数的特别性质：组号的运行和作用 2

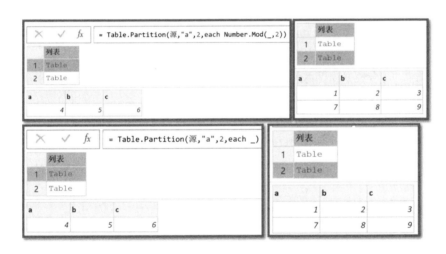

图 8-72　Table.Partition 的使用范例等效写法

基于以上对 Table.Partition 函数第三参数的性质补充，我们可以明确在定义自定义函数的过程中需要遵循的规律：

- 尽可能明确最终的分组数目。
- 设定自定义函数将当前循环上下文中的数据处理为数字类型的组号。
- 组号最好限制在总组数之内，如果总组数大于组号则冗余分组中数据为空；如果总组数小于组号，则组号会自动与总组数做除法运算取余数，并将余数视为新的组号进行分组。

综上所述便是在 PQM 当中使用 Table.Partition 函数的运行逻辑和细节特性的讲解。掌握了这些理论基础，读者在实操中运用该函数时会游刃有余。下面我们再补充说明一下 Table.Partition 函数的逆过程 Table.FromPartitions 函数。

4．Table.FromPartitions函数的基本使用

Table.FromPartitions 函数的功能与作用恰好与 Table.Partition 的表格拆分分组相反，是将已经拆分的分组表格数据打上标签，重新组合为一张完整的表格，其基本使用如图 8-73 所示。

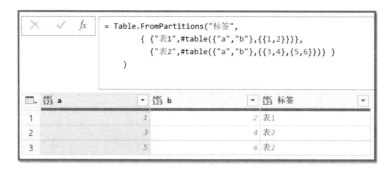

图 8-73　Table.FromPartitions 函数的基本使用

可以看到，原始数据为两张独立的表格，分别包含字段 a 和字段 b 的若干行数据，现在要求将两张表格合并为一张大型表格，并将其对应数据的来源标签进行标记。这样的问题在没有遇到 Table.FromPartitions 之前处理起来并不简便。我们需要为每张表格添加独立的标签，然后再进行合并，如图 8-74 所示。

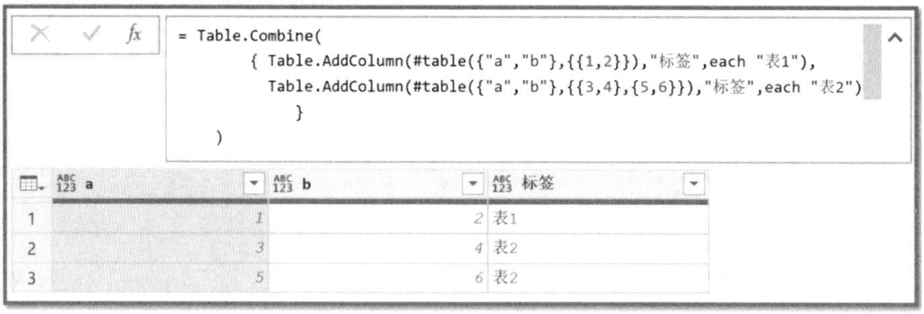

图 8-74　使用常规方法完成表格的拼接和标签化

不过这种拼接的需求在实操中出现的场景不多，因此对于此函数的使用简单掌握即可，Table.Partition 函数的应用更为重要，该函数在特殊场景下可以有效地降低代码的烦琐程度。现在让我们一起来看看它的基本信息，如表 8-8 所示。

表 8-8　Table.FromPartitions函数的基本信息

名　称	Table.FromPartitions
作　用	纵向拼接多张表格的同时为各表格数据贴标签
语　法	Table.FromPartitions(partitionColumn as text, partitions as list, optional partitionColumnType as nullable type) as table 第一参数partitionColumn为拼接后的结果表格的"标签列"的名称。第二参数partitions代表待处理的表格数据以及其对应的标签类型。该参数要求的类型为列表，但实操中要求为列表列，其中每个子列表均为双元素的列表数据。首个元素为该表格的标签，末尾元素为表格数据。第三参数partitionColumnType要求为类型数据，用于指定结果表格中标签列的类型。结果返回拼接并贴好标签的表格数据
注意事项	掌握基本用法即可，非高频函数

5. Table.FromPartitions函数的运行逻辑

了解了 Table.FromPartitions 函数之后，我们再深入查看它的运行逻辑。该函数的使用总体难度不大，但需要将几个关键的特殊情况说一下，以便对函数有更为完善的理解，防止在实操应用中因对特殊状况的考虑不周而出现错误。该函数的代码运行逻辑如图 8-75 所示。

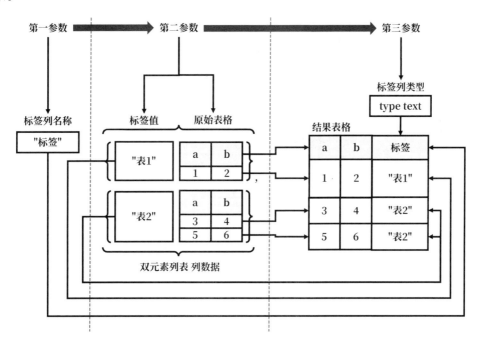

图 8-75　Table.FromPartitions 函数的运行逻辑

Table.FromPartitions 函数的运行逻辑非常简单，其第一参数和第三参数的工作都是"摆在明面"可以直接理解的。最难的部分是第二参数"要求为列表列数据，子列表均为双元素列表，其中包含表格数据和与其对应的标签值"，理解起来有一定难度。通过运行逻辑图中的箭头指代则可以非常清晰的理解转换过程。

常规状态的运行没有很多值得特别强调之处，接下来补充介绍几个函数运行的细节和特殊情况。第一例如图 8-76 所示。

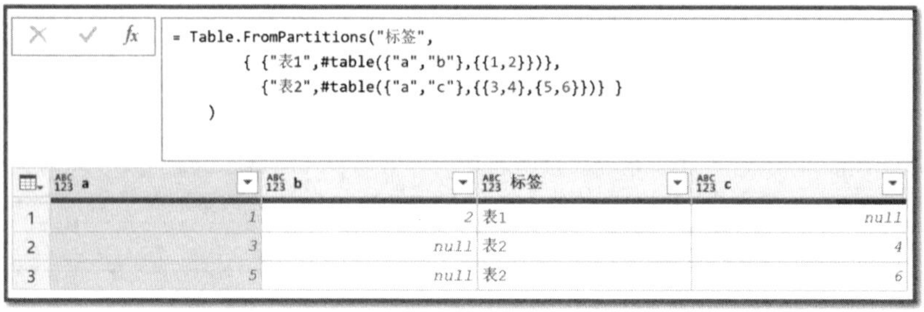

图 8-76　Table.FromPartitions 函数的运行逻辑补充 1

可以看到，当准备合并拼接的多张表格在结构上不匹配时，会按照首张表格的字段为基础进行拼接，然后添加标签列数据，最后才在表格的最后 N 列的位置添加在其他表格中所拥有的字段。虽然在顺序上会较为特殊，但是即使表格的结构不一致，也不会出现更为严重的"信息丢失"问题。

说明：虽然标签值在参数中指定在前面，但在结果表格中标签列都位于基础表格的末尾。

上述这种特性其实与 PQ 中的"追加查询"（即函数 Table.Combine）命令非常相似，如果更换了基准表格其列基准排序也会发生变化，如图 8-77 所示。

图 8-77　Table.FromPartitions 函数的运行逻辑补充 2

最后再简单演示一下 Table.FromPartitions 函数可选的第三参数的使用，如图 8-78 所示。

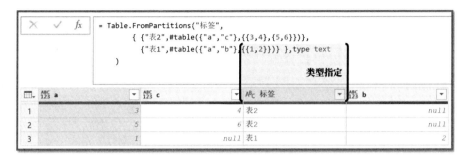

图 8-78　Table.FromPartitions 函数的运行逻辑补充 3

8.3.6　表格拆分合并列函数 Table.SplitColumn 和 CombineColumns

Table.Partition 及 Table.FromPartitions 函数是在表格行方向上按条件拆分与合并拼接，本节所讲的函数 Table.SplitColumn 和 Table.CombineColumns（表格拆分和合并列）函数则是在列方向上的拆分与合并，这两组函数是有一定关联性的。

如果我们将这一组函数与我们在本节一开始提过的表格类型转换函数 Table.FromList 和 Table.ToList 对比的话，会发现它们之间有着很高的相似性。

为什么要提到上面这两点关联性呢？一方面是增强读者对函数的交叉理解；另一方面与相似函数对比学习，可以举一反三，提高学习效率。例如，比较一下 Table.SplitColumn 函数和 Table.FromList 函数的语法结构，对于这两个函数的理解会更加深刻。

闲话说到这里，现在让我们一起来看看这组函数的运用吧。

1. Table.SplitColumn和CombineColumns函数的使用

对于表格的列拆分与合并函数，其实我们在入门分册中已经了解了其基本用法，大家对它应该都不陌生，在此仅进行简单的回顾演示，如图 8-79 所示。

图 8-79　表格列方向拆分合并函数使用演示

可以看到，原始数据为两列两行的表格，通过分别运用表格列拆分函数与列合并函数，我们将其转化为三列两行及一列两行的表格。其中提供的参数分别负责原始数据的输入，拆分与合并逻辑的指定，确定要拆分的列名或合并后的列名称。这一组函数的基础信息如表 8-9 和表 8-10 所示。

表 8-9 Table.SplitColumn函数的基本信息

名 称	Table.SplitColumn
作 用	拆分表格中的指定列为多列
语 法	Table.SplitColumn(table as table, sourceColumn as text, splitter as function, optional columnNamesOrNumber as any, optional default as any, optional extraColumns as any) as table　第一参数table要求为表格，表示待处理表格；第二参数sourceColumn要求为文本类型，用于指定目标需要拆分的列；第三参数splitter拆分器要求为方法类型，可以自定义拆分函数，也可以使用预设的拆分器类函数；第四参数columnNamesOrNumber可选，用于指定拆分结果的列数或列名称；第五参数default可选，用于设置因各行拆分数目不一致而产生的空缺处的默认显示内容；第六参数extraColumns可选；输出为表类型数据
注意事项	虽然拆分列函数的参数众多，但是在使用时只需要掌握前三项核心参数即可，即数据表、指定的列、用于拆分的自定义函数。使用该函数需要注意：（1）指定的列，因为拆分列函数是针对表格中的某列数据拆分为多列，所以只接受对单列进行指定。（2）第三参数的设定，一般会直接使用拆分器类相关函数或直接编写自定义函数。此时需要注意自定义函数的输入与输出数据类型，输入由拆分列循环结构的上下文环境确定，是指定的列在当前循环行单元格中的数据，一般为纯文本。经过处理后，要求输出为"列表"，这是拆分列函数内部的默认设定。系统在获得拆分的列表后会自动将列表中的数据分布显示在各拆分结果列中

表 8-10 Table.CombineColumns函数的基本信息

名 称	Table.CombineColumns
作 用	合并表格中的多列为一列
语 法	Table.CombineColumns(table as table, sourceColumns as list, combiner as function, column as text) as table　第一参数table要求为表格，表示待处理的表格；第二参数sourceColumns要求为文本列表类型，用于指定目标需要合并的列；第三参数combiner合并器要求为方法类型，可以自定义合并函数，也可以使用预设的合并器函数；第四参数column，指定合并后结果列的列名称；输出为表类型数据
注意事项	合并列函数作为拆分列函数的逆过程，总体的参数分布和使用逻辑基本与拆分列函数一致，甚至更好理解。在使用时需要注意：（1）合并列函数的名称包含复数s，请不要写错；（2）第二参数指定列时，因为是逆过程将多列合并为一列，因此需要指定参与运算的多列名称，使用列表表示；（3）类似地，在自定义第三参数合并器时，要求接受的输入参数为列表（即指定列当前行的所有数据），返回的输出值则没有要求，函数会统一存放到合并结果列的当前行单元格中

2. 与Table.FromList和ToList函数的对比

以上内容都是我们在入门分册中曾经学习过的内容。如果我们将这一组函数与 Table.FromList 和 ToList 函数进行对比就会发现它们在语法结构上相似度非常高，如图 8-80

所示。

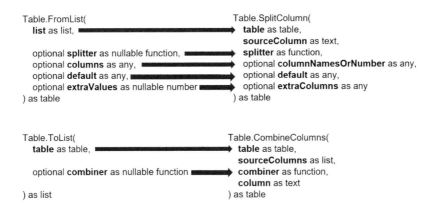

图 8-80　与 Table.FromList 和 ToList 函数的对比

不难看到，Table.FromList 和 ToList 函数的所有功能性参数都可以在 Table.SplitColumn 和 CombineColumns 函数中找到相似的对应参数，如都包含 splitter、default 和 extraValues 等参数。实际上，它们不只是名称相似，功能也基本相同，可选的模式也是一样的。至于对应缺失的那几个参数，是因为在环境的限制下不需要而删除了。例如，在拆分列函数中，我们需要指定目标的拆分列，而在 Table.FromList 中因输入数据为单个列表，所以不需要了。又如，在合并列函数中，我们需要指定合并的目标列和合并之后的列名称，这在 Table.ToList 中则是不需要的，因为它可以默认将所有列压缩为一个无须列名的列表。

综上所述，你可以认为 Table.FromList 和 ToList 函数是 Table.SplitColumn 和 CombineColumns 的一种特殊情况，我们可以选择将单个列表拆分成表格或将表格中的所有列合并为列表。虽然两组函数一般一组被分为类型转换函数，另一组被分为拆分合并函数，但是除了类型差异外，两组函数的基本使用逻辑是一样的。

> 说明：因为两组函数的相似度较高，在此就不再演示拆分合并列函数各参数的作用了，读者可以参考本节对于 Table.FromList 和 ToList 函数的讲解。

8.3.7　表格值替换函数 Table.ReplaceValue

下一个进阶表格函数是麦克斯最喜欢的一个函数，也是在 PQM 中运行逻辑最复杂和最实用的函数之一，它就是表格替换值函数 Table.ReplaceValue（简称 TRV）。首先解决一个大家可能有的疑惑：一个用于数据值替换的函数，在列表类型函数中便有相似的对应，好像没什么特别的，为什么表格值替换函数就会有如此特别的地位呢？这是因为 TRV 函数是 PQM 当中唯一拥有"行列双层循环结构"的函数，而且提供了巨大的自定义参数空间可以灵活使用。它的设计本意值替换反而并不是在实操过程使用它的最大原因。接下来让我们深入学习这个函数。

1. Table.ReplaceValue函数的使用

Table.ReplaceValue 函数的基本作用便是对表格指定字段列的指定数据执行替换操作。例如我们拥有一张数据表，现在要求替换表中 a 字段列中的数字 1 为数字 9，如图 8-81 所示。

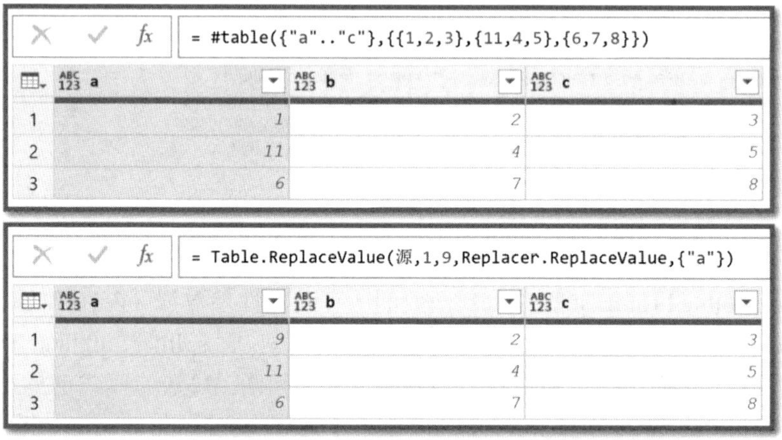

图 8-81　Table.ReplaceValue 函数的基础使用 1：替换数字

可以看到，原始数据表为三行三列的纯数字表格，因为需要将 a 列字段中的数字 1 替换为数字 9，所以使用 TRV 函数依次输入原表格、原值、替换值、替换器和指定需要替换的列范围即完成任务。如果替换值为文本，则可以使用另一种文本值替换器，使用演示如图 8-82 所示。

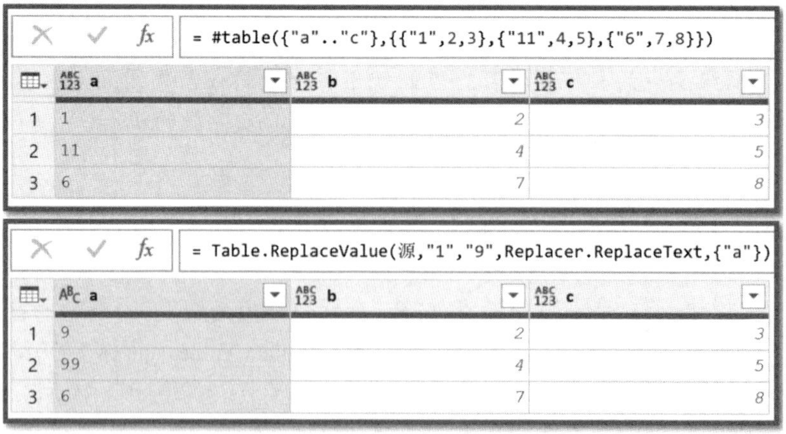

图 8-82　Table.ReplaceValue 函数的基础使用 2：替换文本

因为在原始数据表中 a 列的值均为文本，因此我们将替换器和目标替换值均改为与文本匹配的 Replacer.ReplaceText 及 "文本 1"，最终按照类似逻辑编写代码完成了任务。Table.ReplaceValue 函数的基本信息如表 8-11 所示。

表 8-11　Table.ReplaceValue函数的基本信息

名　称	Table.ReplaceValue
作　用	合并表格中的多列为一列
语　法	Table.ReplaceValue(table as table, oldValue as any, newValue as any, replacer as function, columnsToSearch as list) as table　第一参数table要求为表格，表示待处理表格；第二参数oldValue，用于提供目标需要被替换的值，一般场景下提供的数据类型为文本或数字，但在高级应用模式下可以为方法类型；第三参数newValue用于提供目标替换值，一般场景下为文本或数字类型，在高级应用模式下同样可以为方法类型；第四参数replacer用于指定替换器函数，可选有替换文本的Replacer.ReplaceText和替换值的Replacer.RepalceValue，但在高级模式下也可以选择自定义函数逻辑来完成替换逻辑；第五参数columnsToSearch要求为列表类型，用于指定需要替换值的目标列，可以同时指定多个列；输出为表类型数据
注意事项	在实操中该函数使用时多数情况并不是使用它的基础替换能力，而是利用该函数创建的双层循环结构组合自定义逻辑，完成复杂表格数据的变换。因此在学习过程中要着重理解其循环框架的搭建及循环上下文的含义

以上便是表格替换函数 Table.ReplaceValue 的基本用法，使用逻辑较为简单，依次输入不同的参数即可完成替换。在基本使用的场景下唯一需要注意的是选择不同类型的替换器，其除了会对不同类型的值进行替换外，其替换特性也有所区别。例如，替换值会将单元格值为 1 的数据点进行替换，但是替换文本则会将单元格中包含的所有字符 1 都进行替换，除了将 1 替换为 9 外，还完成了将 11 替换为 99 的操作。

说明：Table.ReplaceValue 函数的基础应用形式等效于 PQ 的"替换值"操作命令。

2．Table.ReplaceValue函数的高级应用

前面我们学习了 TRV 函数的基础应用，可以轻松完成对目标值的替换任务。但 TRV 函数的循环结构搭建能力其实都没有得到发挥，而这需要跳出常规的参数设定，使用自定义函数的高级形式才能完成。

这里我们以一个实际运用案例为辅助进行讲解。假设我们现在拥有一张两行三列的数据表，总共包含两位销售员在三个月里的销售额。现在需要统计每位销售员各月的销售额占总销售额的占比。原始数据、最终效果及解答代码如图 8-83 所示。

如果常规状态下需要完成这项任务，很多读者首先想到的是可不可以尝试使用 Table.TransformColumns（简称 TTC）等列转换函数来实现。这个尝试性的想法没有任何问题，但是有一个问题会阻碍你的实施，那就是在循环上下文中没有足够的数据信息来完成比值的计算。这句话很重要，再强调一遍，在 TTC 函数的循环上下文中没有足够的数据信

息来完成比值的计算。如果仅从文字上看，我们无法很好地体会这句话的含义，不妨打开文档尝试使用 TTC 函数来解决上述问题，这样你会有一个更加真实的体验。

图 8-83　Table.ReplaceValue 函数的高级应用

常规函数想要解决上述问题也是可行的，但是借助的函数不再是 TTC，而是 Table.AddColumn（简称 TAC）等一系列可以完整获取当前行数据信息的函数。这里我们提供的一个参考解答方法如图 8-84 所示。

图 8-84　Table.ReplaceValue 函数的高级应用：范例问题的常规解法参考

可以看到，因为目标占比数据的计算需要使用每个销售额的数据点，同时还需要使用当前行的所有数据信息，因此框架函数选取的一个前提条件便是其循环上下文可以抓取当前行的整行数据。这里我们使用 TAC 函数来完成行数据的抓取。获取数据后,将循环上下文中的行数据转化为列表再次循环,依次计算单个销售额占总销售额的占比情况,最后提取新列数据并组织成原表格的形式。

通过上述过程我们完成了占比计算的任务目标,但仔细观察处理流程就会发现存在"绕路"现象。我们并没有直接在原值上修改,而是单独利用 TAC 在原始数据的"隔壁"创建了一个副本,并在创建这个副本的同时完成了计算。即便如此,创建的副本也只是发生了信息变化,即统计计算,其格式和形式依旧没有满足要求,因此会有一系列的函数来帮忙完成格式组织任务,如 Table.FromRows 和 Table.ColumnNames 等函数。

> **说明:** 在实际问题解决过程中,"绕路感"可能是没办法避免的,因为工具和问题之间永远存在一定差距。但越灵活的工具越能够高效地模拟处理问题的逻辑,如 M 函数相比 PQ 操作命令可以更好地模拟逻辑,TRV 函数高级模式能比图 8-84 中的代码更好地贴合本次问题的处理逻辑。当然,除了客观的工具原因外,我们自身对于工具的灵活掌握程度也是一个因素,那么就多多练习吧。

3. Table.ReplaceValue函数高级运行逻辑

现在我们再回过头来看看,如图 8-83 所示的 TRV 函数是如何设置及如何解决问题的吧。首先看整体的参数分布,对比基本使用范例中学到的知识,我们可以轻松地理解其中的第一和第五参数分别代表原始数据表格及指定需要替换的列范围,但是对于中间的第二、第三和第四参数全体转变为自定义函数还是没办法理解的。这里绘制了一张运行逻辑来说明各个参数所发挥的作用,如图 8-85 所示。

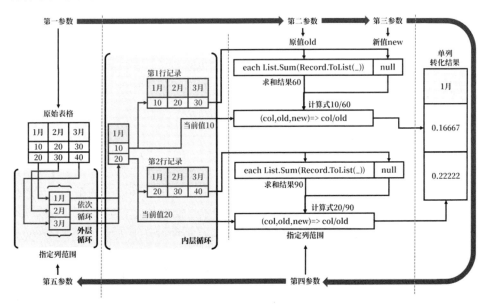

图 8-85　Table.ReplaceValue 函数高级运行逻辑

可以看到，原始数据为两行三列的销售额数据表，因为在第五参数中指定了表格中的所有列字段都属于替换范围。因此系统会依据此指定的列范围构建第一层循环，即逐列循环表格数据（依次处理1月、2月和3月的数据）。

因为列表的第一个元素为1月，因此优先对1月份的销售数据进行替换处理。在进入1月列后，函数会自动创建第二层循环，即逐行循环表格数据（依次处理第1行、第2行，直到数据末尾）。

在完成循环框架搭建后，第二、第三和第四参数才可以共同发挥作用，根据自定义的规则完成数据的获取、处理，输出计算结果。但要注意这三个参数各自的循环上下文环境和输入参数是不同的。对于第二参数oldValue和第三参数newValue而言，它们的循环上下文是第二层循环过程中的当前行数据，而且是整行数据，并以此数据作为自定义函数的输入；但对于第四参数replacer而言，它的循环上下文环境则同时受限于外层循环和内层循环，因此是以当前列、当前行位置单元格中的数据作为输入，该变量名为col。同时对于第四参数比较特别的是，第二参数和第三参数的输出结果也会作为它的输入参数进入第四参数，对应变量的名称分别为old和new（自定义命名，建议按照此规范书写）。

因此在本范例中，首先对1月列数据循环，并在第二参数中计算整行的总销售额以变量名old输入第四参数；当前循环得到的数据为本月销售额，变量名为col；最后在第四参数中将col和old相除，得到最终的占比计算结果。该结果会替换对应位置（当前循环到的列、当前循环到的行对应的位置）上的原始数据。因此1月列中的数据被新计算的占比数据所替换，完成了部分任务。

> **说明：** 第二参数和第三参数因为循环上下文一致，并且同时都输入第四参数，因此在功能上是完全相同的，唯一的区别在于名称。在范例中只使用第2和第3参数，或使用二者之一也是完全可以的。

最后，在完成了1月列数据的逐行循环、计算和替换后，函数会依次按照相同工作逻辑对其他指定的范围列执行循环，完成表格中所有其他列的占比值计算和替换工作，最终完成任务。

4．加深对Table.ReplaceValue函数的理解

通过上述逻辑示意图展开讲解，大家会发现其实没有看上去那么复杂。它的本质是什么？同样是循环框架，比较特别的是在行的循环基础上添加了外层的列循环。当逐列去理解TRV函数中的循环结构时，逻辑难度便降级到了最简单的按行循环。另外的一个特别之处就在于三个自定义函数之间存在关联，并且拥有多种循环上下文。对于这一点，只需要反复理解其运行逻辑便不难掌握。

但是掌握归掌握，想要达到灵活运用TRV函数的程度，看到问题快速想到可以使用TRV函数进行解决的水平，还需要更加深入地理解。因此，为了达到这两个目标，我们在这个部分会将TRV函数与Table.TransformColumns函数进行对比，以加深理解，在下一个

部分额外补充几项 TRV 函数的实际运用范例，提升读者对函数的熟练程度。

为什么会拿 Table.TransformColumns 来对比呢？它们两个在名称上相似性并不高。但实际上对于 PQM 函数语言的进阶使用者来说，它们完成的其实都是一件事情，即转换表格中的数据。其中，transform 是转换，其实 replace 替换也是对原始数据的转换。因此不要被名称所迷惑而陷入惯性思维中，这是我们第一个要理解的关键点。

然后我们更加具体地比较一下这两个函数在功能上的异同点。首先，二者都可以对表格中的列数据进行转换操作，逻辑都可以自定义。但是在指定转换的列字段范围上它们的逻辑不同。例如，对于 TTC 函数而言，一般是指定某一列为目标转换列设定自定义逻辑完成转换，对于其他列则可以使用高级参数设定另外一种独立的转换逻辑（入门分册中说过）。反观 TRV 函数，我们可以指定一列或任意多列执行转换，灵活性增加了，但逻辑需要保持一致。一定要麦克斯评价一下的话，只能说二者平分秋色，各具特点。

如果我们比较二者在循环过程中获得的上下文环境数据丰富程度的话，毫无疑问的是 TRV 函数占据上风，这也是为什么它在实操中常常能完成 TTC 函数所完成不了的任务的原因。对于 TTC 函数来说，循环上下文就只有当前列、当前行单元格中的数据，但对于 TRV 函数来说，除了当前行和当前列数据点外，它还可以快速获取当前行的整行数据参与运算。二者的性质对比如表 8-12 所示。

表 8-12　TRV函数和TTC函数性质对比

名　　称	Table.TransformColumns	Table.ReplaceValue
功　　能	在原位转换表格数据	在原位转换表格数据
列　指　定	指定单列和其他列	指定任意列
逻辑设置	两组独立的逻辑	一组适用于所有列的逻辑
循环上下文	仅有当前行、列位置的数据点	当前行、列位置的数据点和当前行的所有数据

5．Table.ReplaceValue函数应用范例

在这一部分，我们再通过几个实操的 TRV 函数应用范例来熟悉一下该函数在高级模式中的循环上下文及使用逻辑（这个函数对于初见的读者并不友好，但熟悉应用后你便会逐渐发现它的灵活性和功能之强大在所有函数中都是名列前茅的）。

如图 8-86 所示为范例 1 的原始数据、目标效果及实现代码。原始数据为某公司销售员上半年的销售额二维表，现在要求在原表格的基础上为每位销售员上半年所有销售额进行独立排名，并将排名以换行的形式显示在对应月份销售额后，任意选取中式或美式的排名方式。

面对此问题，我们采用一贯的"信息+结构"的分析思路。可以看到，该问题最大的特点是表格的数据结构没有发生本质的变化（这通常是使用 TRV 函数的一个关键点），最主要的变化体现在原始数据点基础上增补了排名信息。如果我们仔细观察信息的变化和计

算过程会发现，因为是按照当前销售员上半年的所有销售记录进行排序的，所以实现排名需要用到：当前销售员当前月的销售额；当前销售额上半年的所有销售额。不知道这是否让你联想到 TRV 函数的两类不同循环上下文。因此对于此问题，无论是从数据结构变化，还是从计算所需的信息环境来看，TRV 函数都是解决该问题的不二之选。

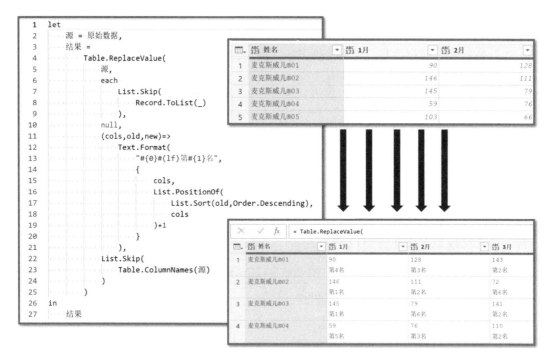

图 8-86　范例 1：二维数据记录内排名标记

因此在问题处理代码中，我们使用 TRV 函数为主要的循环框架，指定除了首列以外的所有列为外层循环范围，意在将所有内容都增补上对应的排名信息。然后进入列循环内部搭建内层的行循环。在行循环的过程中，使用第二参数获取当前行中所有的上半年销售额记录数据作为备用，使用第四参数提取当前月的销售员销售额并放入从第二参数获取的完整销售数据中计算排名，最后进行简单的格式化输出，完成任务。

如图 8-87 所示为范例 2 的原始数据，目标效果代码实现。原始数据为某比赛各组成员名单一维表，但数据是按照队长/队员的顺序依次列写，相关队员跟随在队长记录后（类似于前面在学习 Table.Group 函数时见过的范例数据），因此对数据应用造成了一定的困难，目标为统计每组的人数。

这个问题我们使用 Table.Group 的高级模式也可以轻松解决。但是在这里我们特地使用 TRV 函数来呈现一种特殊的应用方式。首先来看看问题本身，需要统计分组的人数，因此常规思路是先打标签，然后按标签分组计数直接完成。但因为原数据的设定方式是按角色变换为分组的依据，所以无法直接使用角色标签来完成统计。为了让这个思路得以实现，我们需要重新完成标签列的设定，这里借助的便是 TRV 函数。

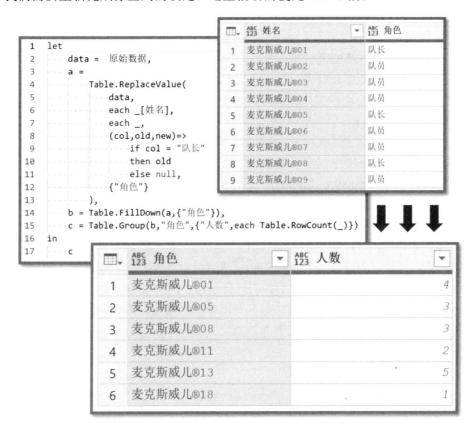

图 8-87 范例 2：根据一维名单统计分组人数

我们首先在它的第二参数中将当前行的"姓名"字段提取备用（该数据会作为分组的名称加入标签列），然后在第四参数中进行逻辑判断，如果是队长则返回其姓名，否则返回空值 null 将内容清空。这种清空的操作就让我们重新打标签有了空间，因此可以直接使用向下填充功能完成打标签，最后再借助于表格分组函数完成统计。

虽然上述方法对这个问题并不算是优秀的解法，但是它能让我们从另一个角度去理解 TRV 函数的应用。因为 TRV 函数的第二、三、四参数都接受自定义的函数，因此在确认循环范围后，内部的替换是完全自定义的，拥有非常高的灵活度。我们可以对单元格进行信息补充，也可以将其替换为新的内容，还可以像这次一样直接"挖空"，以配合后续的操作。

6. 使用Table.ReplaceValue函数的依据

最后我们简单梳理几个非常简单且容易判断的"关键指标"，帮助读者快速地完成"是否需要使用 TRV 函数"的判断。因为无论如何，通过阅读所得到的信息永远都是"输入"，对于想要达到灵活处理实际问题所要求的"输出"还是有一定难度的。这也是很多读者在学习完后纠结的问题——什么时候用这个函数？所以这里我们提供几个简单准则，仅供参考。

- 第一点，表格数据结构没有发生变化。TRV 函数的设计本意是完成对表格中的数据替换，因此核心功能是找到目标数据，替换为我们所需要的新数据点，并非是对表格数据做结构性改造。如果在实际问题中需要对结构进行调整，那么使用 TRV 函数肯定是不行的。
- 第二点，目标结果的获取需要用到当前值和当前行值两部分信息。这一点是使用 TRV 函数最为关键的判定。如果你的目标效果实现只需要使用到当前列循环的单个值，那么 Table.TransformColumns 函数是更好的选择。如果你想要计算整行排名，需要当前值和当前行的值作为运算输入，那么只有 TRV 函数可以完成这个任务。再次强调，一个函数拥有的循环上下文，代表它在批处理过程中可能获得的信息。如果连信息都没有，则无法完成任务。
- 第三点，需要对表格的多列执行相同逻辑的批量处理。这一点属于加分项，可有可无。因为 TRV 函数提供了对于列的外层循环，因此既可以对单列进行处理也可以对多列进行批量操作。如果同时有多列都存在批处理的需求，这个特性会非常有帮助，但是最为关键的选取点还是第二点。

8.3.8 表格透视与逆透视函数

在本章节的最后，我们来学习与"透视"相关的进阶表格函数——表格透视函数与逆透视函数。透视与逆透视这一组功能在我们学习 PQ 命令时被列为"八大核心知识点"的操作功能命令里，直接应用它们可以解决很多棘手的数据整理问题。但是在 M 函数语言中，你会发现它们的作用大大降低了，甚至在入门分册中介绍表格函数时都没有它们的身影。核心原因是 M 函数语言对于数据控制的灵活度大大提高了，我们可以轻松使用其他函数或运算符构造目标，不一定需要预制好的透视或逆透视函数来完成数据的转换。

这里再次提出这一组函数还是希望完善读者的知识结构，毕竟它们在需要进行维度表转换的数据整理场景下依旧是最优的选择。

1. 表格透视与逆透视函数的使用

首先来看一下表格透视函数 Table.Pivot 的基本使用，如图 8-88 所示，其基本信息见表 8-13。原始数据为某班级三位同学的语文和数学两个科目的成绩一维表。现在需要将成绩按照科目为列标题进行呈现。

依次为函数输入待透视的原始数据表格，展开的列标题名称，属性列名称和值列名称，系统便会自动将一维表数据转化为二维表形式。

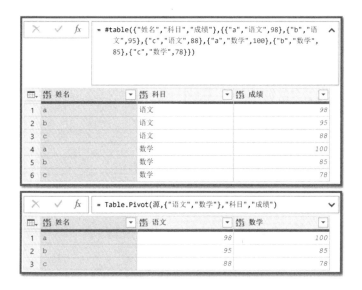

图 8-88 表格透视函数的使用 1

> 说明：一维表中的每一列都代表某个对象的一个属性信息，每一行都包含一个对象所有维度的信息。二维表同时拥有行属性标题和列属性标题，并在行列交叉处可以填写满足行列条件数据点的数据。在上述范例中，原数据表转换前为一维表，转换后为二维表。

表 8-13 Table.Pivot 函数的基本信息

名 称	Table.Pivot
作 用	根据指定要求透视表格数据
语 法	Table.Pivot(table as table, pivotValues as list, attributeColumn as text, valueColumn as text, optional aggregationFunction as nullable function) as table 第一参数table要求为表格，表示待处理的表格；第二参数pivotValues以列表形式提供转换后表格的展开列标题内容；第三参数attributeColumn用于指定在原始表格中作为属性字段展开的列名称；第四参数valueColumn用于指定原始表格中作为值字段的列名称；第五参数aggregationFunction可选，要求为方法类型，用于指定对分组数据的自定义处理逻辑；输出为表格类型的数据
注意事项	该函数同样具备复杂的运行逻辑，但需要注意数据结构的变化，因此厘清其数据组织形式的转化过程是最关键的

同样，我们也可以更换函数中的条件，将姓名作为输出二维表中列标题横向展开的数据进行透视列转换，演示如图 8-89 所示。

对应的逆透视则是透视的逆过程，可以将二维表数据轻松转化为一维表数据。我们唯一需要做的事情就是指定好属性与值的条件，使用演示如图 8-90 所示。

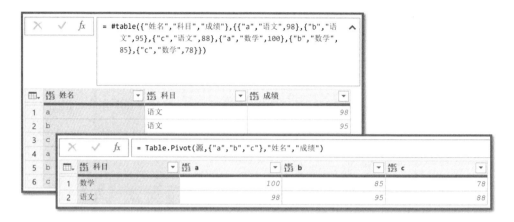

图 8-89 表格透视函数的使用 2

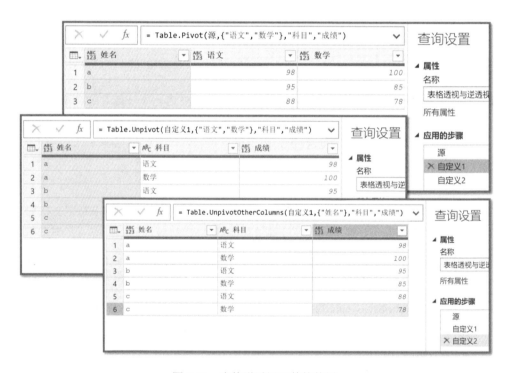

图 8-90 表格逆透视函数的使用

以此前使用 Table.Pivot 函数转换得到的二维表为基础数据，利用 Table.Unpivot 或 Table.UnpivotOtherColumns 函数完成了逆透视的还原过程。选用上述两个函数中的任何一个函数，结果没有本质的区别，仅是参数设置上的差异。如果目标逆透视的列数较少，则建议使用 Table.Unpivot 函数，如果目标逆透视的列数较多，则建议使用 Table.UnpivotOtherColumns 函数，这样在参数设置方面更简便一些。

在上述范例中,函数一共需要接受四种参数,分别为待处理表格、目标透视列/非目标透视列的列名称、转化后属性字段名称和转换后值字段名称,接受参数后正常完成转化。具体来说,对于范例中提供的二维表而言,语文、数学两个字段是需要逆透视的目标列,而剩余的姓名字段则为"非目标逆透视列"。因此在使用 Table.Unpivot 函数时,第二参数应当提供目标逆透视列的两个字段名称,而使用 Table.UnpivotOtherColumns 函数时则应当提供姓名这个非目标逆透视列字段名(最终效果完全一样,都是逆透视语文和数学两个字段)。Table.Unpivot 函数和 Table.UnpivotOtherColumns 函数的基本信息如表 8-14 和表 8-15 所示。

表 8-14　Table.Unpivot函数的基本信息

名　称	Table.Unpivot
作　用	逆透视表格的目标列数据
语　法	Table.Unpivot(table as table, pivotColumns as list, attributeColumn as text, valueColumn as text) as table　第一参数table要求为表格,表示待处理的表格;第二参数pivotColumns以文本列表形式提供目标逆透视列的列标题;第三参数attributeColumn用于指定转换后表格属性字段的列名称;第四参数valueColumn用于指定转换后表格值字段的列名称;输出为表格类型数据
注意事项	该函数属于透视函数的逆过程对应函数,用于实现二维表到一维表的转化,使用难度不大,注意与函数Table.UnpivotOtherColumns区分即可

表 8-15　Table.UnpivotOtherColumns函数的基本信息

名　称	Table.UnpivotOtherColumns
作　用	逆透视表格指定的列字段以外的其他列数据
语　法	Table.UnpivotOtherColumns(table as table, pivotColumns as list, attributeColumn as text, valueColumn as text) as table　第一参数table要求为表格,表示待处理的表格;第二参数pivotColumns以文本列表形式提供"非目标逆透视列"的列标题,注意这是在设置参数上与Table.Unpivot函数最关键的区别;第三参数attributeColumn用于指定转换后表格属性字段的列名称;第四参数valueColumn用于指定转换后表格值字段的列名称;输出为表格类型数据
注意事项	该函数属于透视函数的逆过程对应函数,用于实现二维表到一维表的转化,使用难度不大,注意与函数Table.Unpivot区分即可

2. 透视与逆透视的数据变换过程

对于熟悉 Power Query 编辑器菜单命令的读者来说,通过前面的演示和解说后,应该可以快速理解和掌握这三个函数的使用了。因为它们本身便是命令"透视列""仅逆透视选定列""逆透视列/逆透视其他列"的函数对应。对于不熟悉的读者也不要紧,我们在这一部分将对透视与逆透视过程的数据变换进行更为细致的演示,帮助读者理解这种运算的逻辑。只有以这部分知识作为基础,我们才能更容易地理解透视列函数的运行逻辑与循环上下文。透视与逆透视的数据变换过程如图 8-91 所示。

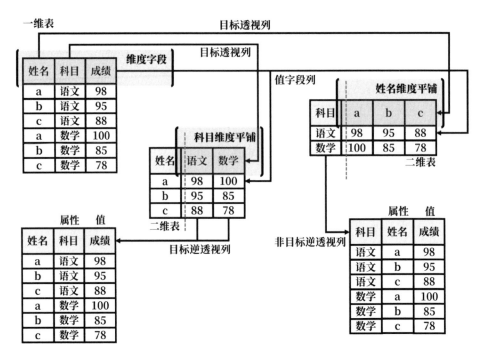

图 8-91 透视与逆透视的数据变换过程

这是一维表与二维表的互换过程。我们已经知道在一维表中所有行代表独立的对象记录，而各列描述的是相对独立的维度属性信息。图 8-91 中描述的是成绩对象，包含姓名、科目和分值三个维度信息。

在透视列的过程中可能性非常多，我们既可以选择透视科目列，也可以选择透视姓名列，甚至可以选择透视成绩列，这都可以。但无论选择哪一列作为目标透视列，这个变化过程遵循的都是相同的规律。例如，如果选择科目作为目标透视列，则我们需要：

（1）将科目维度中所有出现的可能值作为结果列表的列标题平铺。

（2）将剩余的非目标透视列和非值列保留在结果表左侧表头部分。

（3）利用平铺科目维度和行表题维度锁定原表格中满足条件的行数据，在结果表格中的交叉位置填入满足条件的数据，完成转化。

举一个具体的例子，科目中所有可能值有两项，即语文和数学，因此平铺在结果表格中。姓名列字段为非目标透视列和非值列，因此保留并作为结果表格的行表头。最后在确定行列标题的结果表格框架后填入对应值字段的结果，如在由列条件"语文"和行条件 a 限定的单元格中应当填入分值 98，在由列条件"数学"和行条件 b 限定的单元格中应当填入分值 85，以此类推，完整二维表的转换。

逆透视列的过程则相对更加简单，在选定目标逆透视列和非目标逆透视列的范围后（任意其一就足够，通常是单维度在二维表中平铺的列范围），我们会将选中的目标透视列部分还原为一维表。因为选中的表格列数据由"标题""数据"两个部分组成，所以还原成一维表同样需要"属性""值"对应的两个维度字段进行盛装。剩余的行标题字段则根据逆透视的实际需要拓展即可。例如，分值98还原为"姓名a、科目语文、分值98"的记录，分值85还原为"姓名b、科目数学、分值85"的记录。

3. 透视列函数的运行逻辑

熟悉了一维表和二维表的转换过程后，理解透视列函数的完整运行过程就水到渠成了，因为它们之间存在很高的相似性，唯一需要特别注意的重大差异在于较为特殊的循环结构以及循环上下文。在正式研究运行逻辑前，我们需要拓展一下演示范例，将可选的第五参数也加入运算，呈现函数的完全形态，范例如图8-92所示。

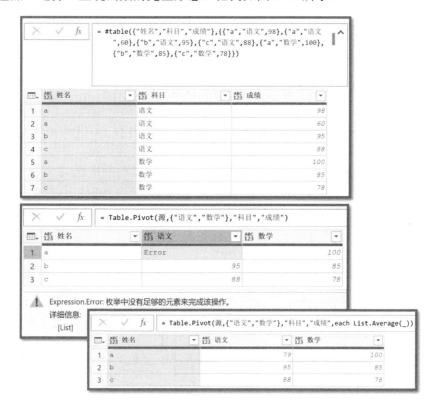

图8-92 表格逆透视函数的使用演示：高级参数

当我们在原始数据中添加一些冗余数据时，函数的响应结果可能不尽如人意，如果没有恰当设置参数则有可能会返回错误值。例如，在范例中我们为原始数据添加了一行额外的"a同学第二次语文考试成绩"，这样在a同学的语文科目条件下就会出现多条同时满足条件的记录。如果继续按照原有代码对数据执行透视处理会发现，在得到的结果中，a同学语文科目交叉单元格返回了错误值，提示"枚举中没有足够的元素来完成该操作"。

第3篇 函数进阶

说明：这种错误同样会在使用 PQ 命令"透视列"时出现。当设定的聚合选项为"不进行任何聚合"时，在遇到多数据的情况下是无法处理的。如果使用 M 函数进行代码编写，则可以通过手动添加第五参数实现更为灵活的统计，功能得到了提升。

这里错误的产生原因就是没有设置第五参数来处理在相同条件下返回的多个数据值。具体来说就是在这个数据集中，按照上一部分描述的数据转换过程来处理，系统会在结果表结构中找到多个同时满足"同学 a"和"科目语文"条件的数据，即第一次考试成绩 98 分和第二次考试成绩 60 分。因为单个单元格无法处理这些多出来的数据，所以系统返回错误。

要解决这个问题也非常简单，我们直接在第五参数中引入自定义函数 each List.Average(_) 即可实现对多次考试成绩求平均值，并将平均值返回到最终表格中。其他所需的逻辑也可以通过修改参数来实现。

以上便是表格透视列函数 Table.Pivot 的完整形态，现在我们便可以据此为例来详细理解它在这个过程中到底进行了哪些操作及它的运行逻辑。

如图 8-93 所示的 Table.Pivot 函数采用的数据来源于前面的范例。可以看到，因为指定了目标透视列，系统会自动确认在结果表格中的横向平铺列字段为"语文、数学"。同时系统也会结合设定的目标透视列和指定值列，运用排除法确认剩余列为"姓名"列，并对该列去重，构成结果表格的行标题，最终实现结果表格结构的搭建。

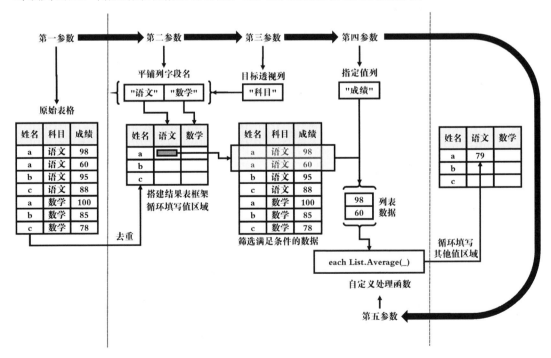

图 8-93 Table.Pivot 函数的运行逻辑

第二阶段会依次对结果表格中值区域的空白单元格值进行循环计值。函数会根据行与列标题提供的双层条件，返回输入的在原始数据表中检索的满足条件的行数据（可能为单行或多行），并按照第四参数指定的值列以列表的形式提取该字段的数据。例如，范例中同学 a 在语文科目下的成绩有两项，分别为 98 和 60，函数会将这两个成绩以列表形式提供给第五参数执行自定义规则运算（即第五参数获得的循环上下文为满足条件的指定列的列表数据），得到的结果会存储在结果表格对应的单元格中。

最后系统会重复第二阶段的按条件检索、提取、计算和赋值操作，直至将结果表格中空白的值区域完全填充（循环结构是按照结果表格的结构执行的，并非常规的单纯行或列的循环），结束运行。

4．透视列函数使用的特殊情况

以上便是透视列函数的运行逻辑。不论是循环框架还是循环上下文，都有别于常规的表格或列表函数，较为特殊。为了更加清晰地理解这个过程，我们还准备了一些特殊的使用场景，从一些不容易被注意的角度完善对于这个处理过程的理解。

如图 8-94 所示为第一种特殊情况范例。还是和前面一样的数据背景及相似的代码结构，但在这个范例中，我们或多或少移除了第二参数平铺列字段名称的成员。不难发现，如果只提供空列表作为第二参数输入函数，在最终的结果表格中就不会包含任何平铺的"二维"列数据，只剩下行标题的表头部分。如果指定部分列字段名称作为第二参数输入函数，那么只有指定的列会显示在最终结果表格中。

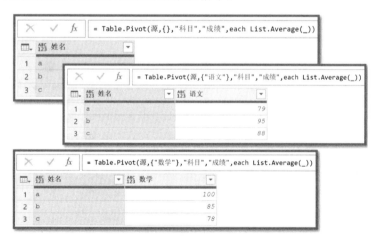

图 8-94　特殊情况 1：第二参数指定返回的列

这个特殊范例也同时解释了部分读者在学习 Table.Pivot 函数时的疑问：为什么第二参数和第三参数控制的都是结果二维表格中平铺展开的列字段内容？因此最终我们得到的对于透视列函数第二、第三参数更为准确的理解是：第三参数负责指定目标透视列，即变化后在二维表中向右横向平铺展开的字段；第二参数则只负责具体展开哪些列，只有指定的列数据会显示出来。

基于此，我们可以知道第三参数的重要程度大于第二参数，是不允许缺失的，否则会返回错误，如图 8-95 所示。

图 8-95　特殊情况 2：第三参数不可缺失

同样基于对特殊情况 1 的理解，我们引出一种使用 Table.Pivot 函数的常见写法技巧，那便是配合 List.Distinct 函数完成第二参数的自动输入，保证在结果二维表中平铺字段的完整，代码演示如图 8-96 所示。

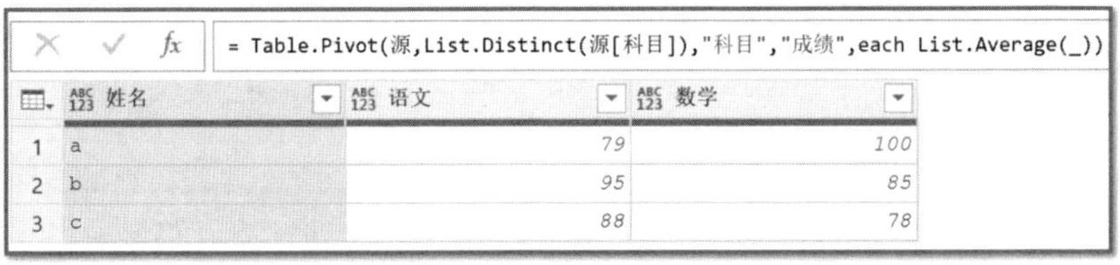

图 8-96　特殊情况 3：自适应获取平铺字段列表

可以看到，在第二参数中抓取原表格中目标透视列的列表数据，再使用 List.Distinct 函数进行去重，然后再输入函数即可实现自适应获取完整平铺字段列表，不会出现手动输入时的遗漏，也避免了手动输入列表的烦琐，自动化程度更高。

8.4　本 章 小 结

总体来说，本章的学习难度并没有类型数据大。但是内容非常多，因为涉及大量需要讲解运行逻辑的进阶函数。其中文本和列表函数因为使用简单，补充的函数数量并不多，最重磅的当属 List.TransformMany 函数的学习。在最后一节内容中，我们补充了十余种进阶表格函数的使用。不仅数量上非常"庞大",而且多数函数都拥有复杂的循环框架及特殊的高级参数应用,如日常高频使用的 Table.Group 函数、进阶拆分函数 Table.Partition 和表格替换函数 Table.ReplaceValue 等,掌握起来确实有一定难度。但麦克斯想说的是,本章补充的进阶函数可以大大提升你在处理实际问题中的"手段",也可以在面对纷繁复杂的实际问题时帮助你找到更加优质的解决路线,更为精准地模拟出最佳的处理逻辑。

最后还想再多说一句,上面这些函数想要仅通过一次通读就完全掌握是不可能的。因为对函数的熟练度、灵活度理解的程度是不够的。第一次通读更大的意义是告诉你存在这样一个东西,它的逻辑是怎样的。有了这种基础理解之后,你可能会在实操中拥有更多的选择和想法。只有通过一次次的思考及实操应用,知识才会慢慢地被吸收。

下一章我们将讲解特殊函数的应用。其中包括我们在前面多次见到过的器类函数,如替换器、比较器、拆分器和合并器,同时还会覆盖其他一些拥有特殊功能的函数。如此一来,通过学习函数的高级参数、进阶函数的使用及特殊函数的使用这三个部分,我们就从整体上完成了 M 函数的水平进阶。在此之前我们还是一起来看看经过本章的学习后,我们的知识框架发生了哪些变化吧,如图 8-97 所示。

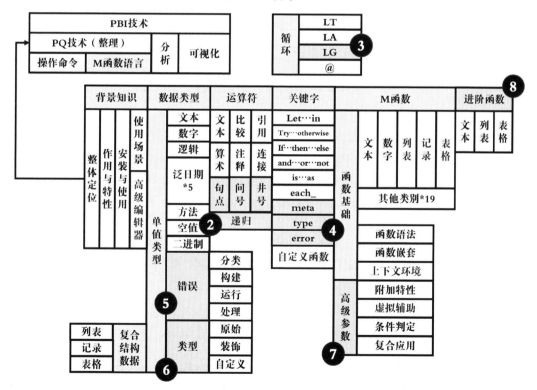

图 8-97　M 函数语言知识框架(进阶函数)

第 9 章 特 殊 函 数

本章是进阶实战分册的最后一章，这一章将展开讲解 PQM 函数语言中特殊函数的应用，主要包含四大器类函数及一些其他特殊类的函数，如缓冲器中的 List.Buffer 与 Table.Buffer 函数、Expression.Evaluate 表达式计值函数等。

本章共分为 5 个部分讲解，前四个部分分别针对器类函数中的拆分器、合并器、替换器和比较器函数进行讲解，最后一部分则会补充说明和演示一些在进阶代码中可能会使用到的特殊函数。

本章的主要内容如下：
- 四大器类函数的使用。
- 部分非主流类别 M 函数的使用。

9.1 拆分器函数

在四大器类函数当中，拆分器与合并器两大类函数是日常使用最频繁的成员，其数量也最多，因此我们在第一和第二部分进行介绍。虽然这些器类的函数名称让人"望而生畏"，但实际上你完全可以将拆分器及合并器函数视为特殊的文本函数。它们和文本函数中的拆分函数 Text.Split 及合并函数 Text.Combine 在使用上和性质上没有本质的区别。

有了这样的基本认知，接下来让我们一起看看拆分器函数能够实现什么效果，和普通的文本拆分函数的区别，及其工作原理，解答了这些疑问，我们便可以理解为什么这些函数会有这么特殊的地位。

9.1.1 拆分器函数概述

在 Power Query M 函数语言当中，目前有 10 余项左右拆分器函数，这些函数都有一个统一的目的，就是实现对文本字符串的复杂逻辑拆分。所有拆分器函数的清单及其基本作用整理如表 9-1 所示。

第 9 章 特殊函数

表 9-1 Power Query M函数语言之拆分器函数清单

序 号	分 类	函 数 名 称	作 用
1	拆分器	Splitter.SplitByNothing	不拆分文本返回
2	拆分器	Splitter.SplitTextByDelimiter	依据分隔符拆分文本
3	拆分器	Splitter.SplitTextByEachDelimiter	依次依据列表分隔符拆分文本
4	拆分器	Splitter.SplitTextByAnyDelimiter	依据任意字符串拆分文本
5	拆分器	Splitter.SplitTextByWhitespace	依据空白符拆分文本
6	拆分器	Splitter.SplitTextByCharacterTransition	依据字符变化拆分文本
7	拆分器	Splitter.SplitTextByLengths	依次依据列表长度拆分文本
8	拆分器	Splitter.SplitTextByRanges	依据位置范围拆分文本
9	拆分器	Splitter.SplitTextByRepeatedLengths	依据固定长度拆分文本
10	拆分器	Splitter.SplitTextByPositions	依据位置拆分文本
……	……	……	……

9.1.2 按条件拆分

通过对表 9-1 的简单学习，相信大家对于拆分器函数有了自己的一点看法。你会发现正如我们前面所说的，拆分器无非就是一系列"大号"的文本拆分函数，它的作用离不开对文本的拆分，唯一的差异在于以什么为依据对文本进行拆分。可选的模式非常多，可以选的拆分依据也非常多，我们还是采取在入门分册中对函数的分类，将所有的拆分器分为按条件拆分和按位置拆分两大类进行讲解。

首先来看按条件拆分，笼统讲便是根据分隔符对文本字符串进行拆分。根据函数不同，分隔符可能的状态为"没有/一个/多个"，也可能为按"顺序/任意"分隔符拆分，一共有 6 种情况，我们逐个学习。

1. Splitter.SplitByNothing不拆分函数

首先是在所有拆分器函数中最"奇葩"的成员 Splitter.SplitByNothing 函数，虽然其名称为拆分器，但是实际上它不执行任何拆分操作，输入什么数据就返回什么数据。

如图 9-1 所示为"不拆分"拆分器的使用演示，可以看到，在外部参数输入后，函数并没有对输入数据做任何的拆分操作就直接返回了。看似简单的过程有非常多值得我们注意的细节。首先我们来看看该函数的基本信息，如表 9-2 所示。

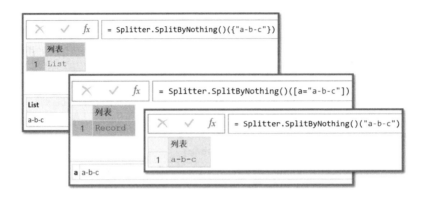

图 9-1　Splitter.SplitByNothing 函数的使用演示

表 9-2　Splitter.SplitByNothing函数的基本信息

名　　称	Splitter.SplitByNothing
作　　用	返回不拆分且将其参数作为单元素列表返回的函数
语　　法	Splitter.SplitByNothing() as function函数很特别，没有任何输入参数，可以直接使用；输出为方法类型。直接使用该函数会获得一个"方法"类型的数据
注意事项	唯一的"不拆分"拆分器

结合上面提供的演示范例和语法信息，我们会发现几个有趣的细节：
- 第一点是明明不接受参数的函数，我们却为它输入了数据，它也确实正确地给出了反馈。
- 虽然我们说 Splitter.SplitByNothing 拆分器不拆分，但是它并非不处理输入的数据，它会将输入的数据使用列表盛装后作为单元素列表输出。注意，不拆分不代表不操作，其数据类型可能会发生变化。
- 通常情况下我们看到的拆分器合并器都位于其他函数的参数中，这里却是直接单独使用。这些细节很有趣，同时也令人疑惑。

2．器类函数的特殊性说明

要理解为什么会出现上述现象，我们需要从器类函数的特殊性说起。首先在定义上较为特殊："无参数"是专属于 Splitter.SplitByNothing 函数的特殊特性，在其他拆分器中我们是可以提供参数的，而"直接返回方法"的函数则是专门设计的，目的便是可以更方便地在进阶函数中直接运用这些器类函数，如 Table.SplitColumn 和 Table.FromList 等函数。

如图 9-2 所示为使用 Table.FromList 函数的演示。该函数的第二参数默认要求为填入 splitter 拆分器函数。因为函数设计的初衷便是配合这类拥有 splitter 参数的函数进行使用，所以在第二参数我们可以直接输入 Splitter.SplitByNothing 函数，完成列表到表格的转化，不需要再手动编写函数。

图 9-2　器类函数的特殊性 1

如果我们再继续深入一点，把范例中"不拆分"拆分器函数后的括号"()"删除，代码发生变化后，读者可以猜猜会返回什么结果。演示范例如图 9-3 所示。

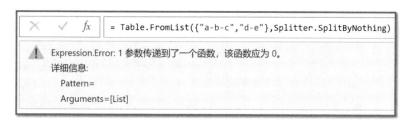

图 9-3　器类函数的特殊性 2：异常现象

可以看到，结果会返回错误值，并且返回了错误提示"1 参数传递到了一个函数，该函数应为 0"，这是为什么？理解了这里面的逻辑，就能真正理解我们从前面范例中发现的细节点为何会出现了。

首先我们需要明确 Splitter.SplitByNothing 是一个函数，属于方法 Function 类型。但同时我们也要明确 Splitter.SplitByNothing()也是一个函数，同样属于方法 Function 类型且两者之间不相同，我们可以使用前者生成后者。

可能上面的这段话有点奇怪，但这是理解拆分器函数特性的基础，所以读者可以多读两遍，记在脑海中再继续向下阅读。同时要想证明这句话，我们可以借助函数的帮助功能。

如图 9-4 所示为函数 Splitter.SplitByNothing 和函数 Splitter.SplitByNothing()的官方说明文档。这两段文字可以充分说明二者都属于 PQM 编辑器的合法函数。

可是为什么会产生这种现象呢？让我们回头再看看"不拆分"拆分器函数 Splitter.SplitByNothing 的说明和语法，可以确认，该函数在调用时不需要提供任何参数就可以返回一个新的函数，而调用该函数的代码恰好就是 Splitter.SplitByNothing()函数。因此实际上我们在图 9-2 所示的范例中使用的并不是 Splitter.SplitByNothing 函数，而是经由该函数生成的结果函数。通过查看该结果函数的官方文档，可以得知其语法为 function (line as any) as any，而这才是真正执行拆分操作过程的函数本体，这个性质在所有的拆分器函数中都是存在的。

图 9-4　器类函数的特殊性 3：函数生成的函数

理解了"母函数"生成"子函数"的逻辑，前面所有的疑问就豁然开朗了。比如图 9-3 中出现的错误，是因为母函数本身不接受任何参数，而 Table.FromList 函数给它强制输入了参数，因此产生了错误提示。在图 9-2 中会返回正确结果，是因为通过母函数生成的子函数允许接收参数并进行不拆分处理后输出，没有母函数不接受参数的限制。而在图 9-1 所示的范例中观察出的"不接受参数却接收了一个参数""添加了双层括号直接使用拆分器"的疑惑也都不攻自破，说明图示见图 9-5。

说明：类似的性质在合并器函数中也存在，可以举一反三。

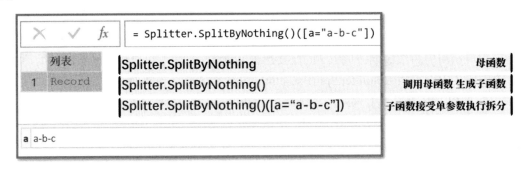

图 9-5　器类函数的特殊性 4

3. Splitter.SplitTextByDelimiter按固定分隔符拆分函数

第二种按条件拆分器函数是日常使用最频繁的按固定分隔符拆分器函数 Splitter.SplitTextByDelimiter，它的功能类似于文本函数 Text.Split 其基本信息如表 9-3 所示。二者的使用对比如图 9-6 所示。

第 9 章 特殊函数

表 9-3 Splitter.SplitTextByDelimiter函数的基本信息

名 称	Splitter.SplitTextByDelimiter
作 用	返回一个函数，它根据指定的分隔符将文本拆分为文本列表
语 法	Splitter.SplitTextByDelimiter(delimiter as text, optional quoteStyle as nullable number) as function第一参数delimiter分隔符要求为文本，用于指定作为文本拆分的分隔符，可以接受多字符分隔符；第二参数quoteStyle可选，用于选择引用模式，可选项有quoteStyle.Csv和quoteStyle.None；输出为方法类型，直接调用该函数会获得一个方法类型的数据
注意事项	无

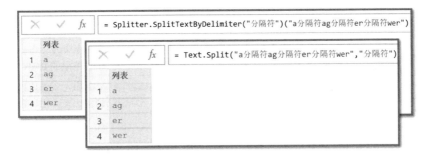

图 9-6　Splitter.SplitTextByDelimiter 函数的使用演示

4．Splitter.SplitTextByEachDelimiter按列表分隔符次序拆分函数

对于普通的文本拆分函数和按固定分隔符拆分函数来说，局限在于只能针对单个分隔符完成对文本字符串的拆分工作。但是在拆分器中，这项能力得到了升级且拥有两种模式。我们即将看到的按列表分隔符次序拆分函数就是其中之一，它的使用演示如图 9-7 所示。

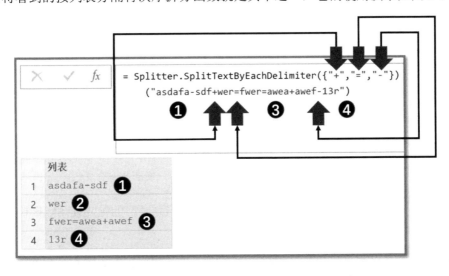

图 9-7　Splitter.SplitTextByEachDelimiter 函数的使用演示 1

可以看到，原始数据是一串包含特殊字符+、=和-的字符串，现在要求按照+、=和-的顺序依次拆分字符串，此时我们可以使用按列表分隔符次序拆分函数。Splitter.SplitTextByEachDelimiter 函数的基本信息如表 9-4 所示。

表 9-4　Splitter.SplitTextByEachDelimiter函数的基本信息

名　　称	Splitter.SplitTextByEachDelimiter
作　　用	返回一个函数，它依次在每个指定的分隔符处将文本拆分为文本列表
语　　法	Splitter.SplitTextByEachDelimiter(delimiters as list, optional quoteStyle as nullable number, optional startAtEnd as nullable logical) as function　第一参数delimiters分隔符列表要求为文本列表，用于指定作为文本拆分的多个分隔符，可以接受多字符分隔符；第二参数quoteStyle可选，用于选择引用模式，可选项有QuoteStyle.Csv和QuoteStyle.None；第三参数startAtEnd可选，要求为逻辑值，表示是否从字符串尾部开始拆分，true代表从尾部开始拆分；输出为方法类型，直接调用该函数会获得一个方法类型的数据
注意事项	使用该函数最重要的是其拆分逻辑是根据提供的分隔符列表中的元素"依次"拆分文本字符串，而不是根据其中的分隔符任意拆分。每个分隔符使用一次后便会舍弃，提取下一个分隔符完成拆分，直至无剩余分隔符可用

在 Splitter.SplitTextByEachDelimiter 函数的第三参数中，还提供了可以反向从字符串尾部开始拆分的选项开关，如果输入逻辑真值 true 开启，则检索拆分方向相反，演示如图 9-8 所示。

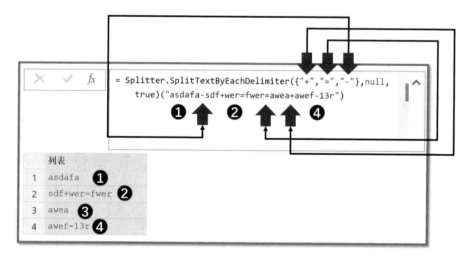

图 9-8　Splitter.SplitTextByEachDelimiter 函数的使用演示 2

除此以外，还有一些特殊情况也一并演示，如相同分隔符的重复使用，未找到分隔符等，如图 9-9 所示。

说明：虽然是特殊情况，但是遵循的拆分逻辑是相同的。如果遇到不存在的分隔符则不进行拆分。即使有重复的相同分隔符也严格执行逐一按顺序拆分的逻辑。

图 9-9 Splitter.SplitTextByEachDelimiter 函数的特殊情况

5．Splitter.SplitTextByAnyDelimiter按任意分隔符拆分函数

多分隔符拆分的另一种模式便是按任意分隔符拆分，即提供多个用列表盛装的分隔符文本后，Splitter.SplitTextByAnyDelimiter 函数在遇到列表中的任意分隔符时会执行拆分操作，并且分隔符不会包含在结果中。Splitter.SplitTextByAnyDelimiter 的基本信息如表 9-5 所示，使用演示如图 9-10 所示。

表 9-5　Splitter.SplitTextByAnyDelimiter函数的基本信息

名　称	Splitter.SplitTextByAnyDelimiter
作　用	返回一个函数，它在任意指定的分隔符处将文本拆分为文本列表
语　法	Splitter.SplitTextByAnyDelimiter(delimiters as list, optional quoteStyle as nullable number, optional startAtEnd as nullable logical) as function　第一参数delimiters分隔符列表要求为文本列表，用于指定进行文本拆分的多个分隔符，可以接受多字符分隔符；第二参数quoteStyle可选，用于选择引用模式，可选项有QuoteStyle.Csv和QuoteStyle.None；第三参数startAtEnd可选，要求为逻辑值，表示是否从字符串尾部开始拆分，true代表从尾部开始拆分；输出为方法类型，直接调用该函数会获得一个方法类型的数据
注意事项	该函数在参数上与Splitter.SplitTextByEachDelimiter完全相同，区别在于使用列表分隔符的逻辑，前者是按次序拆分，后者是碰到就拆分

按任意分隔符拆分器可以说是在所有拆分器中使用频率仅次于普通的按分隔符拆分器。很多读者会不自觉地联想到文本拆分函数中的 Text.SplitAny 函数，二者在设计逻辑上非常相似，但实际功能是存在差异的。二者的使用范例对比如图 9-11 所示。

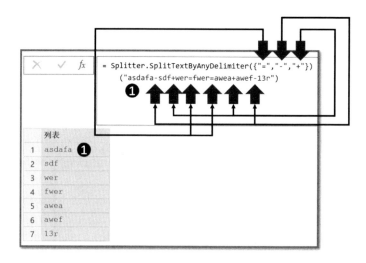

图 9-10　Splitter.SplitTextByAnyDelimiter 函数的使用演示

图 9-11　拆分器函数与文本拆分函数的使用对比 1：参数形式

可以看到，我们使用 Text.SplitAny 函数完成了与前面的演示范例中相同的任务，获得了相同的结果。但是你会发现在参数设定方法上两个函数是完全不同的。在拆分器中，我们可以使用列表将多个分隔符以元素的形式存储并输入函数中进行工作，但在文本拆分函数中则需要以 "一个完整字符串" 的形式将多个分隔符连接后再输入，直接使用列表则会无法运行，会返回错误。这也是使用该函数最容易被忽略而导致发生错误的地方。

除此以外，Text.SplitAny 和 Splitter.SplitTextByAnyDelimiter 这两个函数还存在一个重大的差异，那便是 Text.SplitAny 函数无法以多字符分隔符形式进行拆分。如果分隔符为

"分隔符 1、分隔符 2"，那么我们只能使用功能更强大的拆分器函数来完成。使用演示如图 9-12 所示。

图 9-12　拆分器函数与文本拆分函数的使用对比 2：多字符分隔符

可以看到，虽然 Text.SplitAny 函数在我们设定的两个多字符分隔符基础上也完成了拆分，但是实际效果无法令人满意。因为其将每个字符都作为独立的分隔符进行拆分，导致结果中出现了大量的意料之外的空白单元格和"误伤"的拆分结果（最后那个 3r 属于"误伤"）。实际上我们所需要的效果是以"分隔符 1""分隔符 2"这两个字符串作为分隔符进行拆分，而这则需要使用拆分器。

类似地，按任意分隔符拆分器函数也支持反向检索文本字符串然后进行拆分，但很多读者可能觉得都已经是按照任意分隔符拆分文本字符串了，因此从前检索还是从后检索文本字符串对拆分过程没有影响，如图 9-13 所示。

图 9-13　字符串检索方向：正向与逆向效果相同

但上述情况只是在一般场景下适用,如果待拆分的文本字符串中包含双引号这类引导字符串的特殊字符,再配合引用模式的差异,可能会因方向差异而得到不同拆分结果的情况,范例演示如图 9-14 所示。

图 9-14　字符串检索方向:正向与逆向效果不同

可以看到,使用按任意分隔符拆分函数对字符串 "a,""b;c,d" 进行拆分,拆分的依据为逗号或分号。当我们开启引用模式为 QuoteStyle.Csv 并从前后两个方向开始检索和拆分时会发现,虽然其他条件都一样,但是由于方向原因,导致两次运算的结果不同。

造成这种现象的原因除了有方向外,还有引用模式。在常规的默认情况下,引用模式为 QuoteStyle.None,按正常逻辑拆分理解即可。但一旦将引用模式切换为 QuoteStyle.Csv,则文本字符串当中的双引号会具有特殊含义。如果是单个双引号,则忽略其后的所有字符串,不进行拆分;如果是双引号对,则忽略其中的所有字符串,不进行拆分。范例演示如图 9-15 所示。

注意:在字符串中,两个双引号才可以正确表达单个双引号。如果是双引号对,则一共需要四个双引号来表示。

图 9-15　引用模式的作用

因此在如图 9-14 所示的范例演示中，当正向拆分时，因为双引号出现在字符 a 和分隔符逗号之后，所以系统只判定到一个有效分隔符，最终返回的拆分结果列表中只有两个元素的两段文本字符串。但在反向拆分时，因为双引号出现的位置较晚，所以函数会将 d、c 依次拆分出来，剩余最后一段 a,b（双引号被忽略）。

6．Splitter.SplitTextByWhitespace 按空白分隔符拆分函数

在按多分隔符拆分文本字符串的拆分器函数中，主流的两种模式按次序 Each 和任意 Any 拆分已经在前面进行了详尽的讲解。其实系统还提供了一种特殊的按多分隔符拆分的拆分器函数，那就是按空白分隔符拆分，使用范例如图 9-16 所示。

图 9-16　Splitter.SplitTextByWhitespace 函数的使用演示 1

可以看到，在输入函数的字符串中有一些特殊字符，如空格、制表符、回车符和换行符，这些都可以被 Splitter.SplitTextByWhitespace 函数识别并拆分，属于"空白"的范畴，另外一些不可见字符如"#(0010)"则无法被识别。我们可以将该函数理解为根据空白符号对字符串进行分段的函数。

很多读者会认为该函数的拆分效果类似于我们前面使用的按任意分隔符拆分函数 Splitter.SplitTextByAnyDelimiter 的特殊情况，即当分隔符列表为空格、制表符、回车符或换行符时的等效函数。但实际并非如此，它们在功能上还是存在差异的。

如图 9-17 所示，我们使用 Splitter.SplitTextByAnyDelimiter 函数对此前的效果进行了等效，可以看到，在相同的数据下得到了不同的拆分结果。两种拆分器在出现"连续相同的分隔符"时采取了不同的处理逻辑，Any 拆分器会针对每个分隔符的出现而进行拆分，而 Whitespace 则会将连续的分隔符视为一个整体进行拆分，更符合实际使用需求的"按空白将字符串分段"。该函数较为简单，日常使用的注意该特性即可。

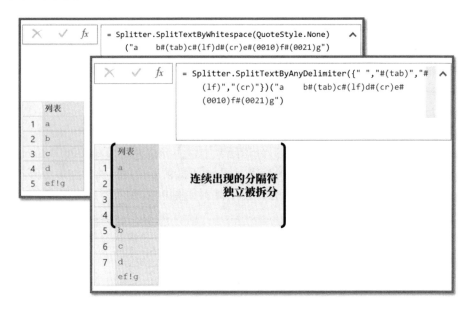

图 9-17　Splitter.SplitTextByWhitespace 函数的使用演示 2

7．Splitter.SplitTextByCharacterTransition按符号变换拆分函数

最后一个按条件拆分文本字符串的拆分函数也是功能最强大的一项拆分器，它就是 Splitter.SplitTextByCharacterTransition 按符号变换拆分函数。PQ 编辑器的菜单命令"按大写到小写/小写到大写""按数字到非数字/非数字到数字"的其实就是依靠该拆分器实现的。

如图 9-18 所示为使用 PQ 编辑器的菜单命令"按小写到大写"拆分列的原始数据和最终效果。可以看到，在系统自动创建的 M 代码中使用了 Table.SplitColumn 作为框架函数，在第三参数中应用按符号变化拆分器完成了任务，并为拆分结果列赋予了新的名称。Splitter.SplitTextByCharacterTransition 拆分器的基本信息如表 9-6 所示。

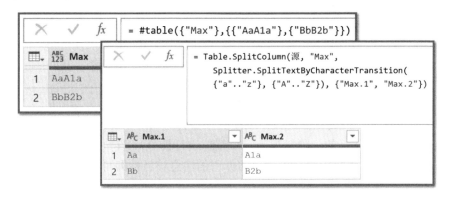

图 9-18　Splitter.SplitTextByCharacterTransition 函数的使用演示

表 9-6　Splitter.SplitTextByCharacterTransition函数的基本信息

名　　称	Splitter.SplitTextByCharacterTransition
作　　用	返回一个函数,该函数根据从一种字符到另一种字符的转换过程将文本拆分为文本列表
语　　法	Splitter.SplitTextByCharacterTransition(before as anynonnull, after as anynonnull) as function第一参数before表示变化前的字符列表,一般情况下为文本列表,用于指定需要检测的变化前字符,不可以接受多字符分隔符;第二参数after可选,表示变化后的字符列表,一般情况下同样为文本列表,用于指定需要检测的变化后的字符,不可以接受多字符分隔符;输出为方法类型,直接调用该函数会获得一个方法类型的数据
注意事项	拆分的逻辑为,如果检测到文本字符串中两个相邻的字符从字符集before中变换到字符集after中,那么就在这个位置进行拆分,拆分过程不损失任何字符

了解了 Splitter.SplitTextByCharacterTransition 函数的基本信息后,我们再回头看看如图 9-18 所示的系统自动生成的代码就可以轻松理解了。其中,拆分器的两个参数分别为小写字符集{"a".."z"}和大写字符集{"A".."Z"},因此最终的效果为检测在输入字符串中是否有两个相邻字符从小写转变为大写字母,如果有则进行拆分。因此在最终得到的表格中,单列内容被拆分为双列,AaA1a 被拆分为 Aa 和 A1a。

这里我们强调几点使用 Splitter.SplitTextByCharacterTransition 拆分器的细节。

- 字符集不支持多字符元素,即所有的检测只能判定单字符到另一个单字符的变换,多字符无法判定。无论是在 before 还是在 after 参数中出现了多字符元素,系统都会提示相应的错误,范例演示如图 9-19 所示。

图 9-19　Splitter.SplitTextByCharacterTransition 函数不接受多字符列表元素作为参数

- 由于 before 和 after 参数都是列表,可以接受所有列表函数的运算,因此在实操中更常见的写法是搭配其他列表函数实现更复杂的拆分逻辑。有些场景下字符集的字符数量较多,不适合记录为一个超长列表来表达,我们可以启用参数的第二形态"自定义函数"形式来完成,如 PQ 编辑器的"按数字到非数字"拆分列命令就是其中一个典型,演示如图 9-20 所示。

可以看到,为了实现对"数字字符"到"非数字字符"的监测,我们需要向按字符变化拆分器函数中依次输入对应的字符集。其中,数字字符很容易实现,可以通过双句点运算符构造"{"0".."9"}"代码获取。如果是手动构建非数字字符集则不容易实现,一方面是数据量太大，另一方面找到所有字符的全集也比较困难。因此我们采用的是使用自定义函数设置参数的方法来完成任务。

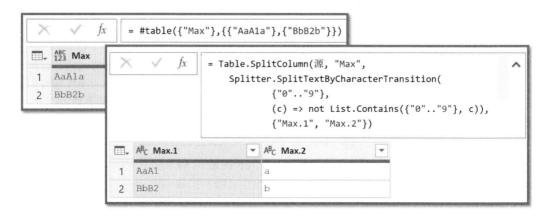

图 9-20 Splitter.SplitTextByCharacterTransition 函数的复杂参数设置

在第二参数 after 中，我们给出的自定义函数为(c) => not List.Contains({"0".."9"}, c)。该函数接受了一个参数 c 作为输入（当前检测的字符），然后在自定义函数内部判定输入的字符是否包含在数字字符集中并取反。如果输入的字符为"非数字字符"，那么我们便可以得到逻辑真值 true；如果输入的字符为"数字字符"，则得到逻辑假值 false。因此我们最终通过将等效的判定逻辑植入参数中，替代了直接使用列表数据作为参数的方式，同样也能够完成任务。

说明：Splitter.SplitTextByCharacterTransition 函数的形式只要满足一个条件就可能起到列表参数的等效作用，这个条件就是"所有转换后字符集中的数据经过该自定义函数处理后均返回逻辑真值 true"。

9.1.3 按位置拆分

上一节我们学习了 6 种按条件拆分的拆分器函数。本节我们介绍的 4 个拆分器函数的共同特点则是按位置拆分，虽然这 4 个函数的名称非常相似，但它们的运行逻辑是完全不同的，注意理解和区分。

1. Splitter.SplitTextByLengths按长度拆分函数

首先来看第一个按位置拆分的拆分器函数 Splitter.SplitTextByLengths，它可以依次按照指定的长度完成对字符串的拆分。

图 9-21 演示了按指定长度实现正向对文本字符串拆分的效果。可以看到，当输入一个"数字列表"作为拆分器的参数后，函数会按照列表中所约定的数字长度，依次实现对

字符串的分段。数字列表中有多少项元素，结果列表中的原始文本就会被拆分为多少段。Splitter.SplitTextByLengths 函数的基本信息如表 9-7 所示。

图 9-21　Splitter.SplitTextByLengths 函数的使用演示

表 9-7　Splitter.SplitTextByLengths函数的基本信息

名　　称	Splitter.SplitTextByLengths
作　　用	返回一个函数，它按照指定的长度将文本拆分为文本列表
语　　法	Splitter.SplitTextByLengths(lengths as list, optional startAtEnd as nullable logical) as function 第一参数lengths要求为列表类型，实际需要输入一个"数字列表"，列表中的数字用于约束拆分结果中每段字符串的长度；第二参数startAtEnd可选，要求为逻辑值，用于控制拆分方向。不设置时默认等效于false，方向为从左向右；设置为true时方向为从右向左。输出为方法类型，直接调用该函数会获得一个方法类型的数据
注意事项	注意与其他几个按位置拆分字符串函数的区分。第一参数所提供的数字列表中的各项数字决定了拆分后列表中每段字符的长度

补充几个使用 Splitter.SplitTextByLengths 函数的细节。
- 方向高级参数只影响检索拆分的方向，进而影响拆分点的位置，但不影响结果的呈现顺序，如图 9-22 所示。

图 9-22　逆向检索影响拆分点位置但不影响字符顺序

- 如果出现数字列表数量多而字符串字符数量少的情况，则会出现无内容可以提取的结果，因此会出现空白元素。反之，如果数字列表的总字符数少而字符串字符数量多，则会出现部分字符没有提取到的结果，如图 9-23 所示。

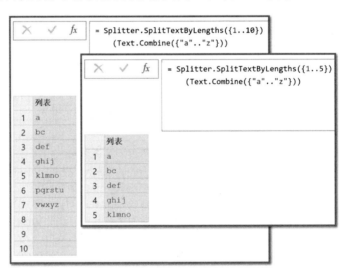

图 9-23　字符总数与拆分总数的关系导致结果不同

2. Splitter.SplitTextByRanges按范围拆分函数

第二个按位置拆分器函数为按范围拆分函数 Splitter.SplitTextByRanges，该函数的使用逻辑类似于 Text.Range 函数，可以根据指定的起点和目标提取的长度范围对字符串进行精准拆分，同时支持多个范围并列提取的功能，使用演示如图 9-24 所示。

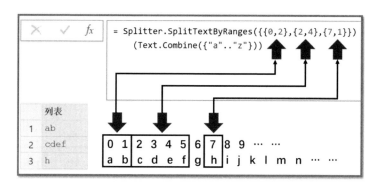

图 9-24　Splitter.SplitTextByRanges 函数使用演示

在参数部分我们以列表列的形式确定每段提取的"起点""长度"范围，最终函数会按照多组提供的范围信息依次进行提取，如提供三段范围信息则返回三段的提取结果。Splitter.SplitTextByRanges 函数的基本信息如表 9-8 所示。

表 9-8　Splitter.SplitTextByRanges函数的基本信息

名　　称	Splitter.SplitTextByRanges
作　　用	返回一个函数，它根据指定的偏移量和长度将文本拆分为文本列表
语　　法	Splitter.SplitTextByRanges(ranges as list, optional startAtEnd as nullable logical) as function 第一参数ranges要求为列表类型，实际需要输入一个数字列表列。列表中的子元素依旧为列表且为双元素列表。列表的首个元素表示需要提取的起点索引位置，第二个元素表示该范围需要包括的长度；第二参数startAtEnd可选，要求为逻辑值，用于控制拆分方向。默认不设置时等效于false，方向为从左向右；设置为true时方向为从右向左。输出为方法类型，直接调用该函数会获得一个方法类型的数据
注意事项	该函数的参数要求为列表列即可，因为确定每段范围需要两种信息，需要盛装在子列表中。另外拆分和提取时所有的位置都是以0起索引号进行编排的

📖 说明：Splitter.SplitTextByRanges 函数在使用上除了抓取逻辑发生了变化，变为按照范围提取外，其他性质与前面所学的拆分器函数基本相似，如参数的使用、函数的生成性质和 startAtEnd 参数的运用等，不再展开说明，类比学习即可。

3. Splitter.SplitTextByRepeatedLengths按固定长度拆分函数

第三个按位置拆分器函数为按固定长度拆分函数 Splitter.SplitTextByRepeatedLengths，该拆分器函数是所有拆分器中容易理解的，我们只需要提供一个固定的数字作为每次分段的长度即可实现等长拆分，该函数的基本信息如表 9-9 所示，范例演示如图 9-25 所示。

表 9-9　Splitter.SplitTextByRepeatedLengths函数的基本信息

名　称	Splitter.SplitTextByRepeatedLengths
作　用	返回一个函数，该函数在指定长度后反复将文本拆分为文本列表
语　法	Splitter.SplitTextByRepeatedLengths(length as number, optional startAtEnd as nullable logical) as function　第一参数length提供一个数字用于限制每次提取的长度；第二参数startAtEnd可选，要求为逻辑值，用于控制拆分方向。默认不设置时等效于false，方向为从左向右；设置为true时方向为从右向左。输出为方法类型，直接调用该函数会获得一个方法类型的数据
注意事项	该函数可以视为按长度拆分的一种特殊情况，但更易于使用，等效写法的对比可以参考如图9-26所示的范例

图 9-25　Splitter.SplitTextByRepeatedLengths 函数的使用演示

图 9-26　Splitter.SplitTextByRepeatedLengths 函数的等效写法

可以看到，因为要手动构建每段的长度列表，同时要计算切分段数，因此使用起来不如预设的拆分器函数方便。

4．Splitter.SplitTextByPositions按位置拆分函数

最后一个拆分器函数为按位置拆分函数 Splitter.SplitTextByPositions，它的运用逻辑和前面的长度、固定长度及使用"起点+长度"确定范围的拆分方式都不同，而是直接在指定的索引位置字符前对文本字符串进行切割，其基本信息如表 9-10 所示，使用演示如图 9-27 所示。

表 9-10　Splitter.SplitTextByPositions函数的基本信息

名　称	Splitter.SplitTextByPositions
作　用	返回一个函数，它在每个指定的位置将文本拆分为文本列表
语　法	Splitter.SplitTextByPositions(positions as list, optional startAtEnd as nullable logical) as function　第一参数positions要求类型为列表，该参数用于指定文本字符串的拆分位置；第二参数startAtEnd可选，要求为逻辑值，用于控制拆分方向。默认不设置时等效于false，方向为从左向右；设置为true时方向为从右向左。输出为方法类型，直接调用该函数会获得一个方法类型的数据
注意事项	注意提供的位置为索引号，切分的位置位于该索引号所在位置之前。因此也可以理解为在第一参数中提供的数字表示跳过N个字符后切分。不论如何理解，一定要注意切分位置是没有字符的，是位于字符之间，因此使用索引号来表示切分位置时一定存在一点偏移。在编写代码时注意避免该错误

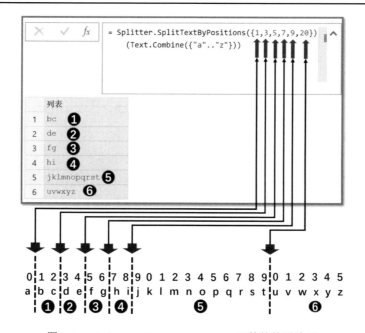

图 9-27　Splitter.SplitTextByPositions 函数的使用演示

9.2 合并器函数

第二大类特殊函数我们讲解合并器函数。前面我们学习了十项拆分器函数的基本知识，本节内容应该很容易掌握。在后续的学习过程中你会发现，因为合并与拆分两个过程本就互逆，因此很多合并器的模式其实就是拆分其中的模式，但逻辑是互逆的，类比学习可以很快掌握。

9.2.1 合并器函数概述

目前在 Power Query M 函数语言中共有 5 项合并器函数，这些函数都有一个统一的目的，就是实现对多个文本字符串的复杂逻辑合并。所有合并器函数的清单及其基本作用整理如表 9-11 所示。

表 9-11　Power Query M 函数语言之合并器函数清单

序　号	分　类	函 数 名 称	作　　用
1	合并器	Combiner.CombineTextByDelimiter	使用分隔符合并
2	合并器	Combiner.CombineTextByEachDelimiter	使用多个分隔符依次合并
3	合并器	Combiner.CombineTextByLengths	按长度合并多文本
4	合并器	Combiner.CombineTextByPositions	按位置合并多文本
5	合并器	Combiner.CombineTextByRanges	按范围合并多文本
……	……	……	……

9.2.2 按条件合并

我们依旧将合并器分为按条件合并和按位置合并两种类别。首先介绍使用分隔符合并多个文本的函数。

1. Combiner.CombineTextByDelimiter 按相同分隔符合并文本

最基本的合并器函数 Combiner.CombineTextByDelimiter 可以实现按相同分隔符合并文本的功能，其基本信息如表 9-12 所示，其使用逻辑类似于文本函数中的 Text.Combine 函数，使用演示如图 9-28 所示。

表 9-12　Combiner.CombineTextByDelimiter函数的基本信息

名　称	Combiner.CombineTextByDelimiter
作　用	返回一个函数，它使用指定的分隔符将文本列表合并成单个文本
语　法	Combiner.CombineTextByDelimiter(delimiter as text, optional quoteStyle as nullable number) as function　第一参数delimiter要求类型为文本，用于指定合并时使用的分隔符，支持多字符分隔符的使用，如图9-29所示；第二参数quoteStyle可选，用于选择引用模式，可选项有QuoteStyle.Csv和QuoteStyle.None。输出为方法类型，直接调用该函数会获得一个方法类型的数据
注意事项	虽然合并器和拆分器属于两类函数，但是二者的相似度非常高。它们的函数性质、使用方法和模式都是相同的，类比学习可以快速掌握

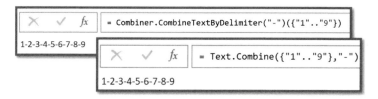

图 9-28　Combiner.CombineTextByDelimiter 函数的使用演示

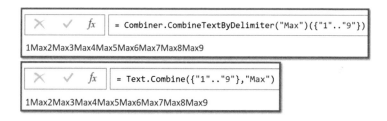

图 9-29　支持多字符分隔符的合并使用

2. Combiner.CombineTextByEachDelimiter按次序选择分隔符合并文本

同样，在合并器中也有普通分隔符合并的升级版本按次序选择分隔符合并文本函数Combiner.CombineTextByEachDelimiter。该函数的基本信息如表 9-13 所示，其在应用时会依次选取列表中的多个分隔符文本将多个文本逐个连接在一起，使用演示如图 9-30 所示。

表 9-13　Combiner.CombineTextByEachDelimiter函数的基本信息

名　称	Combiner.CombineTextByEachDelimiter
作　用	返回一个函数，它按顺序使用指定的分隔符将文本列表合并成单个文本
语　法	Combiner.CombineTextByEachDelimiter(delimiters as list, optional quoteStyle as nullable number) as function　第一参数delimiters，要求类型为列表，实际要求为文本列表，用于指定合并时使用的多个分隔符，支持多字符分隔符的使用和重复相同分隔符的使用，如图9-31所示；第二参数quoteStyle可选，用于选择引用模式，可选项有QuoteStyle.Csv和QuoteStyle.None。输出为方法类型，直接调用该函数会获得一个方法类型的数据

注意事项	当分隔符数量少于待合并元素数量减1时，则剩余元素不使用分隔符，直接合并；当分隔符数量多于待合并元素数量减1时，则冗余分隔符不会被用到。分隔符数量比待合并元素的数量少一项是正常情况，如图9-31所示

图 9-30　Combiner.CombineTextByEachDelimiter 函数的使用演示

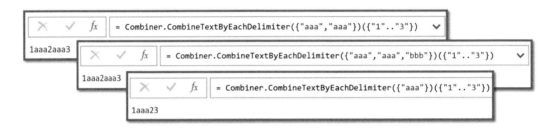

图 9-31　CombineTextByEachDelimiter 合并器函数的一些特殊情况

9.2.3　按位置合并

以位置信息为条件执行合并的合并器共有 3 种模式，分别对应拆分器中的长度、范围和位置三种典型模式。

1. Combiner.CombineTextByLengths按长度合并文本字符串

第一个按长度合并文本字符串函数 Combiner.CombineTextByLengths 函数根据指定的数字长度，依次提取待合并元素的前 N 位字符进行拼接合并，使用演示如图 9-32 所示，基本信息如表 9-14 所示。

图 9-32　Combiner.CombineTextByLengths 函数的使用演示

第 9 章 特殊函数

表 9-14 Combiner.CombineTextByLengths函数的基本信息

名　　称	Combiner.CombineTextByLengths
作　　用	返回一个函数，它使用指定的长度将文本列表合并成单个文本
语　　法	Combiner.CombineTextByLengths(lengths as list, optional template as nullable text) as function　第一参数lengths要求类型为列表，实际要求为数字列表，用于指定合并时从每段待合并文本中提取的首字符长度；第二参数template可选，用于提供合并数据的模板。该模板的作用为充当合并结果的基础，待合并数据会按字符位置对模板进行覆盖，如果无覆盖则采用模板字符输出，演示说明如图9-33所示。输出为方法类型，直接调用该函数会获得一个方法类型的数据
注意事项	注意高级参数template的使用及一些特殊情况即可

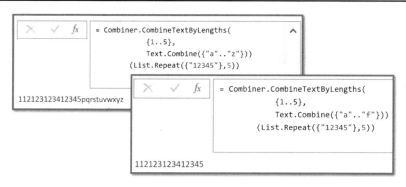

图 9-33　按长度合并文本字符串函数的 template 高级参数的作用效果

可以看到，待合并的文本字符串列表是手动构建的，全部元素都为文本"12345"的列表。现在使用按长度合并文本合并器函数对该列表进行合并。因为提供的参数是1到5的数字列表，所以函数会自动从待合并的首个元素中提取1个字符、从第二个元素中提取2个字符、从第三个元素中提取3个字符，以此类推，并最终将所有提取的结果进行合并，完成任务。运行逻辑如图 9-34 所示。

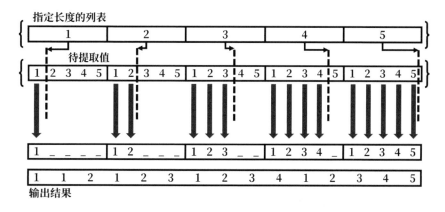

图 9-34　Combiner.CombineTextByLengths 函数的运行逻辑

图 9-33 中，在加入模板参数后输出结果多了一系列尾部冗余字符，而这些字符恰好来源于模板参数提供的文本字符串，这里对其使用和运行逻辑特别说明一下。在加入模板参数后，函数依旧会按照此前的逻辑从待合并文本列表中截取需要的字符串长度进行合并，但合并后并非直接输出，而是根据字符索引位置对位往"模板字符串"上进行覆盖，如图 9-35 所示。如果短于模板字符串，则最终的输出结果会存在模板字符串的冗余"尾巴"；如果长于模板字符串，则按合并结果输出，如图 9-33 范例所示。

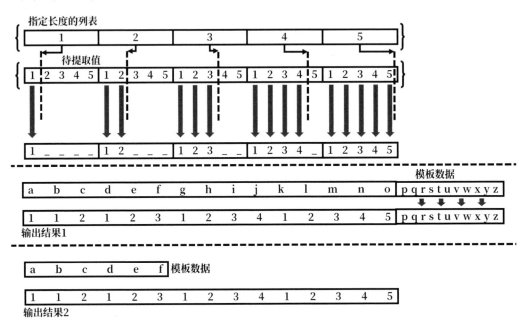

图 9-35　按长度合并文本字符串函数的 template 高级参数的运行逻辑

2．Combiner.CombineTextByRanges 按范围合并文本字符串

第二个按位置合并文本的合并器函数 Combiner.CombineTextByRanges 为按范围合并，它的使用逻辑相较于按长度合并复杂一些。让我们先来看看它的基本使用，如图 9-36 所示。

图 9-36　Combiner.CombineTextByRanges 函数的使用演示

可以看到，我们为 Combiner.CombineTextByRanges 函数指定了三段范围（指定范围的参数设定逻辑类似于拆分器中的按范围拆分，在此不再赘述，可以参考前面的内容），需要合并的数据为 5 个 1 到 5 的文本字符串。可以看到，最终输出结果为三段"1234"的简单合并。可能这个结果让读者有点疑惑，不要紧，让我们结合运行逻辑示意图进行讲解，如图 9-37 所示。

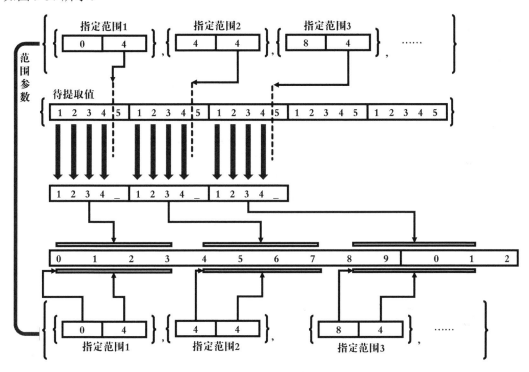

图 9-37　Combiner.CombineTextByRanges 函数的运行逻辑

在使用 Combiner.CombineTextByRanges 函数时，除了待合并文本列表数据外，最重要的是指定参数的列表范围。在本例中一共指定了三段独立且相互不重叠的范围，分别是"0 号位到 3 号位的 4 个字符""4 号位到 7 号位的 4 个字符""8 号位到 11 号位的四个字符"。在确定范围后，Combiner.CombineTextByRanges 函数会自动将前 3 个待合并列表元素分配到这三个范围中，剩余的待合并元素因为没有指定更多的范围段，所以不参与后续运算。同时因为待合并元素和指定范围的长度大概会不匹配，因此超出范围的部分字符串会自动忽略，留下前 4 位。本例的这三段范围最终都分配到了元素的前 4 位字符，为 1234。最后函数会将这三段数据直接合并，输出 123412341234。Combiner.CombineTextByRanges 函数的基本信息如表 9-15 所示。

表 9-15 Combiner.CombineTextByRanges函数的基本信息

名 称	Combiner.CombineTextByRanges
作 用	返回一个函数，它使用指定的位置和长度将文本列表合并为单个文本
语 法	Combiner.CombineTextByRanges(ranges as list, optional template as nullable text) as function 第一参数ranges要求为列表类型，实际需要输入一个数字列表列，列表中的子元素依旧为列表且为双元素列表，列表的首个元素表示需要提取的起点索引位置（零起索引），第二个元素表示该范围需要包括的长度；第二参数template可选，用于提供合并数据的模板。该模板作为合并结果的基础：待合并数据会按字符位置对模板字符串进行覆盖，如果无覆盖则采用模板字符输出。输出为方法类型，直接调用该函数会获得一个方法类型的数据
注意事项	该函数是所有拆分器与合并器函数中使用逻辑最复杂的一个，要注意该函数在特殊场景下的使用细节

下面补充几个关于 Combiner.CombineTextByRanges 合并器函数的特殊使用场景。

第一种特殊情况是当范围分散或重叠时，结果会有特殊的表现形式。在如图 9-36 所示的范例中，我们所设置的范围恰到好处，相互之间没有距离或重叠。当范围出现距离时，函数会自动使用空格符填补中间的空白区域；当范围重叠时，函数则按照从左向右的范围依次叠加结果，因此在第一个参数所指定的范围中，后面的字符串会覆盖前面的结果，使用演示如图 9-38 所示。

注意：如果首个指定范围不从索引位置 0 开始，则前面的空余部分也会使用空格填补。

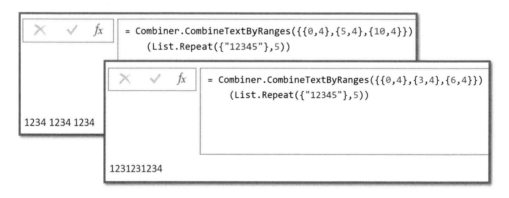

图 9-38　Combiner.CombineTextByRanges 函数的特殊情况：范围分散或重叠

第二种特殊情况是当 template 参数参与运算时，template 参数提供的文本字符串会位于底层，然后依次按范围从左向右覆盖待合并的文本字符串并最终输出结果。范例演示如图 9-39 所示。

3. Combiner.CombineTextByPositions按位置合并文本字符串

最后一个合并器按位置合并文本函数 Combiner.CombineTextByPositions 的使用相对简

单，我们需要为其指定多个需要插入待合并文本字符串的对应索引位置，函数便会按照位置依次完成字符串的添加和覆盖，范例演示如图 9-40 所示。

图 9-39　Combiner.CombineTextByRanges 函数的特殊情况：模板文本

> 注意：这里并没有使用合并，而是使用添加、覆盖来替代。通过上面的学习我们知道，合并器实际执行的操作是在逐步添加新的数据以覆盖原有数据，最终形成合并的效果。

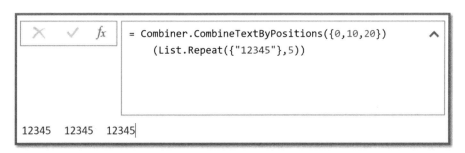

图 9-40　Combiner.CombineTextByPositions 函数的使用演示

可以看到，我们指定的索引位置依次为 0、10、20，因此函数在这三个索引位置分别引入了待合并元素列表中的前三项文本字符串，最终返回结果为合并字符串"12345　　　12345　　　12345"。Combiner.CombineTextByPositions 函数的基本信息如表 9-16 所示。

表 9-16　Combiner.CombineTextByPositions函数的基本信息

名　称	Combiner.CombineTextByPositions
作　用	返回一个函数，它使用指定的位置将文本列表合并为单个文本
语　法	Combiner.CombineTextByPositions(positions as list, optional template as nullable text) as function　第一参数positions要求为列表类型，实际需要输入一个数字列表。其用于指定待合并文本字符串在合并结果中的索引位置；第二参数template可选，用于提供合并数据的模板。该模板的作用为充当合并结果的基础，待合并数据会按字符位置对模板进行覆盖，如果无覆盖则采用模板字符输出。输出为方法类型，直接调用该函数会获得一个方法类型的数据
注意事项	注意该函数在使用过程中的范围重叠问题

在使用范例中，我们可以观察到一个细节。因为指定的位置点之间间隔较大，已经远远大于字符串需要的长度范围，所以会出现中间的冗余空间。这些冗余空间会被函数自动使用空格进行填补，这种特性类似于前面讲的按范围合并器函数。

同样，Combiner.CombineTextByPositions 函数也会出现范围重叠和模板数据引入的两种特殊场景。如果范围重叠，则依据先插入靠左侧数据再插入靠右侧数据的顺序进行拼接，后面加入的数据会覆盖现有的结果。对应的模板数据则在所有待合并元素之前优先就位。范例演示如图 9-41 所示。

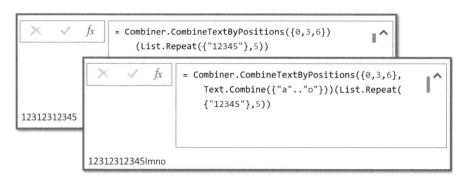

图 9-41　Combiner.CombineTextByRanges 函数的特殊情况

9.3　替换器函数

器类函数的三号选手就是我们在表格及列表替换函数中都使用过的替换器函数。这类函数在分类结构上非常简单，只有 Replacer.ReplaceText 和 Replacer.ReplaceValue 两类，分别适用于文本值的替换和数据值的替换。因为它们的使用频次不高，我们在此仅重点补充以下两方面的知识。

9.3.1　独立使用替换器

第一点是除了可以按照设计逻辑去配合替换类函数使用替换器之外，我们也可以像使用拆分器与合并器一样，独立使用这类函数。虽然用处不大，但是可以帮助我们理解替换器的构造，更好地理解替换函数的自定义函数的编写。

在使用时需要注意，虽然同为器类函数，但是替换器并没有拆分合并器的母函数生成子函数的特性。我们可以像使用常规函数一样调用名称，然后输入对应参数即可，而不需要增加新的括号进行二次参数输入（可参考拆分器、合并器的独立使用范例来理解），使用演示如图 9-42 所示。

图 9-42 独立使用替换器的演示

Replacer.ReplaceValue 函数和 Replacer.ReplaceText 函数的基本信息如表 9-17 和表 9-18 所示。

表 9-17 Replacer.ReplaceValue函数的基本信息

名 称	Replacer.ReplaceValue
作 用	将任意数据值替换为指定值
语 法	Replacer.ReplaceValue(value as any, old as any, new as any) as any 第一参数value要求为任意型，表示待检查和准备替换的基础值；第二参数old要求为任意型，表示目标需要被替换的数据；第三参数new要求为任意型，表示需要替换的新数据。输出为任意类型
注意事项	再次强调替换器可以直接像正常函数一样使用，不需要遵循拆分合并器的特殊规则。该函数可用于List.ReplaceValue 和 Table.ReplaceValue中

表 9-18 Replacer.ReplaceText函数的基本信息

名 称	Replacer.ReplaceText
作 用	将文本数据中指定的值替换为另一个指定值
语 法	Replacer.ReplaceText(text as nullable text, old as text, new as text) as nullable text 第一参数value要求为文本型，表示待检查和准备替换的基础值；第二参数old要求为文本型，表示目标需要被替换的数据；第三参数new要求为文本型，表示需要替换的新数据。输出为任意类型
注意事项	注意两个替换器函数的区别，Replacer.ReplaceValue函数针对任意类型数据进行整体替换，该函数只针对文本类型数据进行局部替换

9.3.2 替换器的参数

除了独立使用外，替换器的参数也是我们需要关注的重点。不知道读者是否还记得 Table.ReplaceValue 函数的各个参数，它拥有 5 个参数，其中，二、三、四参数可以使用自定义函数来编辑替换的规则。在学习这个函数的过程中，相信有很多读者都会产生一些疑问：第四参数的函数为什么要这么设置？为什么是这三个参数？它们的顺序可以调整吗？可以减少两个参数吗？

上面这些问题在学习替换器函数的运用之前是不好理解的。但此时再来思考这些问题你会发现，我们编写自定义函数的外框要求其实就是替换器函数的外框要求，如三个参数

value、old 和 new。因为原本我们的自定义函数便是替换"替换器"函数在发挥作用，因此与外部数据的接口需要保持一致。参数数量要正确，类型要正确，顺序也要正确。

9.4 比较器函数

本节要讲的器类函数为比较器函数，它是一类比较神秘的特殊函数，用于控制函数内部运行逻辑"数据比较"部分的细节处理，如忽略大小写。虽然我们对这类函数名比较陌生，但是其实在第 7 章中就使用过该函数，只是当时并没有特别说明。本节我们将对这类函数的使用展开讲解。

9.4.1 比较器函数简介

目前在 Power Query M 函数语言中共拥有 5 个比较器相关的函数，这些函数都有一个统一的目的，就是对函数运行过程中的比较行为进行更加精准的控制。比较器函数的清单及其基本作用整理如表 9-19 所示。

表 9-19　Power Query M函数语言之比较器器函数清单

序号	分类	函数名称	作用
1	比较器	Comparer.Equals	按指定模式比较两值是否相等
2	比较器	Comparer.Ordinal	按次序比较字符
3	比较器	Comparer.OrdinalIgnoreCase	按次序比较字符（忽略大小写）
4	比较器	Comparer.FromCulture	指定比较的地区模式
5	相关	Culture.Current	返回当前系统地区字符代码
……	……	……	……

9.4.2 Comparer.Equals 精准比较

在比较器中，最核心的函数成员是 Comparer.Equals，它是唯一的可以生成比较逻辑结果并且可以运用多种模式的比较器。其余的所有比较器均用于比较模式选择。因此 Comparer.Equals 函数的地位会比较特殊。这里还是首先看一下 Comparer.Equals 函数的基本应用，如图 9-43 所示。Comparer.Equals 函数的基本信息如表 9-20 所示。

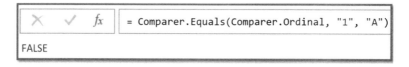

图 9-43　Comparer.Equals 函数的使用演示

第 9 章 特殊函数

表 9-20 Comparer.Equals 函数的基本信息

名 称	Comparer.Equals
作 用	使用提供的比较器，在对两个给定值（x 和 y）进行同等性检查的基础上返回一个逻辑值
语 法	Comparer.Equals(comparer as function, x as any, y as any) as logical　第一参数 comparer 要求为方法类型数据，表示比较采取的模式，使用不同比较器作为输入可以调整比较模式；第二参数 x 要求为任意型，用于输入参与比较的 1 号数据；第三参数 y 要求为任意型，用于输入参与比较的 2 号数据。输出为逻辑类型，如果比较结果相等则返回逻辑真值 true，如果比较结果不等则返回逻辑假值 false
注意事项	理解不同模式之间的比较差异

可以看到，依次在 Comparer.Equals 函数中输入比较器 Comparer.Ordinal、待比较数据文本 1 及待比较数据文本 A，最终可以获得比较结果为 false，表示参与比较的数据不相等。

9.4.3 Comparer.Ordinal 按序比较

在 Comparer.Equals 函数的可用模式中，最常见的便是 Comparer.Ordinal 按序比较。这种比较逻辑可以简单理解为逐个字符比较，函数会提取两侧待比较值的同位字符，并检验其 Unicode 字符代码以确认是否相同。该函数可以配合 Comparer.Equals 函数或在其他比较器场景中使用，也可以单独使用，使用范例如图 9-44 所示。

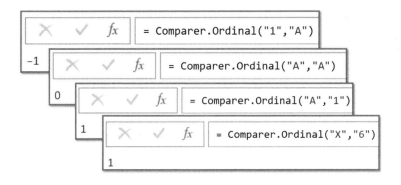

图 9-44　Comparer.Ordinal 函数的使用演示

可以看到，直接将待比较的两个数据信息作为 1 号和 2 号参数输入 Comparer.Ordinal 函数便可以得到比较结果。但是比较结果和 Comparer.Equals 不同，返回的是数据，当数字为 0 时代表二者相等，否则表示不相等。Comparer.Ordinal 函数的基本信息如表 9-21 所示。

表 9-21　Comparer.Ordinal函数的基本信息

名　　称	Comparer.Ordinal
作　　用	返回使用 Ordinal 规则来比较x和y的比较器函数
语　　法	Comparer.Ordinal(x as any, y as any) as number　第一参数x要求为任意型，用于输入参与比较的1号数据；第二参数y要求为任意型，用于输入参与比较的2号数据。输出为数字类型，如果比较结果相等则返回逻辑真值0；如果左侧比较结果小于右侧比较结果则返回-1，如果左侧比较结果大于右侧比较结果则返回1，但均表示不相等
注意事项	返回类型为数字

如果我们将函数 Comparer.Equals 与函数 Comparer.Ordinal 的使用关联在一起来看，会对比较器函数的使用有一个更加完善的了解，逻辑示意如图 9-45 所示。

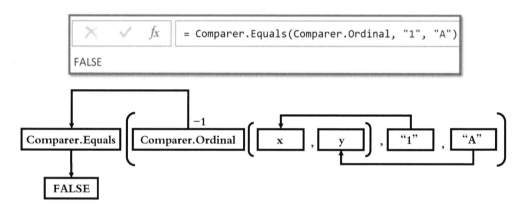

图 9-45　Comparer.Equals 函数与 Comparer.Ordinal 函数的嵌套运行逻辑

当嵌套使用 Comparer.Equals 和 Comparer.Ordinal 两个函数时，我们并没有直接为 Comparer.Ordinal 函数输入任何参数，但它也能正常工作。这是因为 Comparer.Equals 函数会自动将自己的第二和第三参数传递到第一参数所指定的函数中进行运算，最后再经过 Comparer.Equals 函数的处理将返回的数字转化为逻辑值输出。

说明：其他比较器与 Comparer.Equals 函数配合使用的逻辑也是一样的。

9.4.4　Comparer.OrdinalIgnoreCase 按序比较

Comparer.OrdinalIgnoreCase 按序比较（忽略大小写）函数是普通按序比较器的特殊版本，它的核心作用是在逐个字符比较的基础上忽略字符的大小写，使用范例如图 9-46 所示，其基础信息如表 9-22 所示。

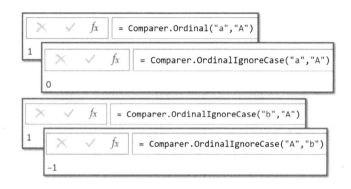

图 9-46　Comparer.OrdinalIgnoreCase 函数的使用演示

表 9-22　Comparer.OrdinalIgnoreCase函数的基本信息

名　　称	Comparer.OrdinalIgnoreCase
作　　用	返回使用 Ordinal 规则来比较x和y值的不区分大小写的比较器函数
语　　法	Comparer.OrdinalIgnoreCase(x as any, y as any) as number　第一参数x要求为任意型，用于输入参与比较的1号数据；第二参数y要求为任意型，用于输入参与比较的2号数据。输出为数字类型，如果比较结果相等则返回逻辑真值0；如果左侧比较结果小于右侧比较结果则返回-1，如果左侧比较结果大于右侧比较结果则返回1，但均表示不相等
注意事项	该函数与Comparer.Ordinal函数的唯一区别就在于不区分大小写

可以看到，在相同字母的大小写比较中，Comparer.Ordinal 函数返回了 1，表示二者不相等，且 a 编码大于 A；而 Comparer.OrdinalIgnoreCase 函数则返回 0，表示二者相等。

> **技巧**：常规情况下，对于返回数字的函数会认为逻辑真值 true 表示成立，也可以使用非零数字表示相同的含义。在 Comparer 比较器函数中，0 值表示判定成立，即二者相等，恰好与常规情况相反。为避免记忆混乱，这里建议理解为二者的编码之间"不存在差值"，因此是无差异的相同字符，返回 0 值。

9.4.5　Comparer.FromCulture 考虑地区文化的比较

最后一项比较器函数 Comparer.FromCulture 则更为特殊，采用这类比较器可以将"地区文化因素"纳入比较范围，其基本使用如图 9-47 所示，该函数的基本信息如表 9-23 所示。

可以看到，输入比较的两个字符虽然在表面上看非常相似，但是两个字符的运用是有差异的，左侧为 æ 而右侧为 ae。按照按序比较的逻辑，这两个不相同的字符串自然不会得到"相同"的判定结果。但这种表达方式在美国等国家是符合规范的，因此存在需要将两个字符串视为相等的情况。此时使用比较器 Comparer.FromCulture 便可以适用这种情况，返回逻辑真值。

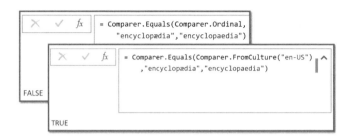

图 9-47　Comparer.FromCulture 函数的使用演示

表 9-23　Comparer.FromCulture函数的基本信息

名　称	Comparer.FromCulture
作　用	返回一个指定文化地区和是否忽略大小写字符设定的比较函数
语　法	Comparer.FromCulture(culture as text, optional ignoreCase as nullable logical) as function 第一参数culture区域性值要求为文本型，用于指定当前比较的地区/文化类型。区域性值是.NET Framework中使用的区域设置的已知文本表示形式；第二参数ignoreCase可选，要求为逻辑型，用于设定是否开启忽略大小写字符的设定。该参数默认状态下为逻辑假值false，表示状态关闭。输出为方法类型
注意事项	该函数的返回类型依旧为方法Function，因此我们需要为该函数提供设置参数，使Comparer.FromCulture生成一个可以用于比较的"比较器函数"（该函数是一个同样接受两个参数作为待比较数据的函数），类似于拆分器和合并器中的母子函数，对应函数的官方文档如图9-48所示

图 9-48　Comparer.FromCulture 母函数与子函数的对比

9.4.6　Culture.Current 当前地区代码获取函数

在比较器函数分类中还有一项特殊的函数，可以配合 Comparer.FromCulture 比较器函数或其他需要使用地区文化代码的函数使用，那就是 Culture.Current 函数，它一个非常简单易用的函数，用于获取当前系统设置的"地区/文化"代码，使用演示如图 9-49 所示。

> **说明**：虽然我们称 Culture.Current 为函数，但其行为介于"名称参数"（如 Order.Ascending 等）和函数之间，没有明确的分类。它可以像函数一样每次运算时根据不同环境会返回不同的结果，而且在使用它时不需要括号，直接应用名称即可。

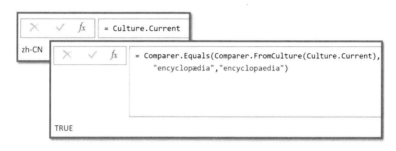

图 9-49　Culture.Current 函数的使用演示

通过 Power Query 编辑器菜单栏中的"文件|选项和设置|查询选项|区域设置"命令对当前系统所在地区进行调整后，该函数的对应获取结果也会随之发生变化，使用时注意即可。修改过程演示如图 9-50 所示。

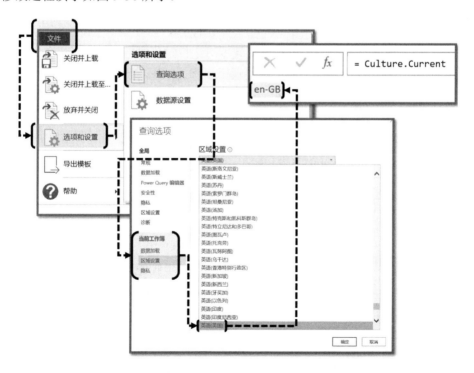

图 9-50　系统默认的"地区/文化"修改过程演示

9.4.7 比较器函数在高级参数中的运用

前面几节我们学习了不同类别的比较器函数的单独使用方法。但实际在 PQM 的应用中，比较器常搭配一种高级参数一起运用，那就是我们在第 7 章学习过的 equationCriteria。通过这个参数我们可以为函数赋予更加强大的比较特性。基本使用方法我们已经在第 7 章中大致讲过了，这里简单复习一下，如图 9-51 所示。

图 9-51　在高级参数中使用比较器

可以看到，在文本定位函数中添加了比较器对定位过程进行更为精确的控制条件，因此实现了忽略大小写的文本定位效果，最终返回 3 和 14 两个结果。

以上属于基础应用，equationCriteria 参数还有更多的可能性。本节我们会结合比较器进一步了解高级参数的使用。首先来看一下微软官方开发团队对 equationCriteria 参数的描述，如表 9-24 所示。

表 9-24　equationCriteria 参数的组成模式

序号	类型	组成	说明
1	方法	键选择器（key selector）	官方名称不容易理解，其实就是虚拟辅助列高级参数的应用
2		直接使用比较器函数	也包含自定义比较器
3	列表	双元素列表（首个元素为键选择器，末尾元素为比较器函数）	利用列表组合两种元素可以同时获得上面的两种特性

我们在使用 equationCriteria 参数时，除了可以运用虚拟辅助列高级参数的特性外，也可以添加比较器函数的特性。三种不同模式的使用演示如图 9-52 所示。

图 9-52　equationCriteria 参数不同模式演示

9.5　其他类别的特殊函数

在本章的最后，我们再补充两个在日常实操中会用到的进阶函数，它们分别是 Expression.Evaluate 代码计值函数及 List.Buffer/Table.Buffer 数据缓存函数。

9.5.1　Expression.Evaluate 代码计值函数

1. 基本使用

Expression.Evaluate 代码计值函数是属于 Expression 表达式类的一种不常见的函数。在这个类别下还有几个函数，但 Evaluate 是这些函数中最为实用的一个。它可以实现文本代码的计值启动。简单说就是使文本公式可以计算。例如，文本公式"1+2+3+4+5"在正常情况下就是一段常规的文本字符串，如果想要得到它的计算结果，我们需要利用文本拆分函数和列表求和函数得到结果为 15，如果使用 Expression.Evaluate 代码计值函数，则可以使这段文本字符串"代码化"，直接可以获得计算结果。示例演示如图 9-53 所示，Expression.Evaluate 函数的基本信息如表 9-25 所示。

图 9-53　Expression.Evaluate 函数的使用演示

表 9-25 Expression.Evaluate函数的基本信息

名 称	Expression.Evaluate
作 用	返回 M 表达式 document 的计算结果，其中可用的标识符可以由 environment 进行引用和定义
语 法	Expression.Evaluate(document as text, optional environment as nullable record) as any 第一参数document要求为文本，用于指定需要"活化"的文本代码段；第二参数environment可选，要求为记录类型，用于引入外部代码库或自定义的环境，实现更强大的计值过程。输出为任意类型，取决于提供的文本代码内容
注意事项	该函数简单模式下用于实现简单文本计算式的计值，但实际上它的核心功能是使任意文本代码可以像正常M代码一样工作

2．函数理解

很多读者在看完上面的使用的演示后会将该函数当作专门处理"简单文本计算式"的计值函数。但实际上我们在基础演示中看到的应用仅是该函数的一个附加应用。它的主要工作是"激活文本 M 代码"，使文本 M 代码可以像正常代码一样工作。

如果仔细回想我们在公式编辑栏或高级编辑器中曾编写过的 M 代码，你会发现它们其实不过是普通的文本字符串。与我们在 txt 文档中编写的内容没有本质的差异，但它们却在高级编辑器环境下产生了特别的作用，可以完成数据整理任务。这是因为高级编辑器本身就自带了类似于 Expression.Evaluate 代码计值函数这样的"活化文本代码（将文本作为代码来运行）"的能力。有时我们也会将该函数理解为"去除字符串两侧的双引号对，将其内容视为代码去执行"，而我们前面看到的使用范例"1+2+3+4+5"的计值正是利用这个功能完成的。

3．高级参数

最后我们补充一下 Expression.Evaluate 函数的高级参数 environment 可以发挥的作用。下面通过一个简单范例来说明，先看一下结果再解释执行过程与运行逻辑，范例演示如图 9-54 所示。

图 9-54　Expression.Evaluate 代码计值函数的高级参数 1

可以看到，如果我们为代码计值函数提供文本代码{1..5}，那么系统会自动识别它是一段列表数据，并将其按照列表格式返回。如果我们提供的文本代码是 List.Sum({1..5})，则函数会返回错误"名称 List.Sum 在当前上下文中不存在"，这是为什么呢？

我们可以把 M 函数代码的执行当作"一名正在生产产品的工人"。我们书写的代码用于指导生产逻辑，而里面所使用的各种函数就是我们需要使用的不同工具。而在错误提示就相当于"这名工人找不到合适的工具来完成工作"，尽管我们已经使用 Expression.Evaluate 代码计值函数将计划落实并真正开始执行。而在高级编辑器或者 Power Query 编辑器的其他环境中却不会出现这类问题，因为系统已经默认将 PQ 内所有可以使用的函数都放到了工人的工作间中。

因此，如果要解决这个问题，将 Expression.Evaluate 代码计值函数的能力"解放"，就必须要使用它的高级参数 environment，如图 9-55 所示为演示范例。

图 9-55　Expression.Evaluate 代码计值函数的高级参数 2

可以看到，为了满足高级参数为记录类型的要求，我们引入了[List.Sum=List.Sum]作为第二参数，解决了上述 List.Sum 函数无法识别的问题。代码看上去虽然比较奇怪，但是并不难理解。首先我们要明确的一件事情是 Expression.Evaluate 函数运行环境是一个常规的代码环境，第二参数也是如此。但在第一参数文本代码内部则是另外一个更为深层的环境。而这两个环境的连接，就是通过第二参数实现的。在第二参数的记录中，所有键值对中的键名称代表可以用于内层环境的变量，而所有的值则代表从外层环境传入的数据。在上述范例中，相当于将外层环境的 List.Sum 求和函数传递到内层一个名为 List.Sum 的变量中，因此在文本代码中也可以使用列表求和功能。我们也可以将变量改为其他名称，或者传递更多的"工具"给内层环境，使用演示如图 9-56 所示。

图 9-56　Expression.Evaluate 代码计值函数的高级参数 3

💡 说明：虽然一般我们认为 List.Sum 是函数名，但是它本身也代表一个方法类型数据，一个用于求和的方法。因此我们从外层环境传入的其实是这个系统内置的函数本身。对于其他函数我们也可以使用类似的方法传入。

4．批量传入完整环境

如果解析文本代码时需要将所有的工具函数逐一从外部环境中注入则过于烦琐，因此麦克斯在这里推荐一个常用的批量传入完整外部环境函数的方法，演示范例如图 9-57 所示。

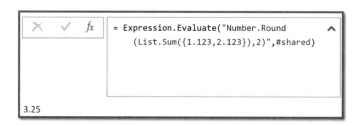

图 9-57　Expression.Evaluate 代码计值函数的高级参数：批量传入完整环境

9.5.2　List.Buffer 和 Table.Buffer 数据缓存函数

List.Buffer 和 Table.Buffer 数据缓存函数是一类非常特别的函数，如果直接使用它们去处理列表或表格数据，则得不到任何可见的效果，这和其他函数有很大的差异。因为函数影响的是后台如何处理输入的数据，而不是将数据的内容或形式改变了。具体来说，这种影响是指将输入数据独立缓存，获得稳定的数据副本。这样的缓存列表或表格数据有什么作用呢？主要有三大应用方向。

1．固化随机数字

我们知道在 PQM 中有一些可以创建随机数的函数，如 List.Random 等，但创建的随机数会随着每次查询的刷新和代码的重新执行而改变，这在有些应用中是不合适的，有时我们只需要生成一次随机数，然后直接利用这些随机数进行计算。因此我们便可以使用 List.Buffer 和 Table.Buffer 函数对生成的随机数据进行独立缓存，以确保获得一个稳定的结果副本可以反复调用。缓存与未缓存随机数的对比演示如图 9-58 所示。

💡 说明：List.Buffer 和 Table.Buffer 数据缓存函数的使用非常简单，直接将列表或表格数据输入对应的函数中进行处理即可，无须其他参数。函数也并不会修改输入的数据，会按原样缓存后输出。

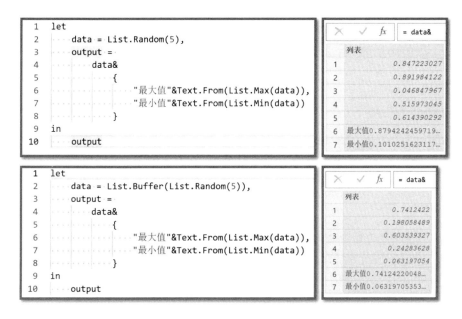

图 9-58　List.Buffer 和 Table.Buffer 数据缓存函数的应用：固化随机数

可以看到，上半部分为未缓存的随机数生成结果，可以看到，在调用过程中，虽然准确地抓取了生成的随机数列表 data 进行最大值和最小值的提取，但是最终结果显示的并非随机数列表中的最大值与最小值。这是因为每次调用随机数列表变量 data 时，系统都会自动再次执行随机生成任务，导致调用结果不稳定。

经过 List.Buffer 函数的处理后，随机数在该查询中便固化下来了。后续无论多少次反复调用，得到的 data 数据都是第一次随机生成的那 5 个数字。因此最终结果里的最大值与最小值均真实反映了随机数列表中的最大值与最小值的情况。

2．固化排序结果

与随机数的性质类似，在 PQ 当中使用排序函数得到的结果也存在一定程度的"虚浮"，所见不一定完全是所得，会出现一定的偏差。

如图 9-59 所示，原始数据为三行两列的表格，数据分别为"5、1""4、2""4、3"。在经过排序代码处理后实现了在 a 列降序的基础上 b 列降序排序操作。但在经过 remove 步骤去重后得到的结果有些异常，是"5、1""4、2"，而不是"5、1""4、3"。按照常规去重函数的运行逻辑，系统会保留首次出现的行记录，因此排序靠后的"4、2"行应当被移除，但在结果中它被保留了。

引发这类异常的原因就是表格排序函数结果的"虚浮"，并没有真实落地。去重依旧是基于原始数据表格的排序完成的。这也造成了前面看到的在 PQM 应用过程中最典型的一类使用错误，要解决这个问题，我们可以在排序后利用缓存函数进行排序结果的固化。范例演示如图 9-60 所示。

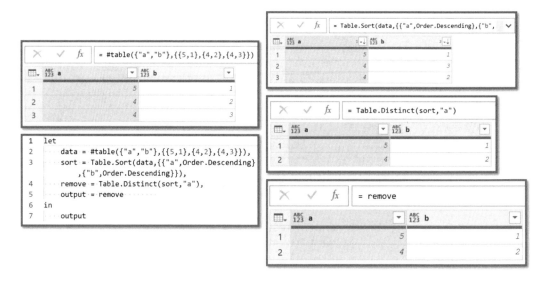

图 9-59　List.Buffer 和 Table.Buffer 数据缓存函数的应用：固化排序结果 1

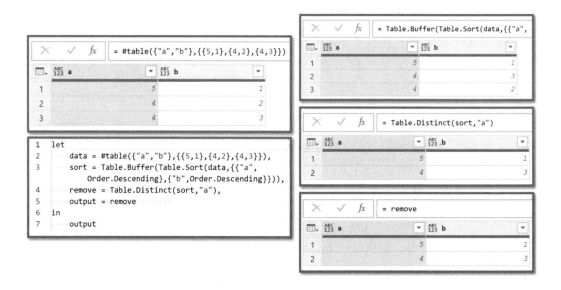

图 9-60　List.Buffer 和 Table.Buffer 数据缓存函数的应用：固化排序结果 2

3．提升运算效率

最后一种常见的运用场景便是使用 List.Buffer 和 Table.Buffer 数据缓存函数将数据整理过程中会频繁使用的大型输入数据表进行缓存，以提高读取该数据的效率，达到提高 M 代码运行效率的目的，这在进行大量数据整理的过程中可以大大缩短代码运行时间。

9.6 本章小结

本章的核心目标是掌握一系列较为特殊的函数四大器类函数的运用。我们介绍了十余种不同模式的拆分器和合并器函数的运用，它们是进阶文本函数的代表，但它们在设计逻辑上有较大差异，因此学习难度较大。但在理解"母子函数生成特性"的基础上，明确各种模式的运用后便可以轻松解决这些难题。在此之后，我们介绍了替换器与比较器的使用，补充说明了文本代码计值函数及数据缓存函数等其他特殊函数。

本章的难点出现在函数使用的细节上，因为它有别于常规函数，所以需要特别注意。我们在本章介绍的特殊函数只是PQM函数库中的"冰山一角"，如果读者对其他函数感兴趣，可以对入门分册和进阶实战分册介绍的M函数知识进行拓展学习。最后，让我们一起看一下"最新"的PQM函数语言知识框架，如图9-61所示。

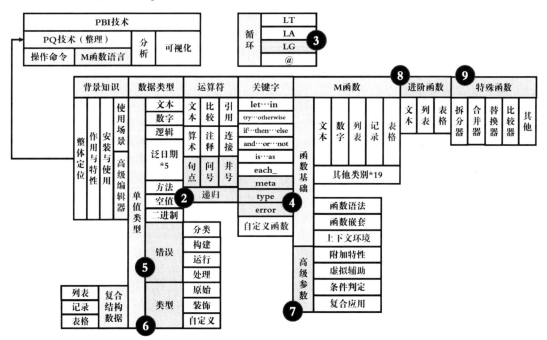

图9-61 M函数语言知识框架（特殊函数）

后　　记

　　首先非常感谢大家能够学习完本书，在全书的最后，麦克斯希望这套关于 PQM 函数语言的书可以在各位学习 M 函数语言的路上发挥作用。不论你是想从零学习 M 函数语言，还是想利用这套书完善你的知识框架，只要它可以对你的学习起到提升的作用，那么笔者就心满意足了。当然，笔者希望各位能够学以致用，将新掌握的知识都应用到自己的工作中，提高工作效率。

　　各位目前所掌握的 M 函数语言知识也许在熟练度和理解程度方面还有一点差异，这些就交给时间来完善吧。通过在实际练习中不断尝试使用代码来解决问题，大家很快就可以将这套书中的知识融会贯通，消化吸收。遇到疏漏或不确定之处，停下来思考一下或查阅一下书籍，这是能使脑海中的知识真正被消化吸收的办法（也是掌握任何技能的好方法）。

　　最后再次感谢各位读者，期待我们下一次旅程的相遇。